# 内蒙古河套灌区农田水盐监测与模拟

冯绍元　徐英　袁成福　仇锦先　苏涛 等　著

·北京·

## 内 容 提 要

本书是在“十二五”国家科技支撑计划课题“农业综合节水效益与环境响应评估方法”、“十三五”国家重点研发计划课题“节水减排控盐协同理论与调控机制”和水利部公益性行业科研专项“节水灌溉的尺度效应及用水效率与效益评价”部分相关研究成果的基础上整理而成的。本书主要内容包括内蒙古河套灌区不同灌排条件下农田土壤水盐分布田间试验、区域土壤水盐监测与分析、地下水与土壤水盐数值模拟、基于遥感的作物产量与土壤水盐分布反演方法、农业节水潜力研究等。

本书可供农业水土环境、农业水文学、节水灌溉和灌区管理等相关专业的科研与管理人员、高等院校相关专业师生阅读参考。

**图书在版编目（CIP）数据**

内蒙古河套灌区农田水盐监测与模拟 / 冯绍元等著. -- 北京 : 中国水利水电出版社, 2022.10
ISBN 978-7-5226-1019-1

Ⅰ. ①内… Ⅱ. ①冯… Ⅲ. ①河套－灌区－农田－土壤盐渍度－监测－内蒙古②河套－灌区－农田－土壤盐渍度－模拟－内蒙古 Ⅳ. ①S155.2

中国版本图书馆CIP数据核字(2022)第180965号

| | |
|---|---|
| 书　　名 | **内蒙古河套灌区农田水盐监测与模拟**<br>NEIMENGGU HETAO GUANQU NONGTIAN SHUI YAN JIANCE YU MONI |
| 作　　者 | 冯绍元　徐英　袁成福　仇锦先　苏涛　等 著 |
| 出版发行 | 中国水利水电出版社<br>（北京市海淀区玉渊潭南路 1 号 D 座　100038）<br>网址：www. waterpub. com. cn<br>E－mail：sales@mwr. gov. cn<br>电话：（010）68545888（营销中心） |
| 经　　售 | 北京科水图书销售有限公司<br>电话：（010）68545874、63202643<br>全国各地新华书店和相关出版物销售网点 |
| 排　　版 | 中国水利水电出版社微机排版中心 |
| 印　　刷 | 北京印匠彩色印刷有限公司 |
| 规　　格 | 170mm×240mm　16 开本　15 印张　294 千字 |
| 版　　次 | 2022 年 10 月第 1 版　2022 年 10 月第 1 次印刷 |
| 定　　价 | **98.00** 元 |

# 前言

内蒙古河套灌区是一个具有悠久历史并在中华人民共和国成立以后又有很大发展的大型灌区。它地处我国干旱半干旱地区，当地自产地表水资源匮乏，主要依靠引黄河水进行农业灌溉，水资源短缺与盐碱化影响是制约河套灌区农业发展的两大因素，因此，引黄灌溉不仅要满足农作物生长的需要，还要兼顾调节农田水盐和维护生态平衡的作用。同时，河套灌区又是一个受人类活动强烈干扰的地区，在规模化节水条件下，农田水盐过程发生了很大的变化，加上气候变化的影响，使得河套灌区农田水盐运动过程更加复杂，影响因素更多，水盐归趋途径及其平衡机制尚不十分明晰。因此，进一步深入研究农田水盐过程及其主要影响因素和数值模拟方法，对于协同提升河套灌区农田节水与控盐理论和技术、促进当地农业可持续发展具有重要意义。

基于上述研究背景，课题组在“十二五”国家科技支撑计划课题“农业综合节水效益与环境响应评估方法（2011BAD25B05）”、“十三五”国家重点研发计划课题“节水减排控盐协同理论与调控机制（2017YFC0403301）”和水利部公益性行业科研专项“节水灌溉的尺度效应及用水效率与效益评价（201401007）”等项目（课题、研究任务）的支持下，针对河套灌区规模化节水工程的实施以及地下水位埋深较浅且矿化度较高、排水条件较差的自然条件，开展了不同灌排条件下农田土壤水盐分布田间试验，研究不同灌排条件下农田土壤水盐运移规律，进行区域性土壤水盐监测，分析区域性土壤盐碱化的主要影响因素，在此基础上，应用数值模型对研究区地下水与土壤水盐运移进行数值模拟；基于经典统计理论和地统计理论与方法，研究河套灌区周年内盐碱化土壤时空分布规律；采用多时相、多遥感卫星图像作为数据源，建立了区域土壤含水率监测模型和区域土壤全盐量分布模型；基于水均衡原理，构建了河套灌区农业节水潜力水平衡模型，并对不同规划年及多因素不同节水情景进行了模拟分析和节水潜力估算，提出了河套灌区农业节水的主要措施与途径。

本书共包括7章内容，编写分工如下：第1章由冯绍元、袁成福撰写；第2章由冯绍元、仇锦先、袁成福、庄旭东、于昊、张越飞、钱争撰写；第3章由徐英、袁成福、李伟、葛洲、化骞寂、谢若禹撰写；第4章由冯绍元、袁成福、庄旭东撰写；第5章由苏涛、冯绍元撰写；第6章由仇锦先、杜云皓、朱正全、汪雨撰写；第7章由冯绍元、徐英、袁成福、仇锦先、苏涛撰写；全书由冯绍元、徐英、袁成福、仇锦先、苏涛负责整理统稿。

在本项目的研究过程中，课题组得到了中国农业大学黄冠华教授、王凤新教授、霍再林教授、黄权中教授、徐旭教授、熊云武教授，内蒙古河套灌区灌溉管理总局刘永河处长、张义强所长、张建国教高、高鸿永站长、韩文光站长，内蒙古农业大学史海滨教授、屈忠义教授、魏占民教授，武汉大学杨金忠教授、黄介生教授、伍靖伟教授，中国水利水电科学研究院许迪教高、刘钰教高、李益农教高的支持、帮助和指导，在此特致谢意！

由于课题组研究人员水平和时间及研究手段有限，所取得的一些研究成果仅是我们对河套灌区农田土壤水盐运移与分布规律及其主要影响因素的粗浅认识，还有许多问题需要进一步深入研究，如灌区尺度上在受到人类强烈活动影响的条件下，河套灌区水分和盐分在地表水—土壤（水）—地下水系统中周年内的分布与积累规律、协同提升农田节水与控盐的优化秋浇制度和盐荒地的数量与分布形式对河套灌区农田土壤水盐平衡过程的影响等方面都需要进行系统深入的研究。同时，对本书中存在的不足和错误，恳请同行专家批评指正！

**冯绍元**

2022年3月于扬州大学

# 目录

# 第1章

# 绪　论

## 1.1　研究背景及意义

水是生命之源，是人类生存和发展中不可缺少、不可替代的重要自然资源。我国是用水大国，水资源更是促进社会经济发展与保障粮食安全的重要物质基础。然而，目前我国水资源短缺的形势越来越严峻，水资源的供需矛盾已经严重阻碍了区域社会经济的快速发展。认清水资源的紧张情势，实施全面节水战略，促进水资源高效利用已成为实现区域可持续发展的革命性措施。因此，节约用水不再只是口号，更是我们每个人生活中都应养成的习惯。统计结果显示，我国农业用水总量占全国总用水量的70%左右，而农业用水量的90%以上都是用于农业灌溉，所以农业是我国的第一用水大户。根据已有研究成果，目前我国农业用水比重大，用水效率较低，具有较大的节水潜力。因此，大力发展农业节水，实现水资源可持续利用，是保障我国水安全、粮食安全，以及生态环境安全的重要战略措施和必然选择。

土壤盐碱化是指在自然环境因素和人为活动因素的综合作用下，土壤深层或地下水中的盐分随土壤毛细管上升到地表，水分蒸发后，盐分积累在表层土壤中的过程。随着经济的增长以及全球气候的变化，土壤盐碱化问题已经严重制约农业生产的可持续发展。据统计，全世界约有60%的灌溉土地已受到不同程度的盐碱化威胁，盐碱化土地面积近9.5亿 $hm^2$，并且盐碱化土地面积以每年约1000万 $hm^2$ 的速度上升（Singh，2009）。我国盐碱地面积约为0.37亿 $hm^2$，占全部耕地面积的30%，主要分布在东北、华北、西北干旱半干旱内陆地区及长江以北沿海地带（Wang et al.，2011）。盐碱化不仅严重威胁着土地资源可持续利用和农业可持续发展，进而影响国家粮食安全，也会使生态环境变得更加脆弱或进一步恶化。因此，防治土壤碱化问题已成为一个重要课题。

河套灌区地处内蒙古河套平原，北抵阴山山脉、南临黄河、东与包头市相邻、西与乌兰布和沙漠相接。地理坐标在东经106°20′～109°19′，北纬40°19′～41°18′之间。河套灌区是黄河中上游的特大型灌区，也是西北干旱地区典型的引黄灌区。河套灌区降雨稀少，年降雨量为130～220mm，蒸发强烈，年蒸发量为1900～2500mm，日照时间长且温差大，年平均气温为5.6～7.8℃，全年日照时间为3100～3300h，属于典型的温带大陆干旱半干旱气候。河套灌区东西长250km，南北宽达50km，灌区控制面积为1600万亩，设计灌溉面积为1100万亩，现有灌溉面积861万亩，是我国规模最大的三大灌区之一。河套灌区是我国重要的商品粮、油生产基地，农业生产高度依赖于引黄灌溉，是我国典型的无灌溉则无农业的地区之一（郝远远等，2015）。在地质构造上，河套灌区属于内陆封闭断陷盆地，地势较平坦，不利于自然排水，长年引黄灌溉使得灌区地下水位埋深较浅，基本处于1.5～3.0m之间，潜水蒸发作用强，导致下部土壤盐分向表层聚集，造成土壤次生盐碱化（任东阳，2018）。据调查，全灌区受盐碱化影响的土地面积达390万$hm^2$，占总土地面积的69%，灌区土壤盐碱化严重危害了农作物的生长（黄权中等，2018）。近年来，随着河套灌区续建配套与节水改造工程的实施，河套灌区引黄水量由年均52亿$m^3$左右下降到40亿$m^3$（李亮等，2015）。节水改造措施的实施降低了灌区地下水位，有助于改善土壤盐碱化的现状，有益于农业生产。但在大规模化节水条件下，灌区内部农田水盐过程发生了很大的变化，现有的节水减排控盐技术很难适应现代化农业发展的需要。同时，灌区内部农田水盐运动过程更加复杂，影响因素众多，灌区水盐归趋途径及其平衡机制尚不十分明晰，协同提升农田节水与控盐的理论与技术需要进一步深入研究。因此，在内蒙古河套灌区开展农田土壤水盐动态监测分析与农业节水潜力的研究具有重要的科学意义，可为河套灌区水资源高效利用和农业可持续发展及防治土壤盐碱化提供理论依据。

## 1.2 国内外研究概述

### 1.2.1 土壤水盐运移研究

土壤中的水分和盐分在时间和空间上的变化过程称为土壤水盐运移，国内外研究者对土壤水盐运移做了大量的研究。总体上，研究经历了从定性到定量的发展过程，研究方法从最初的室内实验或田间野外试验发展到土壤水盐运移数学模型模拟的定量研究。1856年，法国水利工程师Darcy通过饱和砂层的渗透实验得出了渗透流速与水力梯度成正比的关系，提出了达西定律，该定律阐明了多孔介质饱和水流的运动机理，从此开启了土壤水盐运移理论研究的大门。Buckingham（1907）为解决土壤水毛细理论的缺陷，基于能量守恒和热力学理论，提出了计算水流通量的Darcy－Buckingham计算公式。Richards（1931）最早把达西定律引入到非饱和土壤水，用偏微分方程描述非饱和土壤水的运移情况，建立了多孔介质中非饱和水流运动的基本方程，开始了土壤水分运动的定量研究。该方程基于物质与能量守恒原理，采用动力学的观点，形成了土壤水分运动研究的理论基础。

土壤盐分运动遵循“盐随水来、盐随水去、水散盐留”的规律，伴随着土壤水分运动而出现。20世纪30年代，Schofield提出的土壤水盐平衡理论与达西定律相结合，就此构成了现代土壤水盐运动研究的基本理论框架。Amundson（1952）将对流-扩散方程的模型应用于溶质运移问题，该模型认为溶质离子的吸收和解吸过程是由对流与弥散作用引起的，这标志着溶质运移定量研究的开始。Nielsen和Biggar（1961）提出了溶质易混合置换理论并基于质量守恒原理、连续性原理建立了对流-弥散方程，并在此基础上，进行了一维、二维和三维土壤水盐运移方程的研究。Olden et al.（1968）总结提出了非稳态水流条件下的溶质扩散-弥散系数的经验公式。Van Genuchten（1978）应用网格差分法和有限单元法模拟了分层土壤的入渗过程，描述了水分和溶质的入渗原理。Ayars et al.（1981）利用数值模型模拟可溶性盐在土壤中运移的过程，并率定和验证了水力传导系数和土壤水动力弥散系数。此后，随着对流-弥散方程的不断改进，Bresler et al.（1982）系统总结了盐分运移的原理和模型，成为当时国际上在水盐运移方面研究的主流观点和研究动向。

20世纪80年代以后，水盐运移机理研究进入新的阶段，研究更注重农田复杂的实际情况，并应用数值模型模拟和预测农田土壤水盐运移变化。Jury et al.（1984）系统总结了田间土壤水盐运移规律，提出了土壤水盐运移的确定性和随机性两大类模型。随机模型考虑了土壤空间变异性和水盐运移的随机性，适用于野外非饱和土壤溶质运动的研究（White，1987）。Nielsen（1986）提出了考虑源汇项的饱和土壤溶质运移模型，综合考虑了土壤溶质运移的各种现象，包括土壤溶质运移的物理、化学、生物等过程。Van Genuchten（1989）考虑不动水体的影响，提出了土壤水盐运移的动水-不动水体理论。Gerke和van Genuchten（1993）考虑优先流或大孔隙流，基于对流-弥散方程，提出了优先流双重渗透模型，并在此基础上，建立了土壤水盐运动的两区-两域模型。Ksaizynski（1994）以物质平衡原理为基础，提出了溶质运移活塞渗透模型和半解析解模型。Jury et al.（1994）考虑不同溶质粒子运动速度的变化情况，对溶质运移流管模型进行了改进。Vanderborght et al.（2006）应用流管模型对溶质运移进行模拟，并对模型进行了简化，表明流管模型能够比对流-弥散模型预测出更早的穿透点。

近年来，部分学者应用人工神经网络模型来模拟和预测土壤水盐动态，可以较好地定量描述土壤水盐动态变化与各影响因素之间的相应关系（Zou et al.，2010）。随着计算机技术的发展，各种土壤水盐运移模型软件应运而生，最具有代表的有 Hydrus-1D、Hydrus-2D、Hydrus-3D 和 SWMS-1D、SWMS-2D、SWMS-3D 等模拟软件，这些模拟软件均能够较好地模拟饱和-非饱和多孔介质水盐运移规律。此外，WAVE 、SWAP 、PORFLOW、2DFATMIC 、Salt-Mod、SUTRA 等模拟软件也广泛用于模拟土壤水盐运移。随着对土壤水盐运移研究的不断深入，研究内容也更加多元丰富。

国内对土壤水盐运移的研究始于 20 世纪 50 年代，主要通过应用调查统计法研究地下水矿化度和地表土壤盐碱化的影响关系。20 世纪 80 年代后，在吸收国外水盐运移理论的基础上，张蔚榛（1982）利用水盐平衡和数值模拟方法对区域水盐运移进行了预测预报研究。雷志栋等（1988）采用有限元方法对一维非饱和土壤水分问题进行了数值计算。石元春等（1983）系统研究了黄淮海平原的水盐动态特点，提出了黄淮海平原的水均衡方程和模型。李韵珠（1998）应用动力学模型研究了非稳态蒸发条件下夹黏土层的土壤水盐运动。杨金忠（1986）在饱和-非饱和土壤水盐运移计算方法上，提出了一种求解水动力弥散方程的数值方法，并采用试算法反求弥散参数。张展羽与郭相平（1998）考虑作物水-盐耦合模型，建立了冬小麦不同生育阶段的水盐响应模型。

进入 21 世纪后，土壤水盐运移理论和方法的研究成为土壤科学和农田水利等学科的热点。特别是在土壤水盐运移数值计算方法、土壤水盐运移模型的构建和不同尺度下的土壤水盐运移规律等方面进行了深入的研究。邵明安与王全九（2000）利用积分方法求解了一维水平非饱和土壤水分运动问题，构建了简单入渗法模型，用以推求 van Genuchten 土壤水分特征曲线模型中的参数。胡安焱等（2002）根据水量平衡方程和盐分平衡方程，建立了土壤水盐模型，计算了干旱内陆区的土壤水盐运移量。徐力刚（2003）在分析不同种植作物下土壤水盐动态变化特征的基础上，得到了土壤水盐动态规律，为土壤水盐运移模型的建立和土壤盐碱化的预测预报提供了理论基础。杨玉建和杨劲松（2004）基于 GIS 与溶质运移模型相结合，建立了区域尺度的水盐运动数值模型，实现了时空模式化的水盐运动的自动化监测与预报。史文娟等（2005）对西北地区浅层地下水位埋深条件下层状土壤的水盐特性进行了研究，为西北地区层状土壤盐碱地的改良提供了参考。李瑞平等（2007）对西北干旱与寒冷地区土壤冻融期气温与土壤水盐运移特征进行了研究，表明冻融期的盐分运移机制比水分运移机制复杂。岳卫峰等（2008）建立了河套灌区义长灌域非农区-

农区-水域的水盐运移及均衡模型，并利用该模型对不同景观单元的水盐运移进行了定量分析。姚荣江等（2009）将人工神经网络引入水盐信息模拟与预测中，建立了区域土壤水盐空间分布信息的BP神经网络模型。余根坚等（2013）利用HYDRUS-1D/2D数值模型对内蒙古河套灌区不同灌水模式下土壤水盐运移规律进行了模拟，分析了不同灌溉模式下的水盐运移状态。周和平等（2014）研究了膜下滴灌微区环境对土壤水盐运移的影响，利用Cobb-Douglas模型，构建了膜下滴灌微区环境综合因素与土壤水盐关系及影响效应分析模型。王全九等（2017）研究了磁化微咸水对土壤水盐运移的影响，表明磁化微咸水入渗对Philip和Green-Ampt入渗公式参数有显著影响。郭勇等（2019）研究了新疆农田-防护林-荒漠复合生态系统下的土壤水盐运移规律，并构建了农田-防护林-荒漠复合生态系统BP神经网络土壤水盐耦合模型。

综上所述，国内外学者对土壤水盐运移进行了大量的理论与实验研究，取得了丰富的研究成果。由于土壤水盐运移规律十分复杂，特别是在不同灌溉排水等变化环境条件下，土壤水盐运移过程复杂多变，针对不同情况下的土壤水盐运移规律应该进行深入的研究。因此，开展对河套灌区农田土壤水盐动态的深入研究，对丰富土壤水盐运移的研究内容和促进当地农业可持续发展具有重要意义。

### 1.2.2 农田暗管排水研究

1. 农田暗管排水技术的发展

农田暗管排水最早出现在1620年法国莫伯日的一所庄园，但当时并未引起重视。之后，英国出现了封闭式排水沟，1810年英国诺森伯兰的一所庄园出现了使用黏土砖的地下排水沟，到1830年，波兰特水泥被发明，混凝土管逐渐取代了黏土制的管道（Wilkinson，2012）。蒸汽机的出现使得农田暗管排水技术的发展步入了新阶段，1890年蒸汽驱动的挖沟机的出现大大提高了暗管铺设效率，标志着暗管铺设机械化施工的开始。1906年，美国发明了拉铲式挖土机，而后燃料发动机的出现进一步提升了地下暗管铺设速度（Ritzema，2006）。1960年，重量轻、强度高、韧性好、成本低的聚氯乙烯和聚乙烯波纹管逐渐取代其他管材，成为农田暗管排水管材的主流，并一直沿用至今（Valipour et al.，2020）。

2. 暗管排水对土壤排水排盐的影响

土壤盐碱化是土壤中积聚盐分形成盐碱土的过程，主要发生在干旱和半干旱以及滨海地区。暗管排盐利用“盐随水来，盐随水去”的原理，在灌溉或降雨时，土壤中的盐分会随水渗入暗管，由暗管排出农田，从而达到淋洗盐分的效果（于淑会等，2012）。Abdel-Dayem et al.（2000）在埃及尼罗河附近开展田间试验，结果表明，暗管排水可有效降低农田土壤盐分；Youngs et al.(2000)研究表明，灌水浸没农田再配合暗管排水，可以快速排除暗管上方的盐分，但暗管中间部分土壤脱盐速率较为缓慢。Baheci et al.(2009)在土耳其哈兰平原研究暗管排水系统除涝排盐效果，发现暗管排水系统将表层土壤（0～20cm）的盐度降低了约80%。Jafari－Talukolaee et al.(2015)研究表明，不同暗管埋深、间距的排盐效果有很大差异，随着排水间距的减小和暗管埋深的增加，排水排盐效果变好。

丁新军等（2020）基于中国知网与Web of Science的数据库，利用VOS-viwer软件对国内外有关暗管排水文献的关键词进行分析，发现国内暗管排水的研究重点是盐碱地的改良与防治土壤次生盐碱化。由于不同地区盐碱土形成原因不一样，其治理方法和治理效果也不相同。在干旱和半干旱地区，主要是成土母质中盐分含量较高，加上蒸发量大于降雨量，地下水中的可溶性盐随水分向上运移，并在地表浓缩与聚积（虎胆·吐马尔白等，2011）。刘玉国等（2014）在新疆石河子建设兵团分析了暗管排盐技术对轻度和中度盐碱化农田土壤盐分变化规律的影响，研究表明，暗管排水条件下轻度和中度土壤最高脱盐率分别为50.96%和90.89%。李显溦等（2016）发现虽然剖面土壤脱盐率可达77.5%，但其实大部分盐分都被淋洗到暗管以下的土壤中，暗管的排盐量有限。鉴于非饱和土壤中的暗管对根系层土壤排盐效果不显著，李显溦提出了淋洗防渗排盐模式和暗管局部冲洗排盐模式，有效提高了排盐效率。王洪义等（2013）在大庆地区的苏打盐碱地研究排水暗管不同间距（5m、10m、15m）与不同埋深（0.8m、1.0m、1.2m）下的排盐效果，发现暗管排水有助于降低耕作层的土壤含水率和含盐量，暗管埋深越大、间距越小，排水效率越高，排水矿化度越大，土壤脱盐效果越明显。耿其明等（2019）研究暗管排水工程和明沟排水工程对盐碱地的改良效果，发现暗管排水工程相较于明沟排水，在降低土壤盐渍化程度上的效果更为显著。

3. 暗管排水对地下水的影响

干旱和半干旱地区由于地表径流和地下径流排泄不畅，地下水位升高，在强烈的蒸发下易造成土壤次生盐碱化。暗管排水在降低地下水位方面效果显著，石佳等（2017）在宁夏惠农区庙台乡开展太阳能暗管排水和非暗管排水对比试验，发现暗管排水区较非暗管排水区地下水位下降了0.1m，降幅6.2%，地下水矿化度降低10.0%。黄愉等（2020）在宁夏银北灌区开展暗管排水试验，发现暗管排水能显著降低地下水位，有效抑制潜水蒸发，缓解土壤次生盐碱化。土壤表层盐分与地下水位埋深密切相关，窦旭等（2020）利用经典统计学和地统计学原理，发现暗管排水条件下地下水位埋深与土壤表层盐分符合线性关系，而且表层盐分变化随地下水位埋深变化趋势较大。在沿江沿海地区，因降雨和地形影响，涝渍灾害频繁，作物根系受淹致使作物减产，暗管排水可有效调控地下水位埋深，使耕作层保持良好的水分状况。徐友信等（2018）研究表明，控制暗管排水在高水位滨海盐碱地区可调控最大地下水位埋深为0.9m，并可在24小时内将地下水位埋深降至0.3m的涝害临界水平。

暗管排水在降低地下水位和排除盐分的同时，也会造成土壤内氮磷元素的流失，导致当地地下水受到污染。Nangia et al.（2010）采用ADAPT模型模拟了不同埋深与间距条件下排水暗管的$NO^3$－N淋失与作物产量。Craft et al.（2018）使用RZWQM模型研究了控制排水和浅层排水对美国艾奥瓦州南部地下排水系统氮污染负荷的影响。Dougherty et al.（2020）在艾奥瓦州研究了暗管排水条件下不同灌溉制度对硝态氮和磷流失的影响，以及对当地地下水水质的影响，为当地合理制定灌排制度提供了科学依据。袁念念等（2011）在荆州丫角排灌试验基地开展了大田控制暗管排水对比试验，发现在不同生育阶段调节相适应的排水出口埋深有利于地下水位保持平衡，使得农田土壤内的氮素以稳定形态存在，且减少氮素的流失。曾文治等（2012）用DRAINMOD模型模拟了不同暗管间距和暗管出口高程对硝态氮流失的影响，发现暗管间距越大，暗管出口高程越低，暗管排水中硝态氮的流失量也就越小。国内虽然已经开展了许多试验，但在流域尺度暗管排水的研究，田间尺度农药与氮磷淋失机制、排水水质净化等方面研究薄弱，与国际上还存在一定差距，还需进一步探索研究。

4. 暗管排水对作物生长的影响

农田排水的主要目的就是改善农业生产条件和提高作物产量。Nelson（2017）在美国密苏里州伯特利开展暗管田间排水试验来评估排水暗管埋深、间距以及间种作物的种类对大豆产量的影响。Farahani et al.（2020）在伊朗胡仔坦省一处农田研究了暗管排水条件下生物炭施用、耕作方式和灌溉制度对排水中氮、磷浓度以及冬小麦产量的影响。Maryam et al.（2012）研究发现，土壤的临时渍水会影响土壤与大气之间的交换，消耗土壤氧气，影响作物养分的形成与吸收，抑制作物的生长与发育。谭莉梅等（2012）探讨了暗管排水工程在河北省近滨海盐碱区的适用性，并估算了暗管排水工程实施后该区域耕地面积的潜在增量、耕地增产潜力以及生态系统服务功能的潜在提升值。张洁等（2012）研究发现，暗管排水可以有效缓解大棚土壤次生盐渍化，使得土壤盐分降低，总孔隙度及饱和导水率增加，显著增加番茄产量。

### 1.2.3 土壤盐碱化时空变异研究

受自然条件和人类活动等因素的影响，土壤性质呈现出明显的空间变异特性。20世纪70年代开始，国外相继报道了许多土壤特性空间变异性的研究成果，20世纪80年代以后，国内学者对土壤特性空间变异性的研究逐渐展开，并且更加关注土壤盐碱化在干旱和半干旱地区的问题（Metternicht et al.，

2003)。由于环境因子比较复杂，人类活动又很剧烈，土壤含盐量不管在时间上还是在空间上都呈现出高度的异质性（Ae et al.，1990)。目前，国内外很多学者对土壤盐分空间变异性的研究主要有以下几个方面。

1. 研究尺度

根据不同的研究目的，不同尺度条件下采样研究土壤盐分空间变异特征，对于农田土壤盐分调查、分级、生态环境保护、田间管理措施制定等方面均具有重要的实用价值（马春芽等，2019)。根据专家学者们的研究成果，可把研究尺度大致分为田间尺度和区域尺度两类。

(1) 田间尺度。Douaik et al.(2004) 分析了匈牙利一田间尺度土壤盐分的空间变异性特征。徐英等（2006）对一块面积为 $55hm^2$ 的农田进行了土壤水分和盐分分布的研究，认为指示克立格方法可以为水土资源质量的评价提供新的思路。杨劲松等（2008）对田间尺度上土壤盐分空间变异进行了分析和评价，认为电磁感应和田间测量结合的方法是很好的例子。赵文举等（2016）针对景泰地区代表性很强的压砂地选取了一个 32m×32m 的典型区研究不同土层时空变异规律，为当地压砂地土壤盐碱化的治理提供了参考。杨帆等（2017）选取了松嫩平原一处 $4.8hm^2$ 的盐渍化旱田地块，分析其土壤盐分空间变异特征，认为水文状况和地形地貌影响其空间分布。

(2) 区域尺度。Pozdnyakova et al.(1999) 研究美国加利福尼亚州 KinGS 河东部一块面积为 $3375hm^2$ 农田土壤盐分和钠吸附比的空间变异特征。李瑞平等（2009）从灌域尺度上研究了沙壕渠灌域冻融期土壤水分和盐分的时空变异，认为冻融情况下土壤盐分比土壤水分的运移机制要复杂。张源沛等（2009）等对大尺度平原区银川平原的土壤盐分进行了研究，发现土壤盐分属于中等变异，盐碱化比较严重。

(3) 多种尺度。Sylla et al.(1995) 对不同尺度下的西非大米地生态系统进行了研究，发现随着尺度的不同，土壤盐分的空间分布也发生变化。李敏等（2009）在新疆玛纳斯县进行了三种不同尺度下土壤盐分的空间变异性分析，评价了不同研究方法在三种尺度上的优劣。杨奇勇等（2011）对黄淮海平原盐渍土改良区县级和镇级两个尺度下耕层土壤盐分的空间变异性进行了分析，认为随着研究尺度的增加，耕层土壤盐分自相关性增强，结构性因素影响增强；随着研究尺度的减小，盐碱化风险增大。刘继龙等（2018）分析了区域尺度和田间尺度上不同土层土壤盐分的空间变异性，发现随尺度减小，土壤盐分的变异程度由中等变异变为弱变异，且土壤盐分的空间相关范围变小。

综上所述，在大尺度上进行的土壤盐分空间变异研究对土壤盐分分类系统具有改进和创新的作用，并且对于土壤盐分的调查、制图的精度具有提高作用；而中小尺度上土壤盐分空间变异的研究有利于种植结构的合理布局和田间管理的改善。

2. 研究方法

20 世纪 70 年代，国外开始对土壤理化性质的空间变异进行研究，但是当时大多都是对土壤的性质进行定性的描述，无法直观地了解土壤盐分的空间分布。经典统计学忽视了土壤盐分的空间相关性，显然是不合理的。目前，国内外研究土壤空间分布的方法主要有遥感技术和地统计学结合 GIS 技术。

遥感技术具有响应速度快、成本低以及覆盖面积大等优势，成为研究土壤盐分空间分布的手段。卢霞（2012）研究了典型滨海盐土的盐分含量和光谱特征。姚志华等（2019）通过无人机获取了多光谱遥感数据，发现盐分含量估算模型的精度与覆膜还是不覆膜有较大的关系。王丹阳等（2019）采集了垦利区黄河口镇一试验区近地遥感图像，对试验区土壤盐分的分布进行反演与分析，发现重度盐渍土盐分信息可以通过无人机多光谱来准确提取。杨宁等（2020）在内蒙古河套灌区沙壕渠灌域内试验地获取无人机多光谱遥感图像数据，绘制试验区不同深度土壤盐分反演图，得出作物覆盖下的土壤盐分最佳反演深度为 10～20cm，深度大于 20cm 的反演模型效果相对较差。遥感技术方便快捷，但因精度受覆膜、植被覆盖等外界因素影响较大，遥感监测农田土壤盐分及其反演模型仍然处于探索阶段，模型的稳健性以及大尺度应用仍有待进一步研究。

地统计学以其可以研究随机变量空间结构性的特点成为研究土壤空间性质的有效手段（Burgess et al.，1980）。土壤盐分往往存在较大的“异常值”，影响变异函数的稳健性。地统计学中的指示克立格法以其对区域不确定性估计的合理性成为处理有偏数据的有力工具。Panagopoulos et al.（2006）利用 Kriging 插值法研究了地中海地区土壤盐分的空间变异特征。Wang et al.（2008）以北疆内陆河流域绿洲为研究区，运用经典统计理论、地统计学以及 GIS 技术分析了土壤含盐量空间分布规律。Arslan（2012）运用普通 Kriging 插值法和指示 Kriging 插值法分析了土壤盐分的时空变异规律。Pouryazdankhah et al.（2019）利用普通 Kriging 插值法和指示 Kriging 插值法确定了伊朗吉兰省盐分较高的水稻减产区域。可见，地统计学和其他方法相结合的方式，特别是地统计学和 GIS 技术的结合在土壤盐分空间变异研究中得到了广泛的应用。

3. 研究时段

部分专家学者为了探讨季节、气候、灌水、排水、地下水开采等因素对土壤盐碱化空间变异的影响，往往会在这些条件改变前后对土壤盐碱化做对比研究，其中在春季、秋季、旱季、雨季、灌季、节水改造前后的研究较多。如李艳等（2005）以浙江省上虞市一块棉田为研究区，分析其在 3 个不同月份（4 月、9 月、12 月）盐分的时空变异性，发现盐分变异的空间结构在时间上保持了相对稳定；Demir et al.（2009）对克孜勒河三角洲灌溉季节（2003年8月）到雨季（2004年4月）土壤盐分的指示Kriging分析表明，灌溉季节土壤盐化的风险比雨季大。周在明等（2010）采用地统计学和GIS相结合的方法得出了4—5月干旱、春灌时期环渤海平原区土壤含盐量及其盐碱化程度的空间分布格局。史海滨等（2020）认为节水改造工程实施后沈乌灌域土壤盐碱化程度减轻。目前的研究在时段上主要集中在某一两个时期，较少涉及土壤盐分在周年内的时空变异性。本书以接近两年的野外采样信息为基础，揭示研究区土壤耕层盐分在周年内的时空变异规律。

### 1.2.4 地下水盐运移研究

1. 地下水盐运移理论

地下水盐运移是指地下水位（埋深）、流量、温度、水质、化学组成等要素在时间和空间上的变化情况及其规律，是综合反映地下水的运动和变化过程。国内外许多研究者对地下水盐运移理论和数值模拟进行了大量的研究。1863年，法国水力学家Dupuit把Darcy定律进一步应用到天然含水层中，提出了Dupuit公式，自此奠定了地下水稳定流的理论基础。1935年，美国科学家Theis依据水流和热流的相似性，利用热传导方程提出了地下水井流的非稳定流公式，即Theis公式，为非稳定流理论的发展奠定了理论基础。由于以Theis公式为代表的非稳定流公式，难于描述非均质含水层中和复杂条件下的地下水运动规律，20世纪40—60年代，有关研究者采用计算机求得地下水非稳定流问题的近似解。20世纪60年代后期，随着计算机技术的快速发展，利用数值计算法较好地解决了复杂条件下的地下水流动计算问题。20世纪80年代以来，国外在地下水流数值模拟技术方面进行了深入的研究，相继开发了许多地下水流和溶质运移数值模拟软件，为研究不同条件的地下水盐运移问题提供了有效的工具。

早期对地下水流进行的模拟和预测都是采用比较简单的水均衡法和水文地质比拟法等。后来部分研究者也利用物理模拟等其他方法对地下水流进行模拟和预测。Willis（1977）利用Galerkin有限元法分析地下水偏微分方程的特征并预测其地下水位的变化。目前，对地下水盐运移模拟和预测的方法主要有确定性模型和随机模型两大类。其中确定性模型的求解方法主要有解析法、数值法和物理模拟法等。确定性模型能够比较准确地预测地下水动态变化，特别适用于研究区水文地质条件简单、均质含水层系统的情况。但是，确定性方法由于需要假设很多条件、需要大量的实验数据，难以真实地模拟实际复杂情况下的水文地质条件，会引起较大的误差，其应用受到了较大的限制。随机模型包括回归分析法、时间序列法、频谱分析法以及随机微分方程等。相对来说随机模型能够较好地模拟实际复杂条件的地下水盐运移问题，其应用较为广泛。

Cooley（1979）应用非线性回归方法估算了美国和以色列两个典型研究区的水文地质参数、回灌水、地下水流出量、边界的运移量。Alley et al.（1986）应用电网络模拟模型模拟和分析了地下水抽取量对美国内布拉斯加州地区的地下水位影响，并预测了该研究区地下水位动态变化。Giakoumarkis et al.（1995）应用分布式模型预测希腊克里特岛地区一条河流的地表水月均径流量，用线性参数模型模拟和预测了该地区的地下水位的月均值。Demetriou et al.（1999）应用 MIKE SHE 综合集成模型包模拟了澳大利亚南部墨累河 Wakool 灌区的地下水位动态变化。Coppola et al.（2003）应用人工神经网络模型模拟和预测了美国佛罗里达州坦帕海湾地区的地下水位动态变化。

近年来，随着科技的发展，地理信息系统（GIS）、遥感技术（RS）、全球定位系统（GPS）已经在地下水流模拟和预测研究中得到了重视和应用。其中GIS 技术在地下水流模拟和预测应用较广泛，GIS 技术和地下水流数值耦合模型能够定量地模拟地下水输入量、流量和地下水位。EL－Kadi et al.（1994）利用 GIS 图形和数据处理能力，将 GIS 作为地下水流模型的外壳，在美国夏威夷岛地区建立了二维地下水流数值模型。Albertson et al.（1996）将地下水流模拟模型与 GIS 集成，对水库大坝蓄水前后的地下水位动态变化情况进行了评价。从目前研究水平和应用现状看，GIS 与地下水流数值耦合模型是一种松散的连接组合模型，没有真正实现 GIS 与专业模型的有机结合。随着组件式 GIS 的发展和成熟，基于组件的专业信息系统不断开发，可以方便地将 GIS 功能与地下水流模型有机集成，能够真正实现 GIS 与地下水流数值模拟的耦合。

2. 地下水盐运移数值模拟

数值模拟是研究地下水盐运移的重要方法和手段。目前，国际上比较流行的地下水流模拟软件主要有 GMS、FEELOW、MODFLOW、MIKE SHE、MT3DMS、TOUGH2 等（李凡等，2018）。地下水流数值模拟软件常用的两种数值计算方法是有限差分法和有限单元法，但不同的地下水流模拟软件有各自的适用条件和应用范围且有各自的优缺点。其中，由加拿大 Waterloo 水文地质公司在 MODFLOW 软件的基础上，应用现代可视化技术开发研制的 Visual MODFLOW 是目前国内外应用较为广泛的三维地下水数值模拟软件，具有可视化功能强大、求解方法简单、适应范围广、三维建模简单等优点。该软件是高度集成的软件包，具有直观的图形交互界面，能够用于地下水流模拟、溶质运移模拟、示踪剂跟踪模拟等。

目前，国内外研究者主要利用 MODFLOW 模拟地下水量、地面沉降、地下水污染物运移、水资源评价等。Rajamanickam 与 Nagan（2010）在印度卡鲁尔镇利用 MODFLOW 对 Amaravathi 流域进行了地下水流和水质模拟，结果表明，零排放量情况下水质能够得到改善。Saghravani et al.（2011）利用MODFLOW模拟了马来西亚普特拉大学校园附近非承压含水层中地下水流和磷元素分布规律，污染物模拟结果揭示了在模拟期结束时不同含水层中磷的传输率，并且模型能够较好地模拟污染物在稳态和瞬态下的运移规律。Ismail et al.（2013）应用MODFLOW对马来西亚吉兰丹地区潜水层观测井进行地下水数值模拟，模拟了观测井的地下水位和降深，确定了研究区最佳的地下水抽水量。Khadri与Pande（2016）采用MODFLOW模型模拟和预测了Mahesh流域的Akola和Buldhana两个地区的地下水位动态变化，模拟结果可为该研究区的地下水资源的开发利用和管理提供参考。

国内许多研究者在20世纪90年代开始使用MODFLOW模拟软件，并在水文地质、环境、水利、煤炭、石油等行业广泛应用。武强等（1999）在《水文地质工程地质》上介绍了MODFLOW软件，并分析了该软件在我国水资源评价中的应用潜力，呼吁我国相关领域应该快速普及和推广应用该软件，以便与世界科技界接轨。贾金生等（2003）在地下水位监测的基础上，对MODFLOW模型的参数进行率定和验证，并利用率定后的MODFLOW模型模拟了河北省栾城地区的地下水流情况，建立的地下水流模型能够较好地反映栾城地区的实际水文地质条件。杨青青等（2005）利用MODFLOW模拟了吉林省西部的地下水流情况，得到了研究区多年的平均地下水补给资源量和可开采量，并预测了不同开采方案的地下水位。高策等（2017）利用MODFLOW模拟了陕西省黄陵县某油库地下水污染状况，预测了地下水污染范围和程度，模型预测20年后污染物影响范围最大。

在内蒙古河套灌区也有部分研究者利用MODFLOW模拟地下水盐运移规律。白忠与徐旭（2008）利用MODFLOW模拟分析了河套灌区解放闸灌域地下水动态的变化特征。黄莹等（2010）利用MODFLOW建立了河套灌区永济灌域地下水流数值模型，对研究区不同开采方案下的地下水位埋深变化进行了模拟，结果表明，研究区可以适量开采地下水来降低地下水位埋深。赵丽蓉等（2011）基于野外地下水盐观测试验数据，利用MODFLOW建立了河套灌区义长灌域永联试验区非饱和-饱和水盐耦合模型，并对不同节水方案下区域水盐动态进行了模拟和分析，结果表明，减少秋浇定额能够减轻耕地非饱和土壤积盐量和区域总体积盐量。Ma et al.（2011）利用MODFLOW模拟和预测了河套灌区不同引水量条件下地下水环境的变化，模拟结果表明，引水量的减少势必引起研究区地下水位埋深的增大。余乐时等（2017）应用MODFLOW建立了河套灌区的地下水流模型，所建立的地下水流模型能较好地反映河套灌区地下水系统的动态特征，并分析了井渠结合节水措施对地下水位的影响。伍靖伟等（2018）结合河套灌区冻融期地下水补排模型与三维地下水流数值模型，构建了河套灌区生育期—冻融期全周年地下水流动态模型，并模拟和预测了18种井渠结合节水情景下的地下水流动态，结果表明，井渠结合后研究区年均地下水位埋深增加，非井渠结合区则变化较小。

综上所述，国内外研究者利用MODFLOW软件在模拟不同条件下地下水污染、地下水位或地下水质等方面进行了大量的研究，取得了丰硕的成果。利用MODFLOW软件模拟河套灌区典型研究区耕荒地的地下水流运动，估算耕-荒地间的地下水盐运移量，可为河套灌区防治土壤盐碱化提供理论依据。

### 1.2.5 基于遥感技术的土壤盐碱化研究

土壤盐碱化是气候、地形、水文地质等自然因素影响水盐运动产生的结果，是复杂的物理和化学动力学过程，动态监测工作量大，常限于田间尺度。计算机技术和遥感技术的发展使土壤盐碱化监测范围从田间尺度扩展到区域尺度，20世纪90年代以后，基于遥感的盐碱化分布研究逐渐成为热点（Metternicht et al.，2003）。目前应用遥感方法获取土壤盐碱化信息，多数采用对遥感影像进行再处理的方法，突出土壤盐碱化信息（Dehni et al.，2012），针对不同研究区域的土壤盐碱化情况，选择遥感影像中的敏感波段及其组合进行分析研究（例如盐分指数、敏感指数等），还可引入温度、地下水位和高程等环境因素，解释盐碱化区域时空变化特点（McGowen et al.，1996）。

基于遥感技术研究土壤盐碱化在国外始于20世纪70年代。随着遥感技术和计算机技术的发展，自80年代以后，多波段、多时相的遥感数据被广泛应用于土壤盐碱化和盐生植被的监测、调查制图中，该时期主要是利用目视判读进行分类，少数研究人员利用监督分类提取土壤盐碱化信息。90年代后，随着多分辨率、多光谱、多角度、多传感器卫星上天，遥感数据源更加丰富，研究方法日趋成熟，土壤盐碱化监测进入了高光谱分辨率、高辐射分辨率、高时间分辨率和高空间分辨率的新时代。盐碱化土壤信息的获取主要是基于光谱响应特征。Dehaan et al.（2002）利用高光谱进行盐碱化土壤制图，研究了5种耐盐植物，发现耐盐植物的光谱在可见光和近红外波段具有区别于一般植物的光谱特征。Yu et al.（2010）选取3景TM/ETM+遥感影像，根据Optimum Index Factor（OIF）理论，选择敏感波段及其组合，建立了盐碱地反演模型。Bannari et al.（2008）和Jabbar et al.（2008）选用TM遥感影像，借助盐分指数（salinity index，SI）和归一化盐分指数（normalized differential salinity index，NDSI）对盐碱土进行分类研究。Khaier（2003）选用ASTER（advanced spaceborne thermal emission and reflection radiometer）遥感影像，建立盐分反演模型，提出基于ASTER的盐分指数（ASTER-SI），并获得了研究区域的盐分空间分布。

我国对土壤盐碱化遥感监测的研究比国外晚十多年，现阶段的研究热点主要集中在利用RS、GIS和数学模型进行土壤盐碱化的信息获取、监测和预报。杨玉建等（2005）在GIS和Dempster-Shafer证据理论的支持下，利用模糊函数集中的“J”形模型和D-S证据理论（dempster-shafer-weight-of-evidence）模型对影响土壤盐碱化因子进行运算和合并，预测土壤潜在盐碱化现象在整个栅格表面发生的可信度，从而，获得了研究区土壤潜在盐碱化的概率表面图。王飞等（2010）在分析归一化植被指数（normalized differential vegetation index，NDVI）和盐分指数（SI）之间关系的基础上，提出了NDVI-SI特征空间概念，构建土壤盐碱化遥感监测指数模型（salinization detection index，SDI）。哈学萍等（2009）以塔里木河流域为研究区域，利用ETM数据和地表反照度（albedo）、土壤盐分指数（SI）之间的关系，发现盐碱化土壤在SI-Albedo特征空间分布中具有显著规律，能够快速、准确地自动获取干旱区盐碱化土壤信息。

综上所述，目前区域土壤盐碱化遥感监测研究还处于目视解析阶段，随着遥感技术和数字处理技术的不断发展，数字图像处理将是区域土壤盐碱化遥感监测研究的主要手段。

### 1.2.6 农业节水潜力研究

目前，学术界关于节水潜力的概念还没有形成统一的认识。传统意义上的节水潜力是指某部门、行业（或作物）、局部地区在采取一种或多种综合节水措施后，与未采取节水措施相比，所减少的需水量或取水量（许越先等，1992）。为了克服在传统节水潜力计算中存在的局限性，沈振荣（2000）提出“真实节水”的概念，为农业节水提供了一种新的科学理念和研究方向。

国外对节水潜力的研究较少，Davenport et al.（1982）对灌溉取水与节水量中的可回收水和不可回收水的概念做了相对系统的说明，并分析了加利福尼亚州的灌溉节水潜力。Yurdusev et al.（2008）通过调查，研究了家庭节水潜力，但对节水潜力的概念并未论述。Dawit et al.（1997）提出以田间灌溉水有效利用率作为改进的地面灌溉灌水质量的指标，同时也作为农业节水潜力的评价指标。部分学者从不同角度对节水潜力进行了研究，针对不同形式的水分损失应采取不同的节水潜力计算模式进行描述，因此，在分析计算农业灌溉节水潜力时应考虑其尺度效应。

20世纪90年代以来，国内学者对不同地域节水潜力的研究进行了大量深入的探索。段爱旺等（2002）将真实节水潜力分为广义和狭义两种，广义节水潜力是指依靠田间节水措施减少的基础用水量的数值；狭义节水潜力是指在一定条件和技术下，灌溉用水的减少量。田玉青等（2006）提出，灌区的节水潜力是指在一定的技术条件下，通过采取一系列的节水技术措施，同样规模灌区预期的灌溉需水量与基准年相比减少的水量，定义最大可能节水量为理论节水潜力，并分别采用整体法和分项法计算黄河干流大型自流灌区的节水潜力。张霞等（2006）指出，田间节水潜力是指在灌区农渠以下田间采取工程与非工程措施节水，田间水利用系数达到《节水灌溉技术规范》（SL 207—1998）的要求后，在同等规模条件下，田间灌溉水量与基准年相比节约的水量。裴源生等（2007）提出耗水节水的概念，认为真实的节水潜力应同时包含取用水节水和耗水节水，耗水节水量即体现了区域的真正节水潜力。张艳妮等（2007）将灌溉用水量与作物需水量的差值作为农业节水潜力，同时指出农业节水潜力的大小与用水管理制度相关，并将农业节水潜力分为理论节水潜力和实际节水潜力。崔远来等（2007）认为计算节水潜力时应考虑尺度效应，用同一方法计算不同尺度下的节水潜力会有所不同。雷波等（2011）提出了净节水潜力的概念，即减少的无效腾发量和无效流失量之和。

国内学者通过对一些试验研究地区进行节水潜力分析计算，逐渐形成了一系列较为成熟的节水潜力计算方法。周华等（2005）、周振民等（2008）利用灰色理论建立了微分预测模型，分别对宁夏河套灌区和河南省人民渠灌区进行水资源供需分析，并计算相应节水潜力。李英能（2007）根据《全国灌溉用水定额编制》的研究方法与成果，通过对一些参数的概化，从而提出一种区域发展节水灌溉的节水潜力简易计算方法。汤英等（2010）采用情景分析法从输水系统及田间系统两方面计算了灌区农业节水潜力。王海龙等（2010）以渭河流域的关中地区为例，界定了资源型节水潜力，估算了该区域主要作物种植面积不发生变化、继续扩大渠道衬砌工程建设、合理开发利用农业水资源情况下的节水潜力。刘小燕等（2012）采用定额比较法分析了通辽市科尔沁地区现状年和规划年的农业节水潜力。尹剑等（2014）计算了25%、50%、75%和90%四种水文频率年下的渭河流域关中段九大灌区的农业节水潜力。

## 1.3 研究目标、内容与技术路线

### 1.3.1 研究目标

针对河套灌区规模化节水工程的实施，以及地下水位埋深较浅且矿化度较高和排水条件较差的自然条件，本研究力图探明不同灌排条件下农田盐分的归趋途径，探究研究区节水条件下水盐平衡机制，探讨区域性土壤盐碱化的主要影响因素及其演变规律，分析灌区农业节水的途径与方法及其对农业生产和灌区生态环境的影响，获得灌区农业用水总量与效率红线，为灌区节水减排控盐及其农业可持续发展提供理论基础和科学依据。

### 1.3.2 研究内容

1. 不同灌排条件下农田土壤水盐分布田间试验

在葵花种植区不同灌溉定额条件下，开展畦灌和滴灌暗排的地下水、土壤水盐及排水监测，包括作物不同生育期土壤水分、盐分及作物生长指标的测定，以及暗管排水量及田间地下水盐的监测，寻求适宜的灌排协同控盐模式，研究畦灌和滴灌暗排条件下农田尺度的盐分归趋途径，为促进农业生产和盐碱化土地可持续利用提供依据。

2. 区域性土壤水盐监测与分析

重点研究内蒙古河套灌区“耕地-盐荒地”旱排盐问题。通过开展耕地（葵花地和玉米地）和盐荒地地下水、土壤水盐监测（包括耕地与盐荒地土壤含水率、土壤含盐量、地下水位埋深、地下水矿化度的监测），分析耕地与盐荒地土壤水盐分布规律及其主要影响因素。基于调查、观测数据，通过经典统计理论和地统计学理论，研究地下水位埋深与矿化度、土壤质地、土地利用类型和排水沟分布等因素与土壤含盐量的统计关系和时空变异关系，揭示河套灌区永济灌域中等尺度上土壤盐分随主控因素的变异规律，分析区域土壤盐碱化时空分布特征与影响因素，进而以此为依据提出该区盐碱化分区防治措施建议。

3. 典型研究区地下水与土壤水盐数值模拟

开展内蒙古河套灌区暗管排水条件下作物根系层水分通量和盐分通量变化的研究，运用SWAP模型对不同暗管埋深和间距条件下的土壤剖面处水分通量和盐分通量进行数值模拟，寻求适宜当地的农田排水暗管布设方案。在河套灌区典型研究区耕荒地水盐观测和资料收集的基础上，基于MODFLOW软件构建研究区地下水流数值模型，对模型中的水文地质参数进行率定和验证，并利用率定后的数值模型对研究区耕荒地地下水流运动进行模拟，估算耕荒地间的地下水盐运移量，分析耕荒地的盐分平衡。

4. 基于遥感的作物产量与土壤水盐分布反演方法研究

建立研究区域土壤含水量反演模型和基于光能利用效率的作物产量估算模型。采取不同的方法建立不同时期的土壤含水量反演模型。对于作物播种前期，通过敏感光谱与地面试验数据的相关性分析建立土壤含水量反演模型；对于作物生长期，则利用VTCI干旱指数建立土壤含水量反演模型。利用多年遥感影像数据和地面试验数据相结合，筛选敏感盐分光谱指数，建立区域土壤含盐量反演模型，结合研究区监测数据，研究作物产量、土壤含盐量与地下水的相关关系。

5. 农业节水潜力研究

系统地探讨适合于河套灌区农业节水措施及其实现途径，并对河套灌区农业节水潜力及其影响因素进行分析；结合研究区实际情况，根据水均衡原理构建河套灌区农业节水潜力水平衡模型，并对不同规划年、多因素不同节水情景进行模拟分析，提出综合考虑研究区地下水位的合理埋深和引黄水量总量红线等条件下的骨干渠系衬砌比例、农业种植结构、秋浇面积及其定额、井渠结合灌溉面积、田间节水技术等农业生产优化方案；同时，对河套灌区农业灌溉资源型节水潜力进行估算。

### 1.3.3 技术路线

本研究在内蒙古河套灌区选择典型区域作为研究区，开展不同灌排条件下农田土壤水盐分布试验，分析不同灌排条件下农田土壤水盐运移规律，开展区域性土壤水盐监测试验，分析区域性土壤盐碱化的主要影响因素，在此基础上应用数值模型对研究区地下水与土壤水盐运移进行数值模拟；基于经典统计理论和地统计学理论，研究河套灌区周年内土壤盐碱化时空分布规律，通过构建综合指标，评价土壤盐碱化时空分布及其与各影响因素的关系；采用多时相、多遥感卫星图像作为本研究数据源，建立区域土壤含水率监测模型和区域土壤含盐量分布模型，为研究区域提供及时、全面、快速、高效的土壤含水量和土壤盐碱化发展趋势等的预测预报方法；基于水均衡原理构建河套灌区农业节水潜力水平衡模型，并对不同规划年、多因素不同节水情景进行模拟分析，并对河套灌区农业灌溉资源型节水潜力进行估算。技术路线如图 1.1 所示。

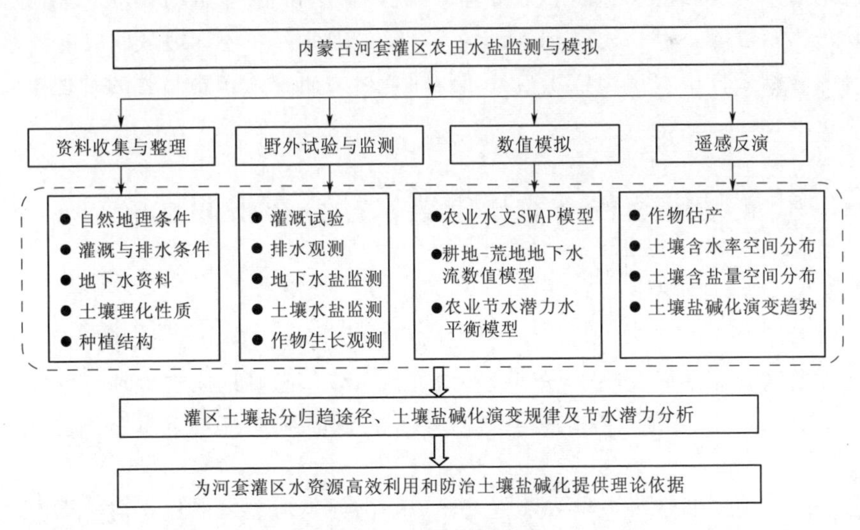


图 1.1 技术路线图

# 第 2 章

# 不同灌排条件下<br>农田土壤水盐分布田间试验

河套灌区土地盐碱化问题较为突出，暗管排水和明沟排水是改良盐碱地常用的工程措施。目前灌区内农田排水大多还是明沟排水，暗管排水铺设面积占比较小。暗管排水与明沟排水相比，不仅具有污染小、占地少、寿命长等优点，而且满足农业机械化、集约化的发展趋势，暗管排水在河套地区应用的前景广阔（于淑会等，2012；Baheci et al.，2009）。膜下滴灌对农业具有节水、增收的作用，对盐碱地具有较强的适应能力，配合暗管排水能够有效降低淋洗地区地下水位埋深、治理涝渍灾害、排除盐分和提高作物产量（薛静等，2016；田富强等，2018；Ren et al.，2016）。因此，在河套地区研究畦灌暗排和滴灌暗排条件下农田土壤水盐分布规律，可为研究区排水暗管的合理布设提供理论依据。

## 2.1 畦灌暗排条件下农田土壤水盐分布田间试验

### 2.1.1 试验区概况

试验于 2018—2020 年 5—10 月在内蒙古自治区巴彦淖尔市河套灌区中国农业大学河套灌区研究院永济试验基地进行。该试验基地所在地理位置经纬度为 107°16′E，40°44′N，平均海拔 1043.4m，试验区地理位置示意图如图 2.1 所示。

试验区为中温带半干旱大陆性气候，降雨稀少，蒸发强烈，空气干燥，年降雨量 90～300mm，年蒸发量 2032～3179mm，年平均气温 3.7～7.6℃，无霜期 145～160d，土壤封冻期 180d 左右。试验区地下水位埋深受合济渠行水以及周边农田灌溉影响，全年地下水位埋深较浅，在 0.5～2.5m 之间波动。试验区土壤母质为黄河冲积物，在成土过程中由于沉积环境不同，形成砂、黏

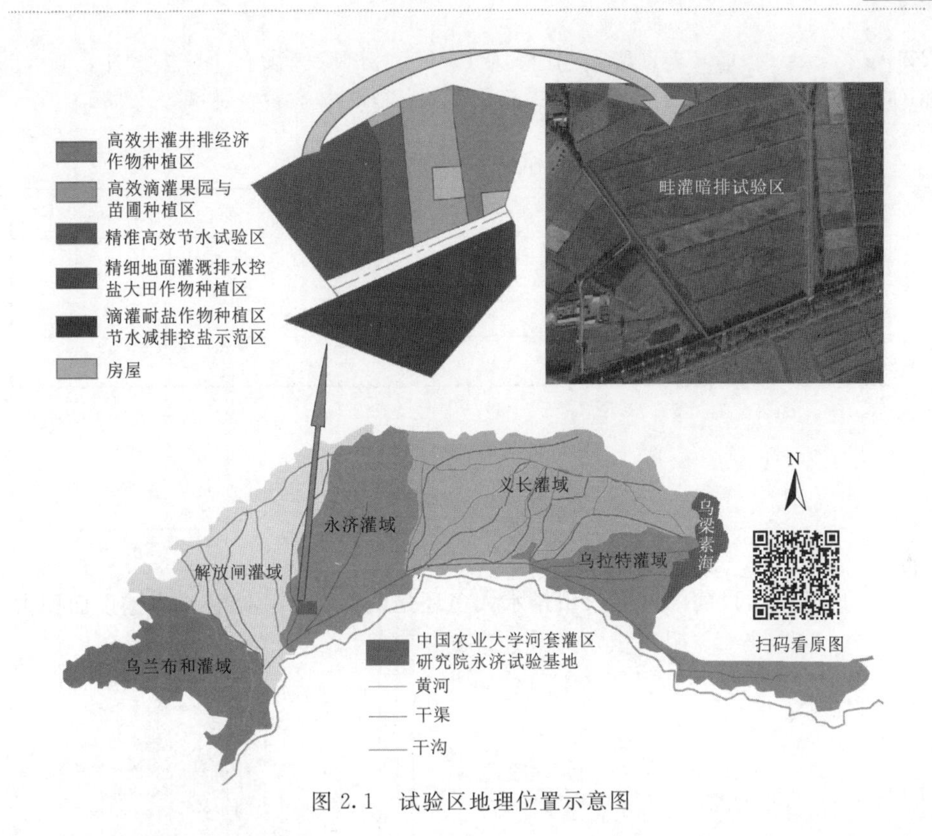


图 2.1 试验区地理位置示意图

互层的土体结构。

### 2.1.2 试验设计与布置

在试验研究基地选择一典型研究区，农田种植面积为 137 亩[1]，灌溉方式为畦灌。典型试验区种植葵花，2018 年种植品种为葵花 JK601，于 6 月 13 日播种，6 月 20 日出苗，8 月 4 日灌水，9 月 28 日收获，全生育期 108d；2019 年种植品种为葵花 SH361，于 5 月 29 日播种，6 月 8 日出苗，7 月 10 日灌水，9 月 19 日收获，全生育期 114d；2020 年种植品种为葵花 RH1 号，于 6 月 3 日播种，6 月 10 日出苗，7 月 10 日灌水，9 月 20 日收获，全生育期 110d。灌溉方式为地面畦灌，排水方式为暗管排水。

研究区设置 3 个试验小区，从北向南依次为 A 区（面积 47.9 亩）、B 区（面积 45.6 亩）和 C 区（面积 44.3 亩）；A 区、B 区和 C 区灌溉定额分别为 80$m^3$/亩、65$m^3$/亩和 50$m^3$/亩。试验区吸水管选取 PE 打孔波纹管形式，采用砂砾石外包滤料作为吸水管的过滤材料（刘文龙等，2013）。试验区共埋设 7 根吸水管，1 根集水管，吸水管间距为 45m，平均埋深 1.5m（徐英等，

[1] 1 亩≈666.67$m^2$。

2019；Wiskow et al.，2003)，比降为1/2000。试验区设有3口集水井，12口地下水位观测井。具体试验处理见表2.1，试验区暗管布置如图2.2所示。

表2.1 畦灌暗排试验处理设计

| 处理 | 暗管编号 | 暗管间距/m | 暗管埋深/m | 灌溉定额/($m^3$/亩) | 小区面积/亩 |
|---|---|---|---|---|---|
| A区 | 1、2 | 45 | 1.5 | 80 | 47.9 |
| B区 | 3、4 | 45 | 1.5 | 65 | 45.6 |
| C区 | 5、6、7 | 45 | 1.5 | 50 | 44.3 |

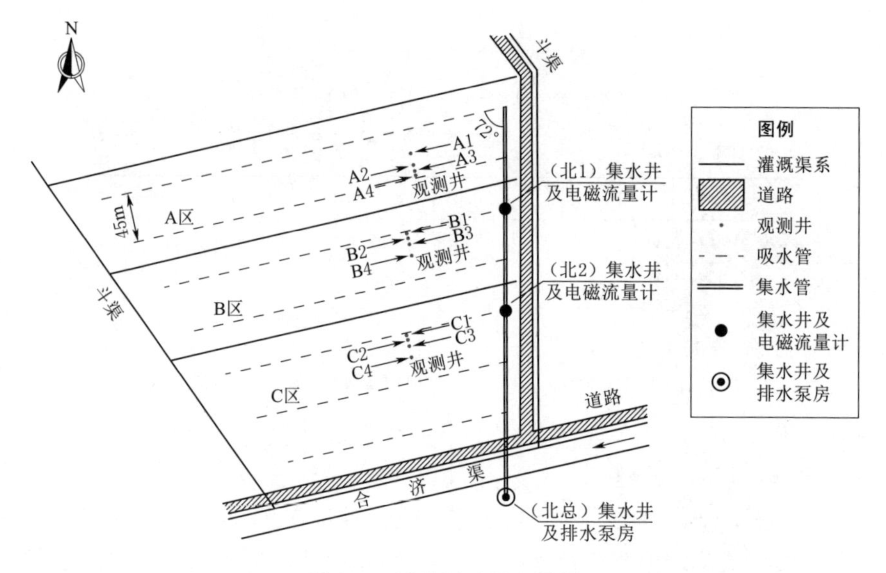


图2.2 试验区暗管布置图

### 2.1.3 观测项目与方法

1. 土壤基本物理参数

(1) 土壤干容重。在2018年试验之前，使用容积为100cm³的环刀若干、削土刀及小铁铲各一把、天平一台、烘箱一台，采用“环刀法”开挖剖面取原状土测定。在A、B、C每个小区各挖一个剖面，根据土壤质地情况在0～100cm分层采样，每层重复3次。

(2) 土壤质地。在挖剖面取原状土时，在不同分层处另外装取一些土样，自然风干后碾磨过2mm筛，通过激光粒度分析仪（Mastersizer 2000，Malvern Inc，UK，下同）测定土壤砂粒、粉粒和黏粒含量。土壤质地根据美国农业部土壤质地分类的标准确定，各小区的土壤质地及基本物理参数见表2.2。

表 2.2 试验小区土壤质地及基本物理参数

| 试验区 | 土层深度/cm | 干容重/(g/cm³) | 饱和含水率/(cm³/cm³) | 各级颗粒质量分数/% | | | 土壤分类 |
|---|---|---|---|---|---|---|---|
| | | | | 砂粒 | 粉粒 | 黏粒 | |
| A区 | 0～10 | 1.569 | 0.4041 | 0.480 | 0.489 | 0.031 | 砂质壤土 |
| | 10～20 | 1.687 | 0.3690 | 0.524 | 0.447 | 0.029 | 砂质壤土 |
| | 20～40 | 1.589 | 0.4135 | 0.449 | 0.519 | 0.032 | 黏砂壤土 |
| | 40～60 | 1.473 | 0.4754 | 0.134 | 0.823 | 0.043 | 粉砂土 |
| | 60～80 | 1.465 | 0.3973 | 0.952 | 0.047 | 0.001 | 砂土 |
| | 80～100 | 1.503 | 0.4536 | 0.383 | 0.587 | 0.030 | 黏砂壤土 |
| B区 | 0～10 | 1.665 | 0.3826 | 0.344 | 0.619 | 0.037 | 黏砂壤土 |
| | 10～20 | 1.683 | 0.3656 | 0.364 | 0.593 | 0.044 | 黏砂壤土 |
| | 20～40 | 1.625 | 0.4346 | 0.269 | 0.699 | 0.033 | 黏砂壤土 |
| | 40～60 | 1.513 | 0.4604 | 0.212 | 0.757 | 0.031 | 黏砂壤土 |
| | 60～80 | 1.497 | 0.4734 | 0.115 | 0.831 | 0.054 | 粉砂土 |
| | 80～100 | 1.490 | 0.4607 | 0.215 | 0.696 | 0.089 | 黏砂壤土 |
| C区 | 0～10 | 1.561 | 0.3953 | 0.399 | 0.575 | 0.026 | 黏砂壤土 |
| | 10～20 | 1.572 | 0.3813 | 0.398 | 0.571 | 0.032 | 黏砂壤土 |
| | 20～40 | 1.620 | 0.4057 | 0.236 | 0.729 | 0.035 | 黏砂壤土 |
| | 40～60 | 1.599 | 0.4425 | 0.187 | 0.767 | 0.046 | 黏砂壤土 |
| | 60～80 | 1.445 | 0.4862 | 0.257 | 0.720 | 0.023 | 黏砂壤土 |
| | 80～100 | 1.480 | 0.4689 | 0.502 | 0.481 | 0.017 | 砂质壤土 |

2. 暗管排水量及矿化度

试验区由北到南分别设置 3 个电磁流量计，分别记为北 1、北 2 和北总（图 2.2）。通过电磁流量计读取数据，每天傍晚 6—7 点记录一次数据。北 1 电磁流量计监测试验小区 A 区的排水量，北 2 电磁流量计监测试验小区 A 区、B 区的总排水量，北总电磁流量计监测试验小区 A 区、B 区、C 区的总排水量。试验期间每隔 3～5d 取集水井中的水样，用电导率仪测量其电导率并换算成矿化度。

3. 土壤含水率

在葵花生育期内，间隔 10d 在田间取土样，一共 3 个处理，每个处理取 3 钻土，在每个试验小区随机取点。取土深度为 100cm，共分 6 层，分别为 0～10cm，10～20cm，20～40cm，40～60cm，60～80cm，80～100cm，土壤质量含水率采用烘干法（土样在 105℃烘箱内烘 8h）测定，再乘以干容重得到体积含水率。

4. 土壤含盐量

取土样时另外用自封袋装入少许土样，将其置于晾土架上风干 2～3d，然后进行研磨和过筛，再调制 1∶5 的土水比土壤浸取液，振荡过滤后用电导率仪（型号为 DDSJ－308A，上海雷磁有限公司，下同）测定土壤浸取液的电导率值 $EC_{1:5}$，并运用内蒙古河套地区经验公式将电导率值换算成相应的土壤含盐量：

$$S=2.882EC_{1:5}+0.183 \tag{2.1}$$

式中：$S$ 为土壤含盐量，g/kg；$EC_{1:5}$ 为按土水比 1∶5 配制的土壤浸取液电导率值，mS/cm。

5. 地下水位埋深

地下水位埋深采用钢尺水位计（型号为 JK50，北京精凯达仪器有限公司，下同）测定，观测时将钢尺水位计置于取水井中，每 3～4d 观测一次。

6. 地下水矿化度

在测定地下水位埋深的同时用取水器取水样，并用电导率仪测定地下水电导率 EC，并根据式（2.2）把地下水电导率换算成地下水矿化度：

$$T=0.64EC \tag{2.2}$$

式中：$T$ 为地下水矿化度，g/L；EC 为地下水电导率，mS/cm。

7. 作物生长指标及产量

（1）株高、茎粗和叶面积指数。在试验区每个小区取 3 株长势均匀的葵花进行定株观测，每 10d 左右测定一次。株高采用 1mm 精度的钢卷尺进行测量；茎粗采用电子游标卡尺进行测量；叶面积指数采用系数测定法，$S$(叶面积)＝0.75(折减系数)×$L$(叶长)×$B$(最长叶宽)，LAI(叶面积指数)＝$S$(叶面积)×$\rho$(种植密度)。

（2）产量。在收获时，在每个小区连续选取 10 株葵花，进行脱粒自然晒干，用卷尺测量花盘的直径，用电子天平称量花盘重、籽粒重以及百粒重，最后根据每个小区葵花的籽粒重和相应种植密度换算出各个小区每公顷的产量。

### 2.1.4 结果与分析

#### 2.1.4.1 土壤水分分布规律

2018—2020 年葵花生育期内不同土层土壤体积含水率随时间的变化过程如图 2.3～图 2.5 所示，其中 0～20cm 为表层土壤，20～60cm 为中层土壤，60～100cm 为深层土壤。

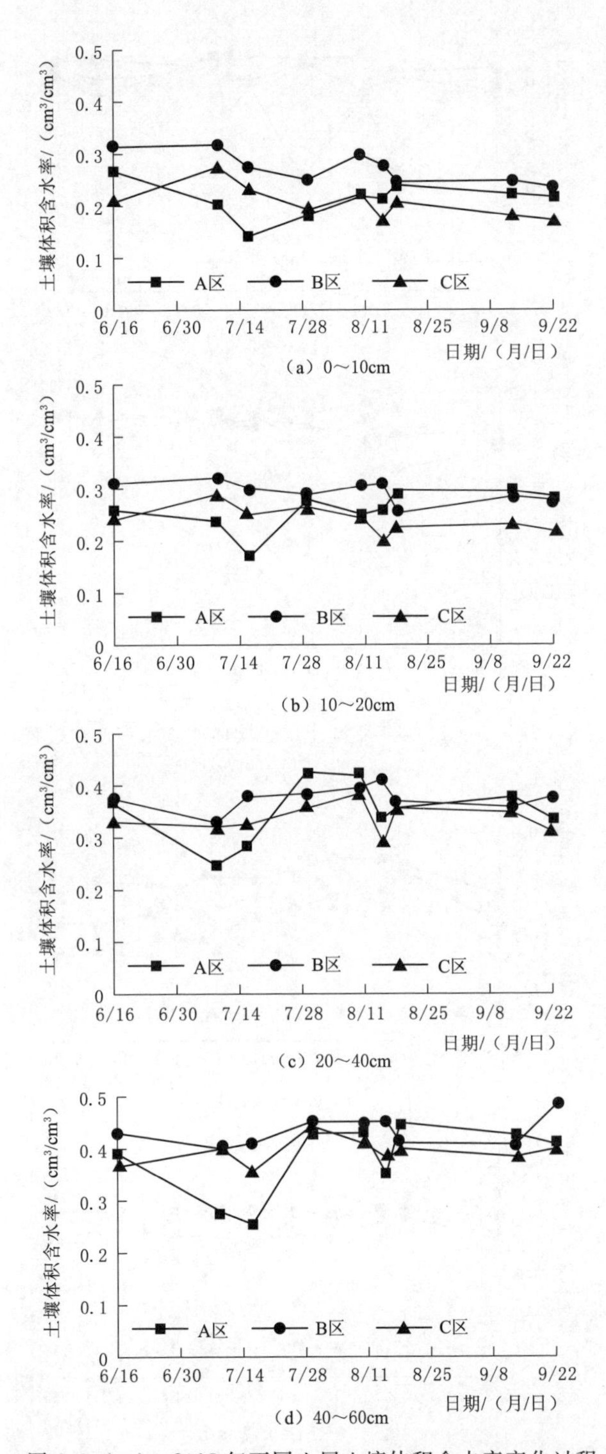


（a）0～10cm

（b）10～20cm

（c）20～40cm

（d）40～60cm

图 2.3（一） 2018 年不同土层土壤体积含水率变化过程

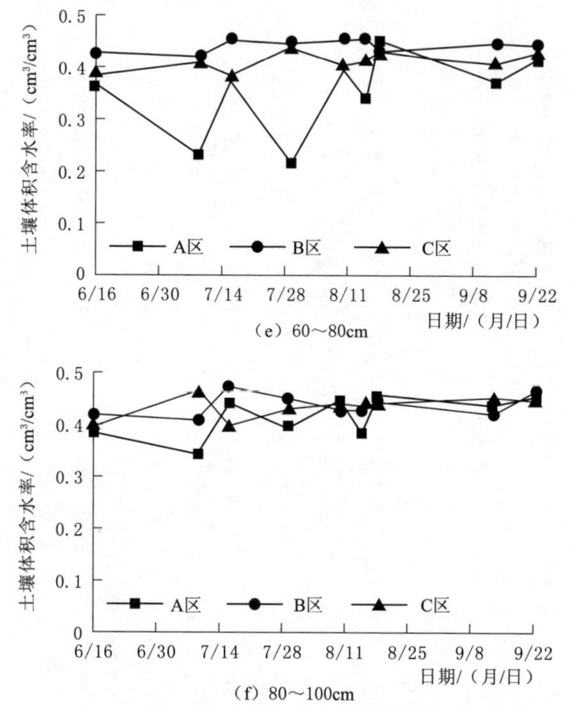


图 2.3（二）　2018 年不同土层土壤体积含水率变化过程

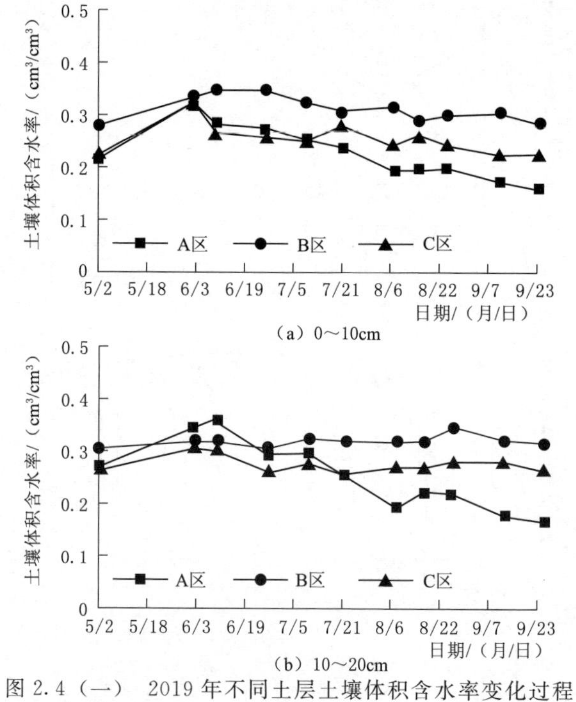


图 2.4（一）　2019 年不同土层土壤体积含水率变化过程

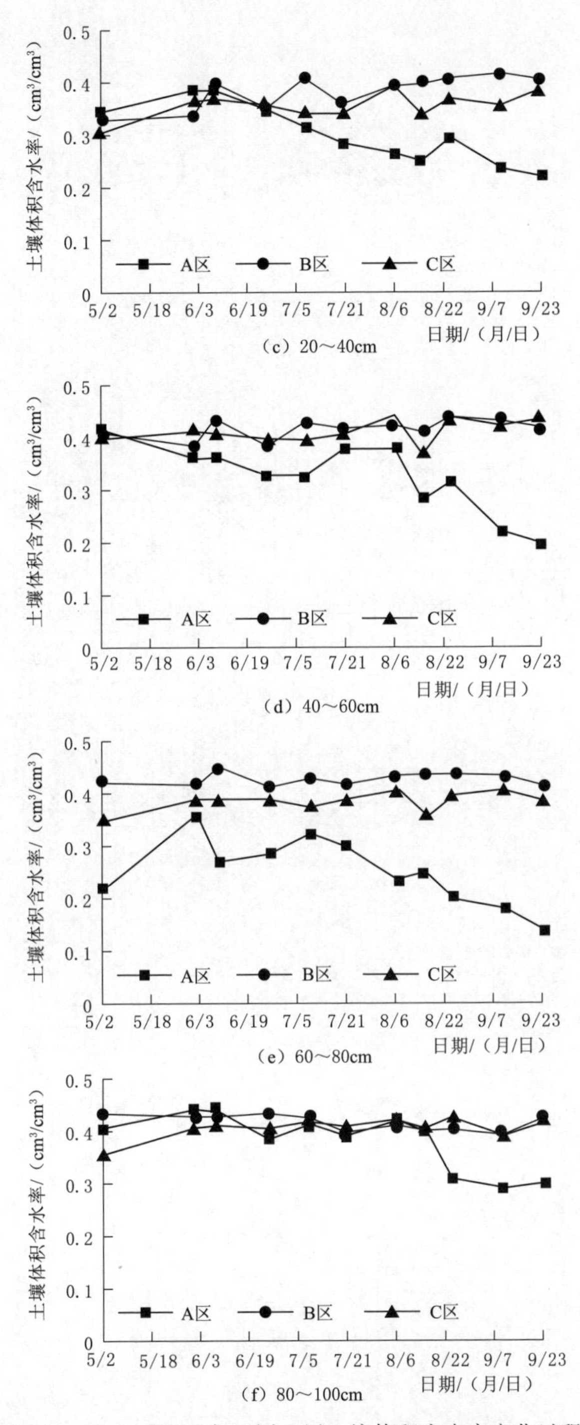


（c）20～40cm

（d）40～60cm

（e）60～80cm

（f）80～100cm

图 2.4（二） 2019 年不同土层土壤体积含水率变化过程

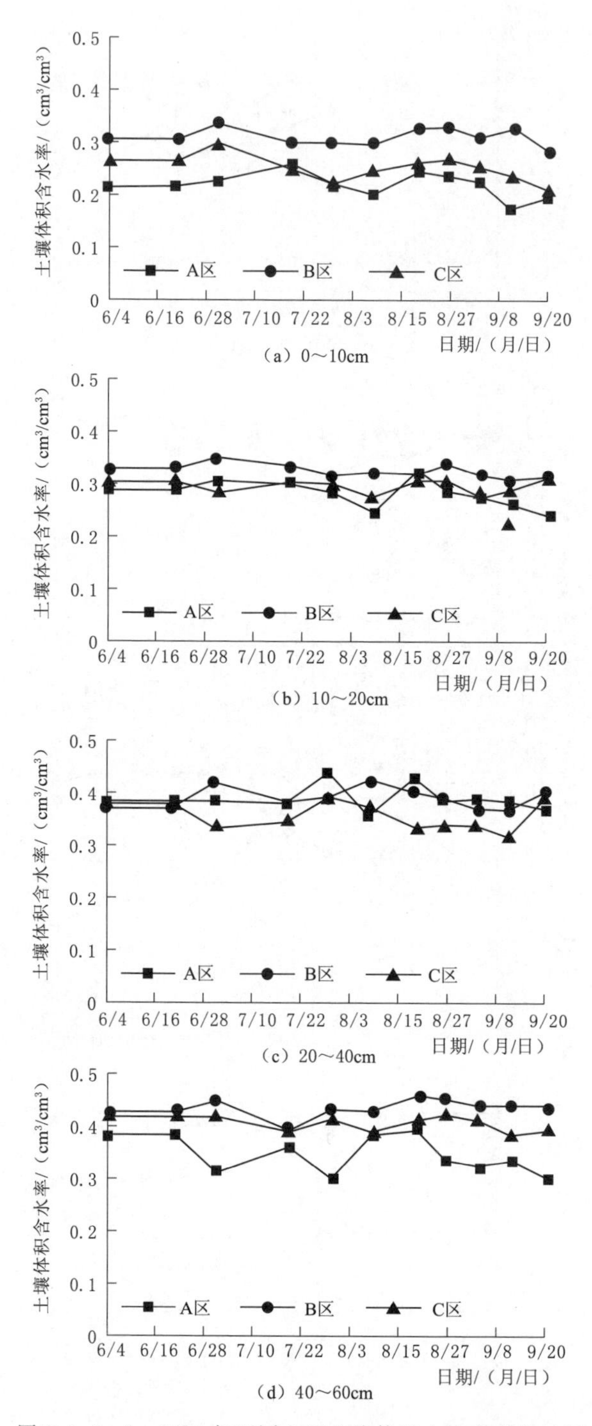


图 2.5（一） 2020年不同土层土壤体积含水率变化过程

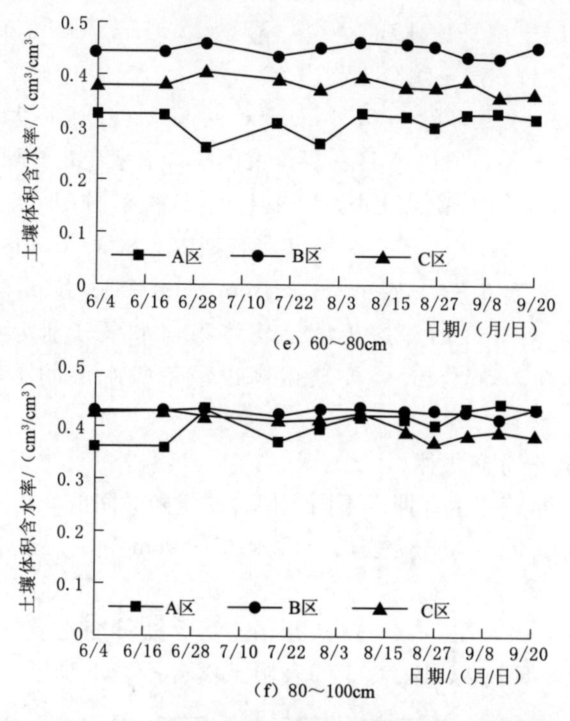


图 2.5（二） 2020 年不同土层土壤体积含水率变化过程

从图中可以看出，在 0～20cm 土层，各个处理的土壤水分变化趋势基本一致，其中 B 区＞C 区＞A 区，这是因为 B 区的粉黏粒含量要高于 A 区和 C 区，保水性要好。在每年葵花的成熟期，表层土壤体积含水率均不断下降，这是因为生育期末降雨少且渠道干涸无侧向渗漏，农田无水源补给。2018 年生育期内 A、B、C 3 区的表层土壤平均体积含水率分别为 0.23$cm^3/cm^3$、0.28$cm^3/cm^3$ 和 0.24$cm^3/cm^3$；2019 年生育期内 A、B、C 3 区的表层土壤平均体积含水率分别为 0.24$cm^3/cm^3$、0.32$cm^3/cm^3$ 和 0.27$cm^3/cm^3$；2020 年生育期内 A、B、C 3 区的表层土壤平均体积含水率分别为 0.25$cm^3/cm^3$、0.32$cm^3/cm^3$ 和 0.28$cm^3/cm^3$，其中 2018 年表层土壤体积含水率明显低于 2019 年和 2020 年，主要是因为 2018 年试验刚布置，没有进行春灌，所以生育期初始的含水率要低于其后两年。

20～60cm 土层土壤体积含水率要明显高于表层土壤体积含水率，其中 2018 年生育期内 A、B、C 3 区的根系吸水层土壤平均体积含水率分别为 0.37$cm^3/cm^3$、0.41$cm^3/cm^3$ 和 0.37$cm^3/cm^3$，相较表层土壤分别高出 57.3%、44.1%和 52.2%；2019 年生育期内 A、B、C 3 区的根系吸水层土壤平均体积含水率分别为 0.31$cm^3/cm^3$、0.40$cm^3/cm^3$ 和 0.39$cm^3/cm^3$，相较表层土壤分别高出26.6%、26.0%和43.0%；2020年生育期内A、B、C 3区的根系吸水层土壤平均体积含水率分别为0.37cm³/cm³、0.41cm³/cm³和0.38cm³/cm³，相较表层土壤分别高出45.7%、29.0%和36.8%。

在60～100cm土层，除A区外，B、C两区总体变幅不大，因为A区在80cm附近存在砂土层，所以A区深层土壤体积含水率变化剧烈。2018年生育期内A、B、C 3区的深层土壤平均体积含水率分别为0.38cm³/cm³、0.44cm³/cm³和0.42cm³/cm³；2019年生育期内A、B、C 3区的深层土壤平均体积含水率分别为0.32cm³/cm³、0.43cm³/cm³和0.40cm³/cm³；2020年生育期内A、B、C 3区的深层土壤平均体积含水率分别为0.36cm³/cm³、0.44cm³/cm³和0.39cm³/cm³，要略微高出根系吸水层的土壤平均体积含水率。

#### 2.1.4.2 土壤盐分分布规律

2018—2020年葵花生育期内不同土层含盐量随时间的变化过程如图2.6～图2.8所示，其中0～20cm为表层土壤，20～60cm为中层土壤，60～100cm为深层土壤。

从图中可以看出，在0～20cm土层，土壤含盐量变化最为剧烈，2019年5月2日至6月2日，A、B、C 3区表层土壤含盐量下降了7.1%、34.1%、

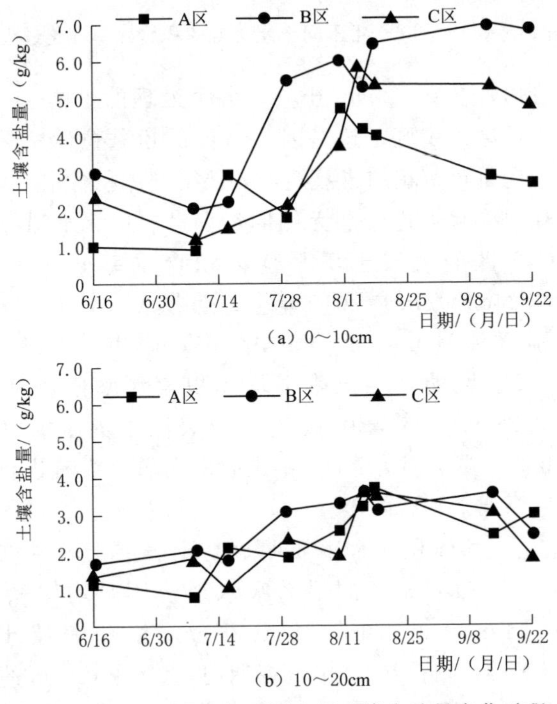


图2.6（一） 2018年不同土层土壤含盐量变化过程

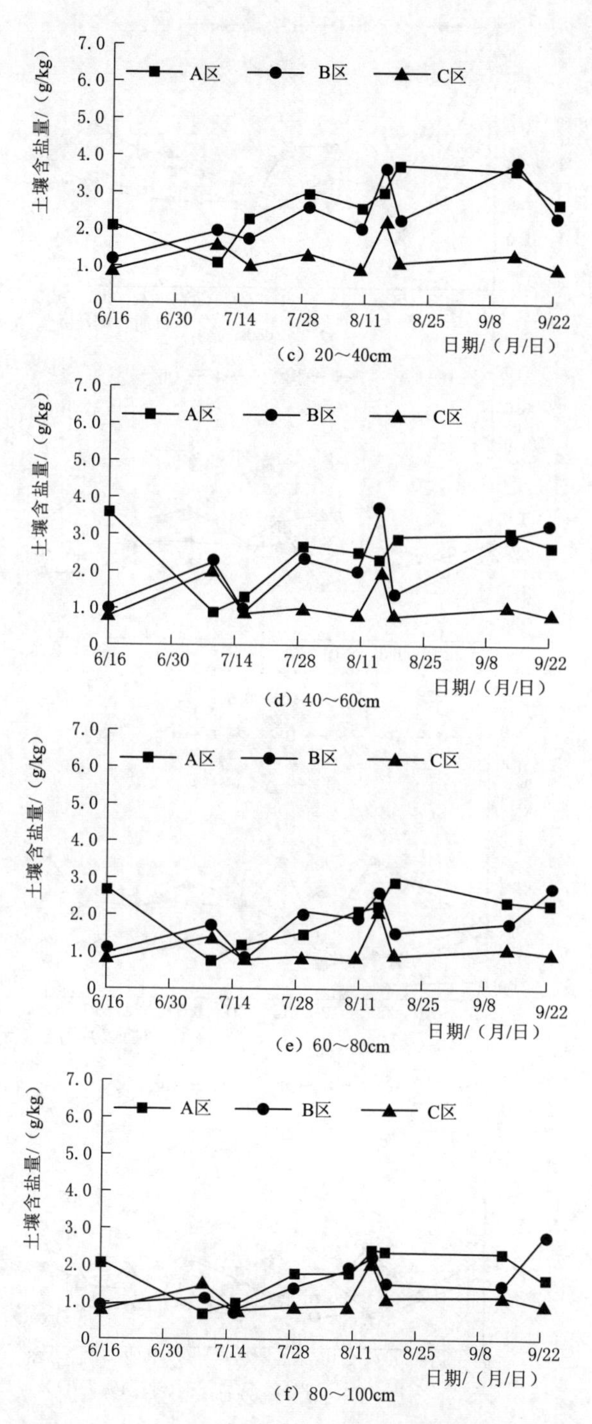


图 2.6（二） 2018 年不同土层土壤含盐量变化过程

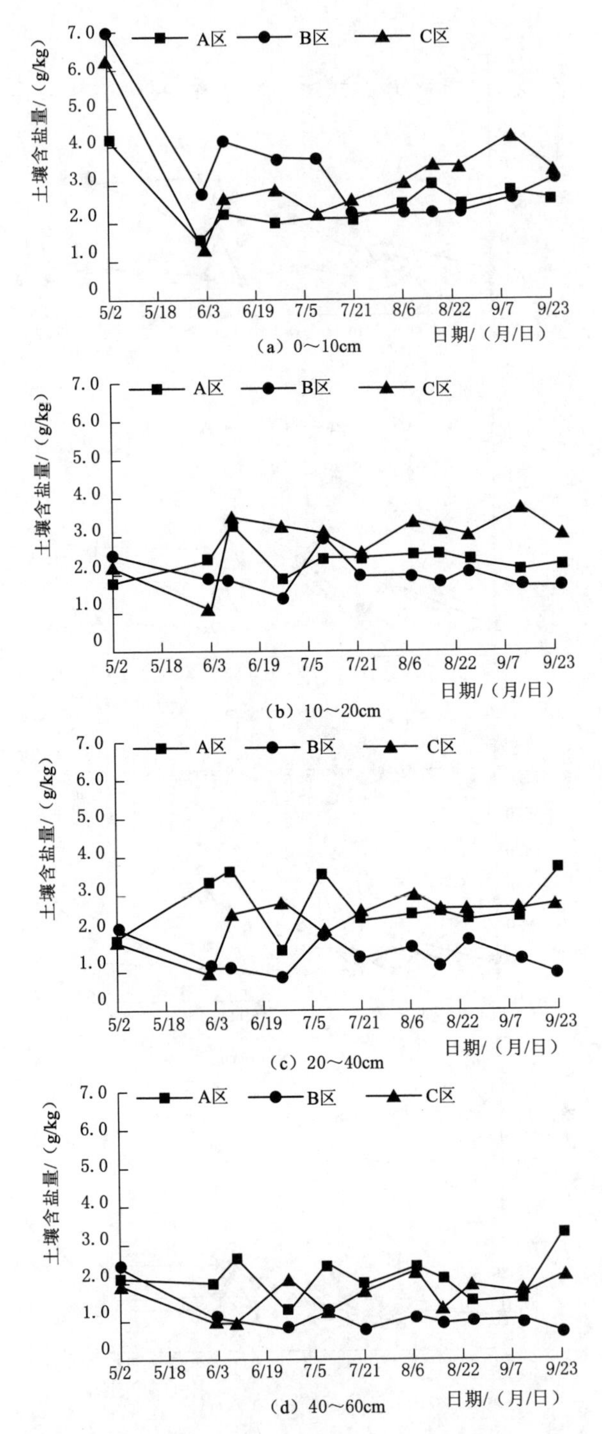


图 2.7（一） 2019 年不同土层土壤含盐量变化过程

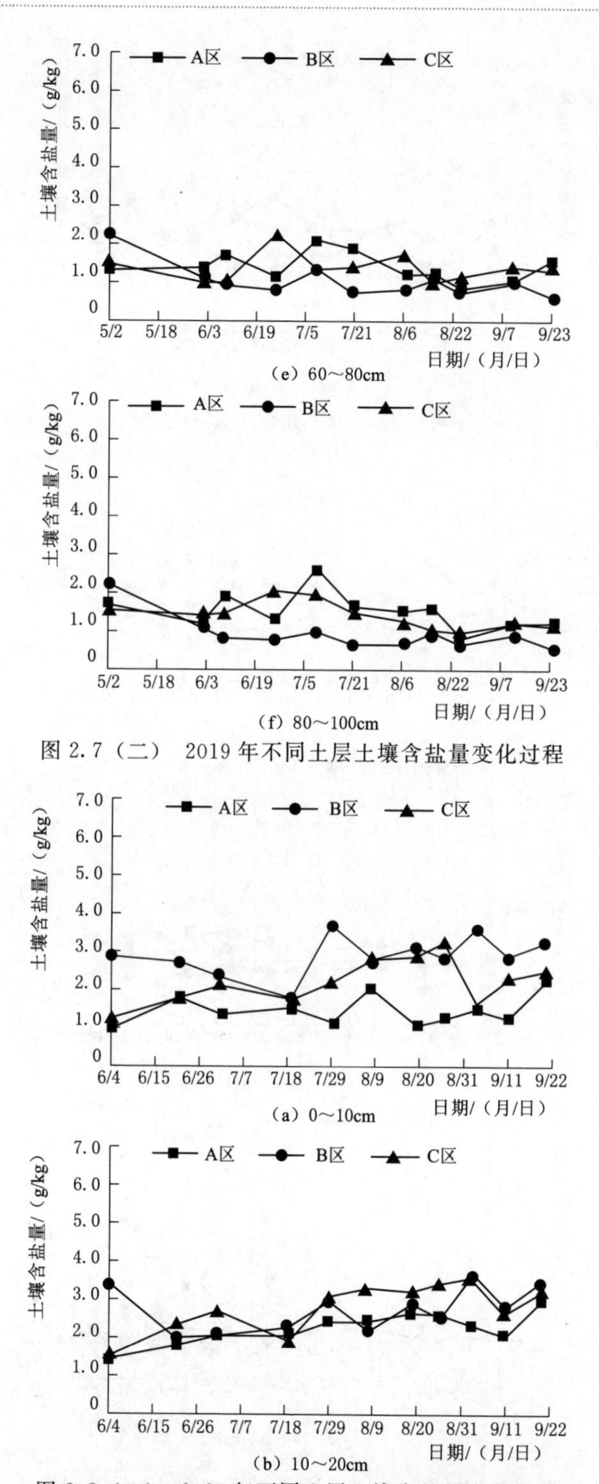


图 2.7（二） 2019 年不同土层土壤含盐量变化过程

图 2.8（一） 2020 年不同土层土壤含盐量变化过程

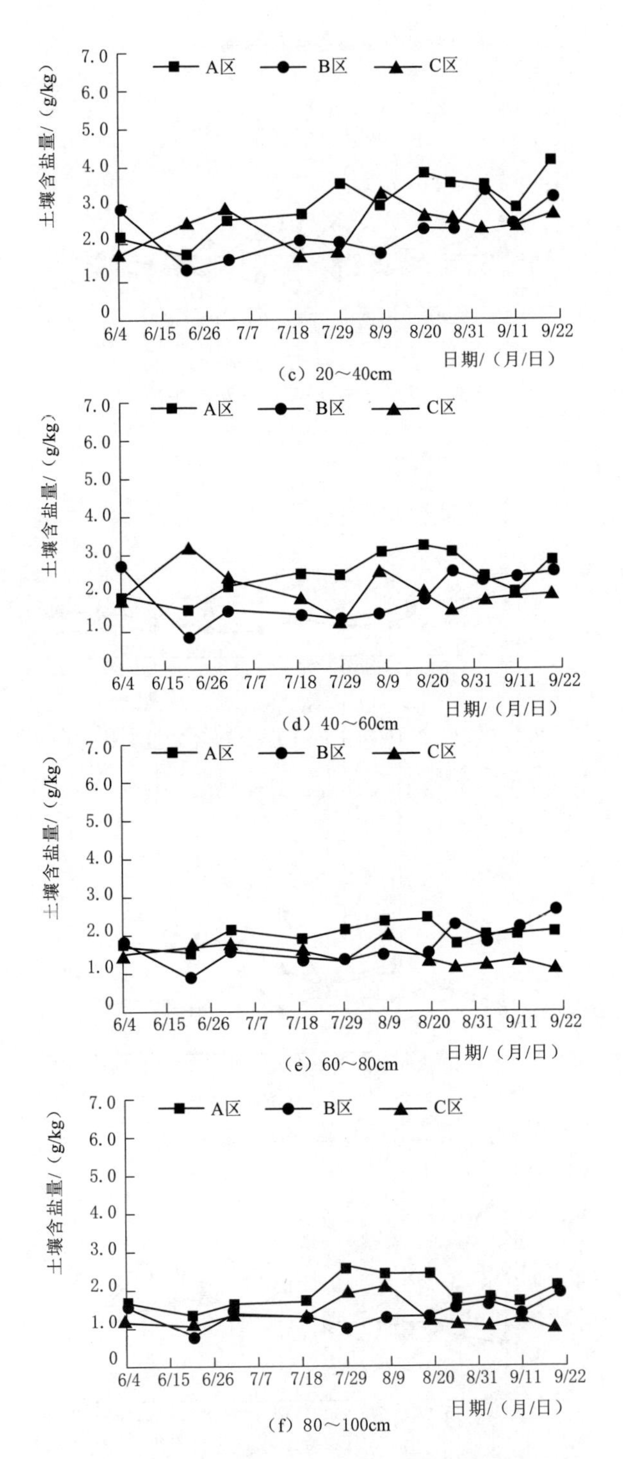


图2.8（二） 2020年不同土层土壤含盐量变化过程

15.2%，下降幅度较大，主要是因为春灌淋洗的作用。2018 年生育期内 A、B、C 3 区的表层土壤平均含盐量为 2.53g/kg、3.74g/kg 和 2.91g/kg；2019 年生育期内 A、B、C 3 区的表层土壤平均含盐量为 2.43g/kg、2.53g/kg 和 3.26g/kg；2020 年生育期内 A、B、C 3 区的表层土壤平均含盐量为 1.91g/kg、2.81g/kg 和 2.51g/kg，每年的表层土壤平均含盐量呈递减趋势，说明暗管排水可以有效排除土壤中的盐分。

在 20～60cm 土层，2018 年生育期内 A、B、C 3 区土壤的平均含盐量为 2.51g/kg、2.26g/kg、1.17g/kg；2019 年生育期内 A、B、C 3 区土壤的平均含盐量为 2.35g/kg、1.26g/kg、2.38g/kg；2020 年生育期内 A、B、C 3 区土壤的平均含盐量为 2.78g/kg、2.12g/kg、2.24g/kg。2020 年 A、B 两区的土壤平均含盐量较 2019 年有所提升，可能是由于 2020 年比 2019 年雨量多，蒸发量小，所以 2019 年土壤表层盐分会积于表面，表层盐分高，深层盐分略低。

在 60～100cm 土层，2018 年生育期内 A、B、C 3 区土壤的平均含盐量为 1.80g/kg、1.59g/kg、1.04g/kg，比 20～60cm 土层要低 28.3%、29.6%、11.1%；2019 年生育期内 A、B、C 3 区土壤的平均含盐量为 1.44g/kg、0.97g/kg、1.54g/kg，比 20～60cm 土层要低 38.7%、23.0%、35.3%；2020 年生育期内 A、B、C 3 区土壤的平均含盐量为 1.95g/kg、1.55g/kg、1.39g/kg，比 20～60cm 土层要低 29.9%、26.9%、37.9%，因为河套地区蒸发强烈，盐分随水分向上运移，所以随着深度增加，盐分逐渐减少。

#### 2.1.4.3 暗管排水量与排水矿化度变化特征

暗管的排水量、排水矿化度直接反映了暗管的排水排盐效果。试验区由北到南共布设 3 个电磁流量计，分别记为北 1、北 2 和北总。2019—2020 年北 1 和北 2 暗管累计排水量和日排水流量变化趋势如图 2.9 和图 2.10 所示。因为 2019 年观测次数不如 2020 年频繁，所以 2019 年暗管排水量的波动不

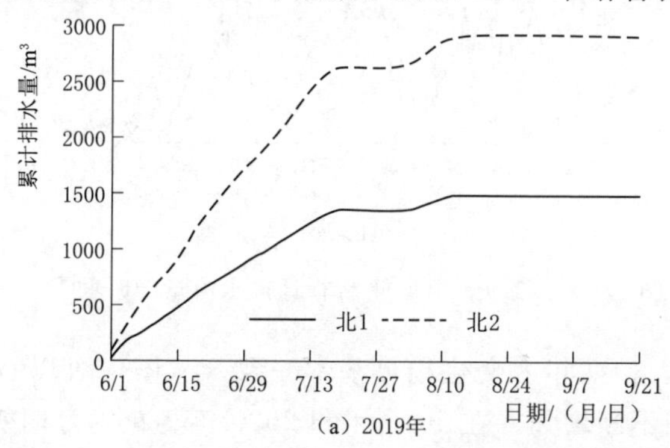


(a) 2019年

图 2.9（一） 2019—2020 年暗管累计排水量随时间变化

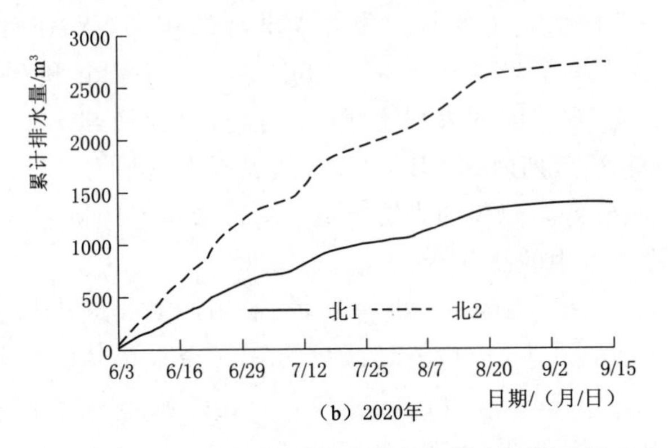

（b）2020年

图 2.9（二） 2019—2020 年暗管累计排水量随时间变化

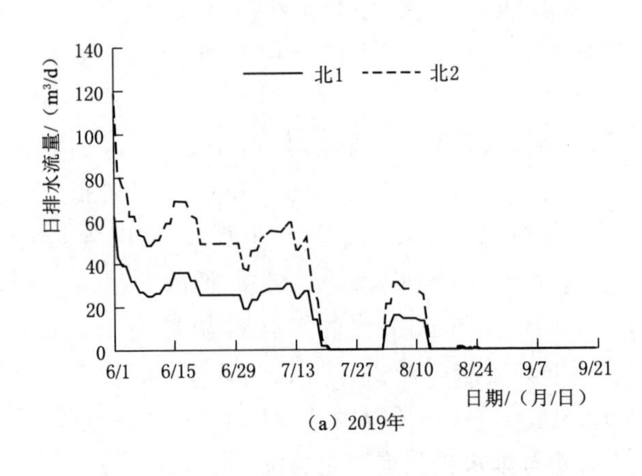

（a）2019年

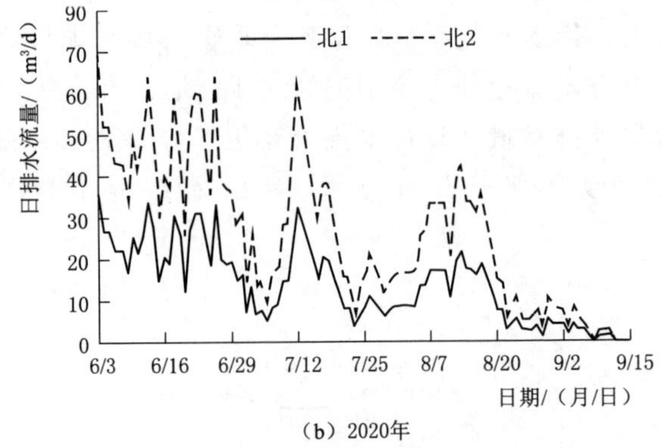

（b）2020年

图 2.10 2019—2020 年暗管日排水流量随时间变化

如 2020 年明显，但两年内变化趋势基本一致。从图中可以看出，暗管累计排水量随着时间不断增加，在 2019 年和 2020 年葵花生育期初期日排水流量较大，累计排水量增长较快，这是因为春灌过后土壤较为湿润，土壤储水量大以及该段时间渠道行水频繁，渠道侧渗量大。在2019年和2020年葵花成熟期，日排水流量逐渐减小，累计排水量趋于水平，因为该段时间该地区灌溉结束，无渠道侧渗补给加之降雨稀少，地下水位逐渐下降到1.5m以下，暗管基本没有排水。就整个生育期而言，北1电磁流量计控制排水面积47.9亩，2019年排水强度为13.2$m^3$/d，2020年排水强度为13.4$m^3$/d；北2电磁流量计控制排水面积为93.5亩，2019年排水强度为25.7$m^3$/d，2020年排水强度为26.1$m^3$/d，北1、北2排水强度都有所提升，主要是因为2020年降雨量要多于2019年。

2019—2020年北1和北2排水井矿化度变化趋势如图2.11所示。从图中可以看出两年生育期内排水井矿化度随时间变化不大，尤其是在生育期末，由于地下水位已经降到1.8m左右，暗管无排水，所以排水井内的矿化度基本保持不变。整个生育期内，2019年北1排水井的平均矿化度为1.58g/L，北2排水井的平均矿化度为1.44g/L；2020年北1排水井的平均矿化度为1.60g/L，北2排水井的平均矿化度为1.59g/L。

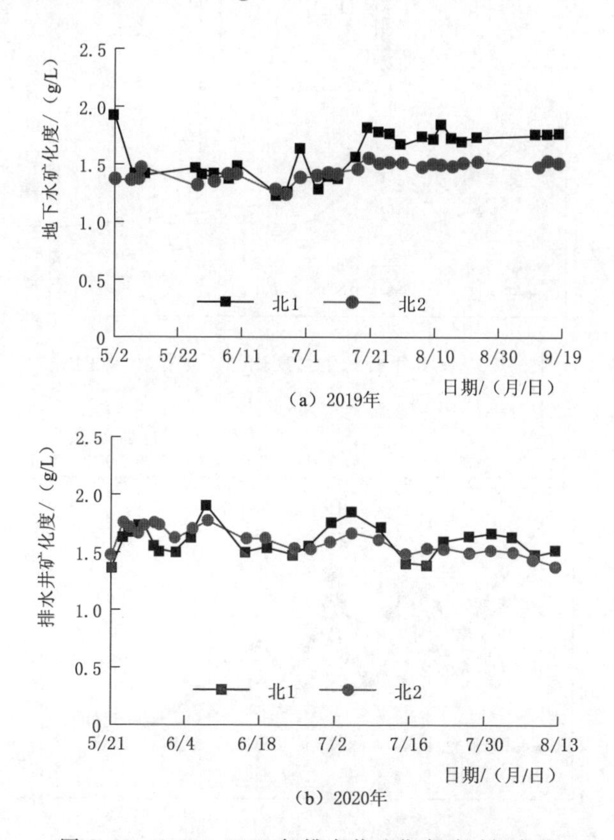


图2.11　2019—2020年排水井矿化度随时间变化

#### 2.1.4.4　地下水位埋深变化特征

图 2.12～图 2.14 是 2018—2020 年作物生育期内试验区地下水位埋深随时间变化图。2018 年由于观测时间间隔较大，所以地下水位起伏不是很明显。3 年的地下水位变化过程大致相同，其中 2018 年生育期 A、B、C 3 区地下水位埋深平均值分别为 1.44m、1.48m 和 1.70m；2019 年生育期 A、B、C 3 区地下水位埋深平均值分别为 1.22m、1.23m 和 1.49m；2020 年生育期 A、B、C 3 区地下水位埋深平均值分别为 1.24m、1.25m 和 1.47m。下面以 2019 年为例，详细说明一下地下水位的变化过程。2019 年生育期初由于春灌的影响，地下水位持续升高，在 5 月 13 日达到峰值，A、B、C 3 区最高值分别为 0.19m、0.21m、0.50m，之后在暗管排水的作用下，地下水位持续降低，在 6 月 8 日降到最低点。之后试验区一侧的合济渠来水，受渠道侧渗的影响，地下水位又开始逐渐升高，渠道水退去后，地下水位又随之下降。在 7 月 23 日

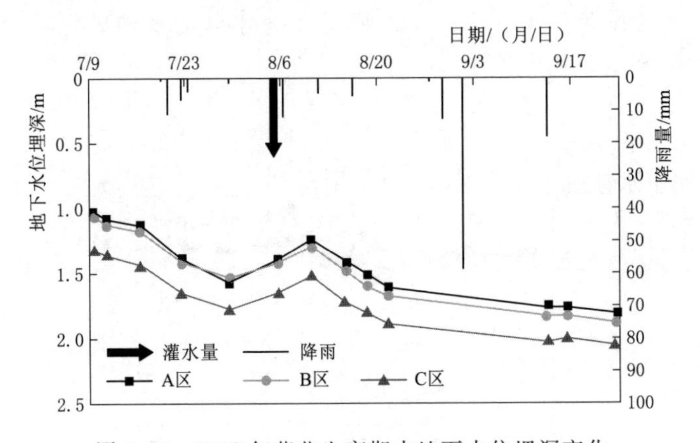


图 2.12　2018 年葵花生育期内地下水位埋深变化

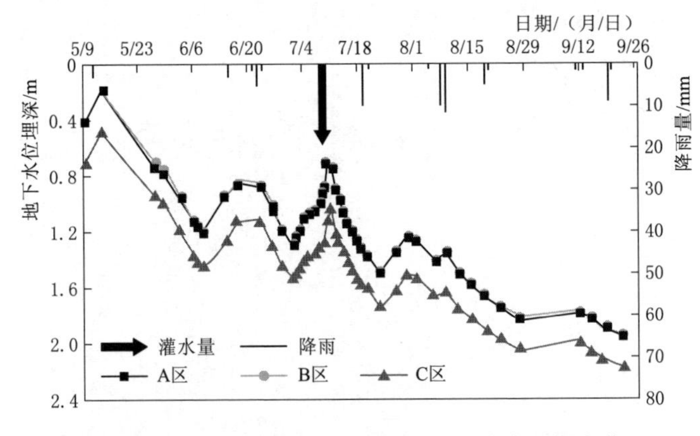


图 2.13　2019 年葵花生育期内地下水位埋深变化

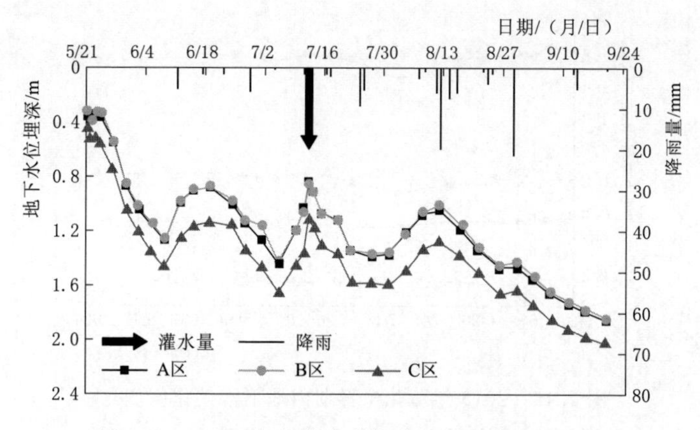


图 2.14　2020 年葵花生育期内地下水位埋深变化

和 7 月 30 日之间，在渠道侧渗的影响下，地下水位又出现了抬升，但由于该次来水时间持续较短，抬升幅度不大。在 8 月 1 日之后，该地区所有作物灌水结束，渠道无水，地下水位总体呈下降趋势，地下水位埋深最后稳定在 1.8m 左右。

#### 2.1.4.5　地下水矿化度变化特征

地下水矿化度是指单位体积地下水中可溶性盐类的质量总和，是水质评价中一个重要的指标。图 2.15～图 2.17 分别是 2018—2020 年作物生育期内试验区地下水矿化度随时间的变化图。从图中可以看出，地下水矿化度在每年的生育期内随时间变化波动不大，总体呈现出 B 区＞C 区＞A 区的规律。其中，2018 年 A、B、C 区生育期内地下水矿化度平均值分别为 0.54g/L、1.37g/L、0.73g/L；2019 年 A、B、C 区生育期内地下水矿化度平均值分别为 0.53g/L、1.56g/L、0.82g/L；2020 年 A、B、C 区生育期内地下水矿化度平均值分别为 0.65g/L、1.21g/L、0.83g/L。

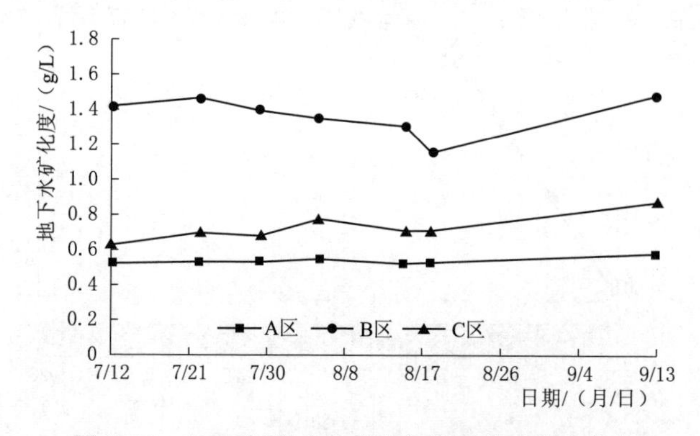


图 2.15　2018 年葵花生育期内地下水矿化度变化

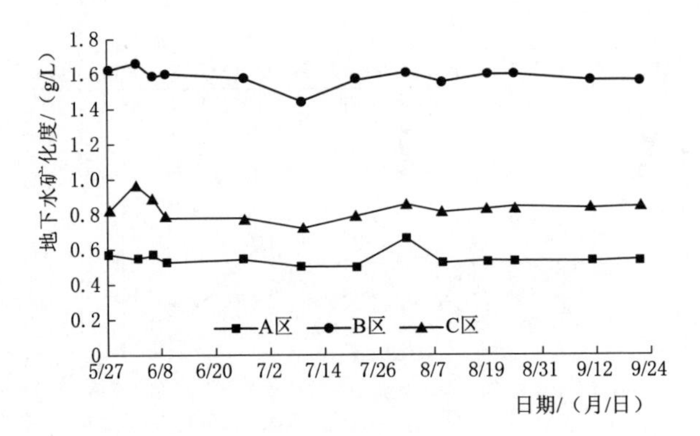


图 2.16 2019 年葵花生育期内地下水矿化度变化

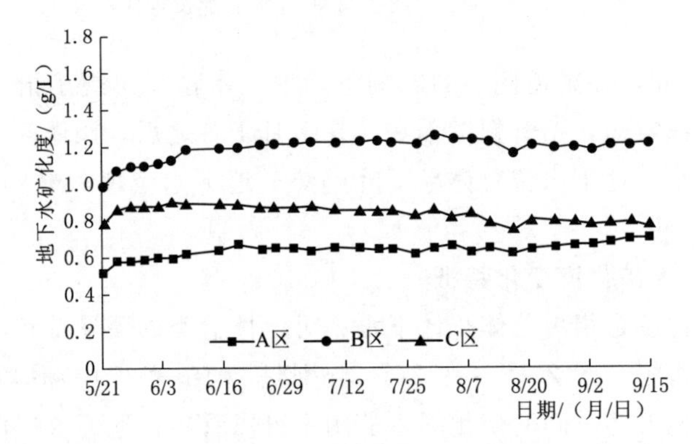


图 2.17 2020 年葵花生育期内地下水矿化度变化

#### 2.1.4.6 葵花生长指标及产量

不同处理的葵花株高和茎粗在生育期内随时间变化趋势如图 2.18 和图 2.19 所示。从图中可以看出，不同灌水量下，各个小区的株高和茎粗相差不

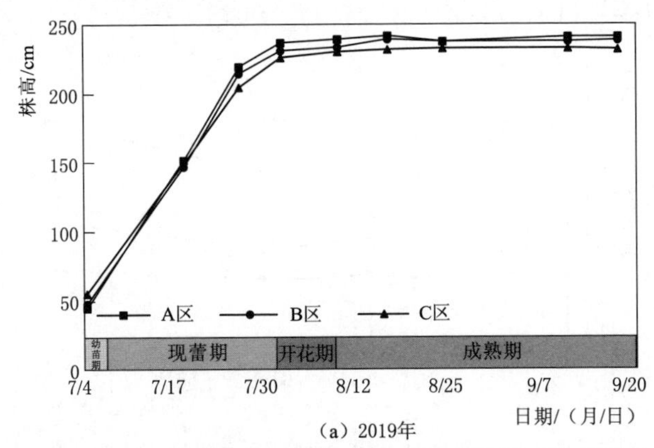


(a) 2019年

图 2.18（一） 2019 年和 2020 年葵花生育期株高变化趋势

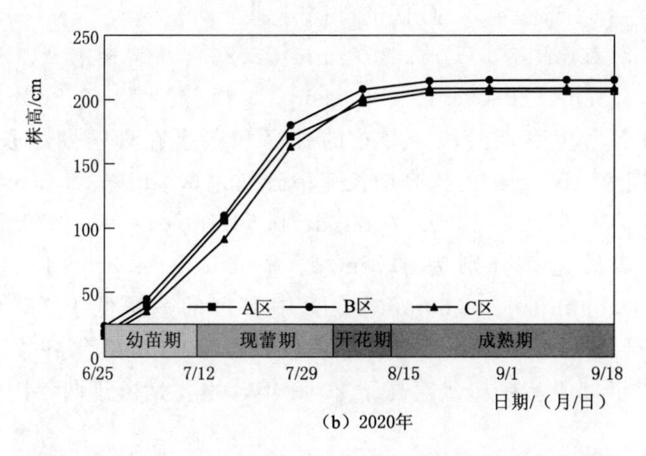


（b）2020年

图 2.18（二） 2019 年和 2020 年葵花生育期株高变化趋势

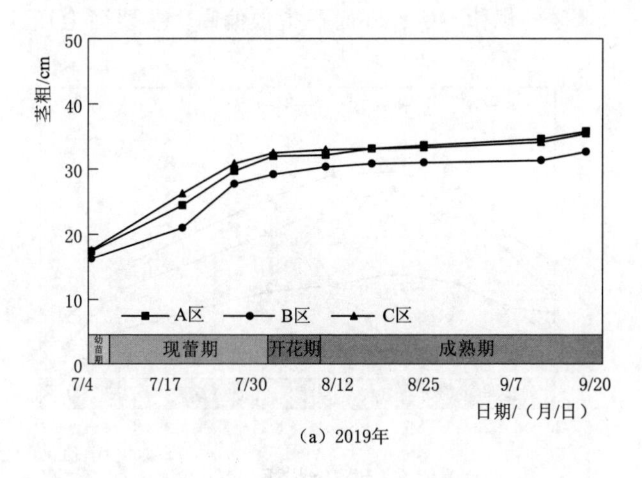


（a）2019年

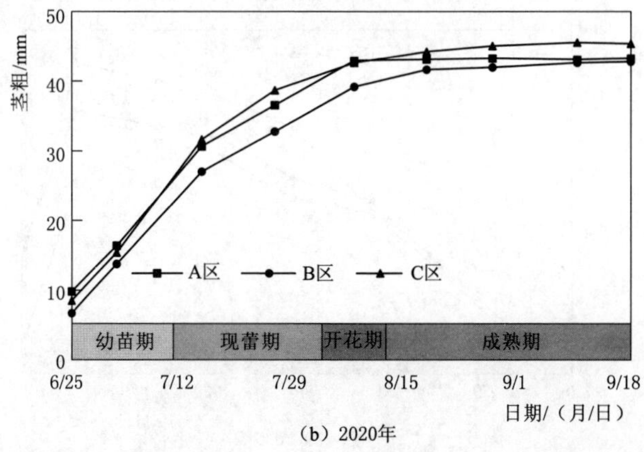


（b）2020年

图 2.19 2019 年和 2020 年葵花生育期茎粗变化趋势

大，2019年生育期末A、B、C区的株高分别为240.7cm、238.5cm、231.6cm，茎粗分别为35.7mm、32.7mm、35.5mm；2020年生育期末A、B、C区的株高分别为215.1cm、208.5cm、206.1cm，茎粗分别为43.3mm、42.7mm、45.3mm。在各个生育期阶段，葵花的株高和茎粗在现蕾期增长速率最快，2019年现蕾期A、B、C区的株高增长速率分别为3.4cm/d、3.3cm/d、3.1cm/d，茎粗分别为0.50mm/d、0.47mm/d、0.50mm/d；2020年现蕾期A、B、C区的株高增长速率分别为4.7cm/d、5.0cm/d、4.5cm/d，茎粗分别为0.61mm/d、0.59mm/d、0.63mm/d。其中B区的茎粗低于A、C两区，主要是因为B区地表盐分较大地抑制了葵花的生长。2020年各个小区株高普遍低于2019年，但茎粗却普遍高于2019年，主要是由于两年内播种品种不一样。

叶面积指数变化如图2.20所示。2019年叶面积指数总体上差异较大，呈现C区>A区>B区的规律，C区叶面积指数偏高，主要因为C区的上层土壤

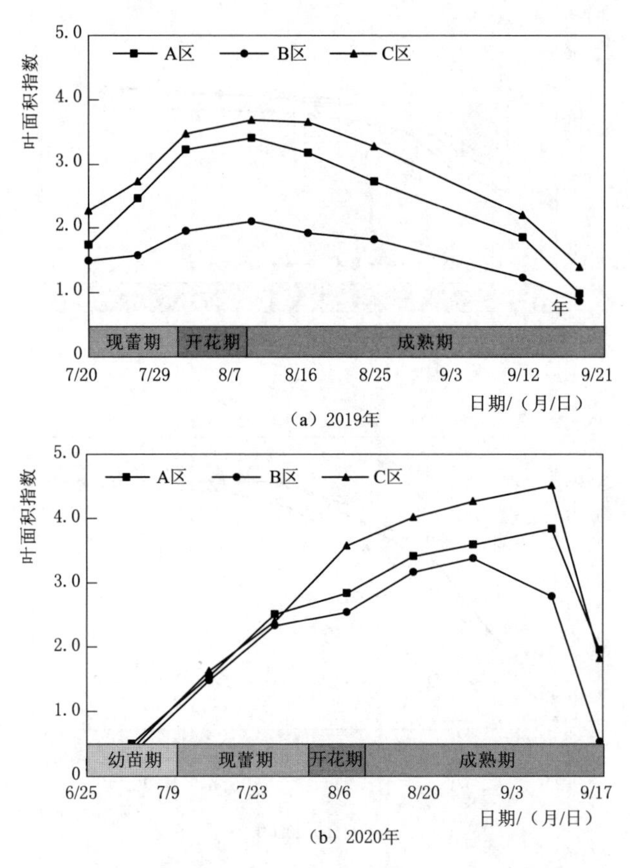


图2.20　2019年和2020年葵花生育期叶面积指数变化趋势

盐分偏低，而且C区邻近渠道，受渠系侧渗的影响较大。2020年叶面积指数呈现出先增大后骤减的趋势，葵花在现蕾期增长最为迅速，A、B、C区增长速率分别为0.066($cm^2/cm^2$)/d、0.059($cm^2/cm^2$)/d、0.079($cm^2/cm^2$)/d，在进入成熟期后增长变缓，9月10日之后，叶片变得枯黄并开始逐渐掉落。

葵花的产量因子包括葵花的花盘直径、花盘烘干重、百粒重以及籽粒重，2018—2020年葵花产量因子及产量如图2.21所示。从图中可以看出，3年的花盘直径、花盘烘干重、百粒重、籽粒重和产量基本都呈现出C区>A区>B区的规律，因为C区本身土壤含盐量低，而且靠近渠道，虽然灌水量较A、B两区要少，但是受渠道侧渗影响较为严重，实际补给C区的水分较多，所以C区葵花生长状况要优于A、B两区。

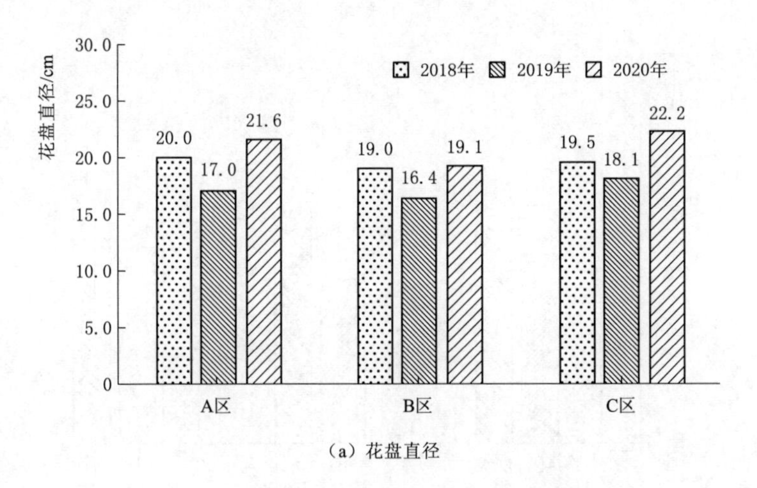


(a) 花盘直径

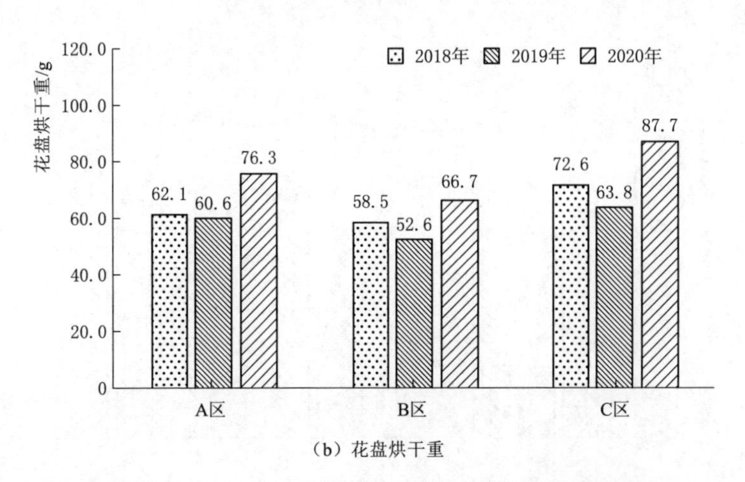


(b) 花盘烘干重

图2.21(一) 2018—2020年葵花产量因子及产量图

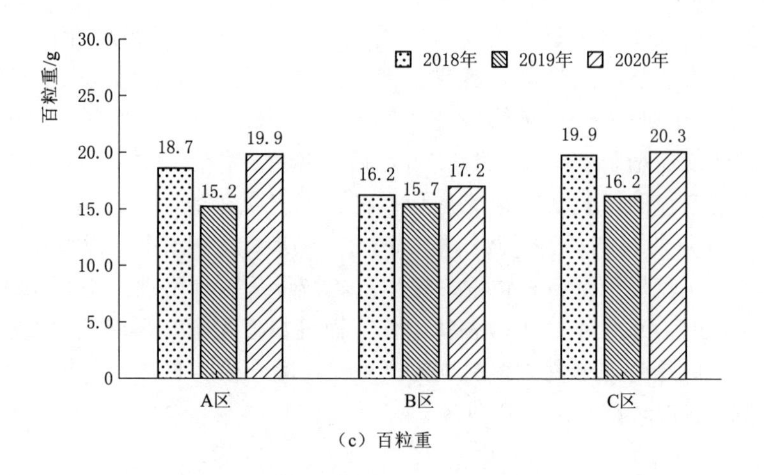


（c）百粒重

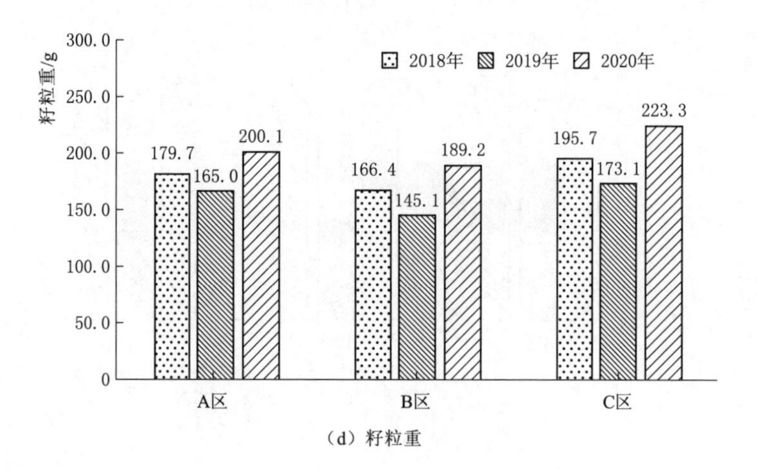


（d）籽粒重

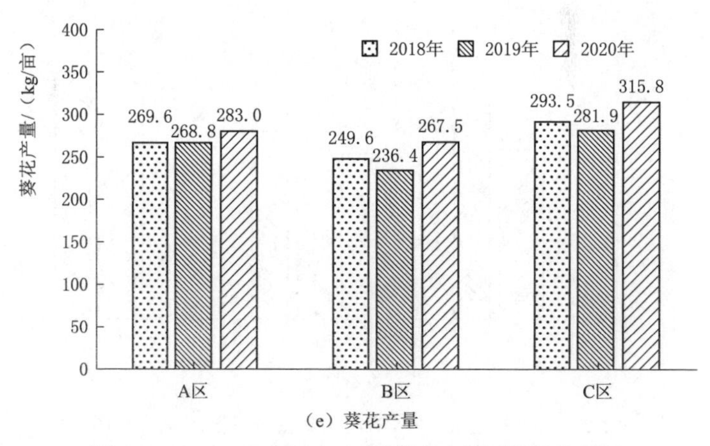


（e）葵花产量

图 2.21（二） 2018—2020 年葵花产量因子及产量图

## 2.2 滴灌暗排条件下农田土壤水盐分布田间试验

### 2.2.1 试验设计与布置

试验于 2018 年 6 月至 2019 年 9 月在中国农业大学河套灌区研究院永济试验基地南侧葵花地进行，总面积 177.6 亩，如图 2.22 所示。

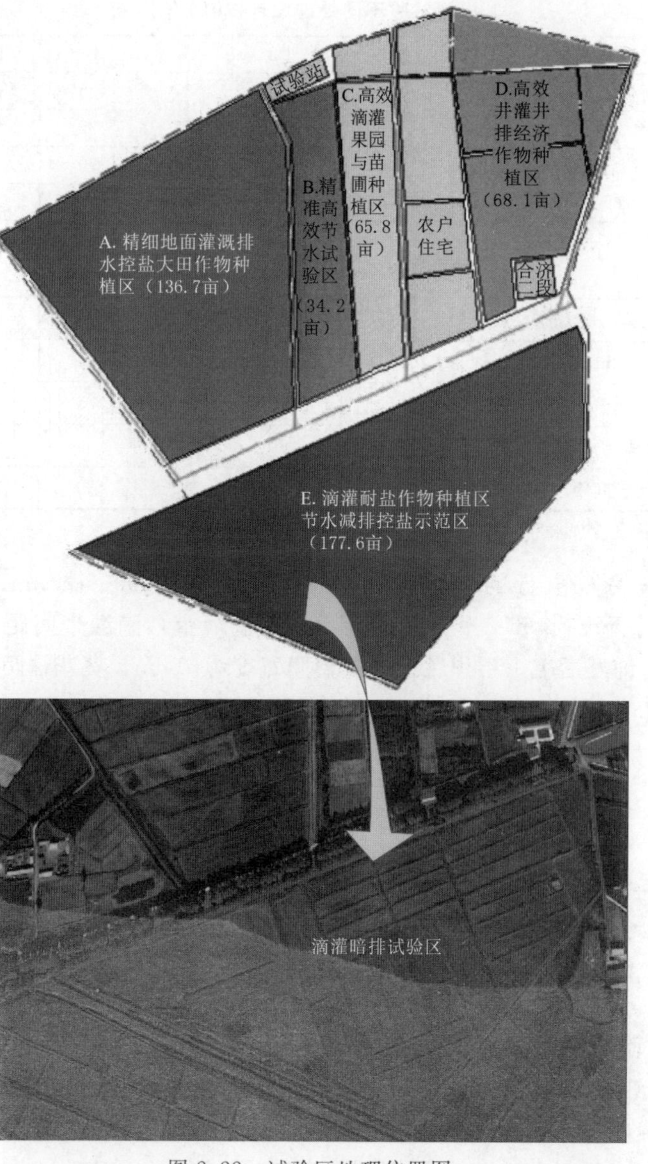


图 2.22 试验区地理位置图

试验区种植葵花，品种为 YG361 号，2018 年于 6 月 11 日播种，9 月 22 日收获；2019 年于 6 月 9 日播种，9 月 24 日收获。灌溉方式为覆膜滴灌，排水方式为暗管排水。

设置 3 种灌溉水平（50mm、60mm、70mm）、两种暗管间距（30m、45m），即 6 个处理，见表 2.3 和表 2.4。由于第二年更换种植小区，D4 小区遗弃，改用 D7 小区。

表 2.3　田间试验不同处理设计(2018 年)

| 试验田块编号 | D1 | D2 | D3 | D4 | D5 | D6 |
|---|---|---|---|---|---|---|
| 灌水定额/mm（7 月 13 日） | 30 | 25 | 35 | 35 | 25 | 30 |
| 灌水定额/mm（8 月 1 日） | 30 | 25 | 35 | 35 | 25 | 30 |
| 灌溉定额/mm | 60 | 50 | 70 | 70 | 50 | 60 |
| 暗管间距/m | 45 | 45 | 45 | 30 | 30 | 30 |

表 2.4　田间试验不同处理设计(2019 年)

| 试验田块编号 | D1 | D2 | D3 | D5 | D6 | D7 |
|---|---|---|---|---|---|---|
| 灌水定额/mm（7 月 11 日） | 35 | 30 | 25 | 25 | 30 | 35 |
| 灌水定额/mm（7 月 24 日） | 35 | 30 | 25 | 25 | 30 | 35 |
| 灌溉定额/mm | 70 | 60 | 50 | 50 | 60 | 70 |
| 暗管间距/m | 45 | 45 | 45 | 30 | 30 | 30 |

注　灌水时间、管理水平、农业技术措施、施肥标准相同。

试验采用宽窄行的种植方式，种植密度为 37000 株/$hm^2$，窄行行距 40cm，宽行行距 50cm；窄行中间铺设一条滴灌带，滴灌带间距 90cm，一管两行布置；铺好后覆一层黑色地膜，覆膜宽度为 70cm，葵花株距 60cm。种植模式如图 2.23 所示，滴灌、暗排系统布置如图 2.24 所示。

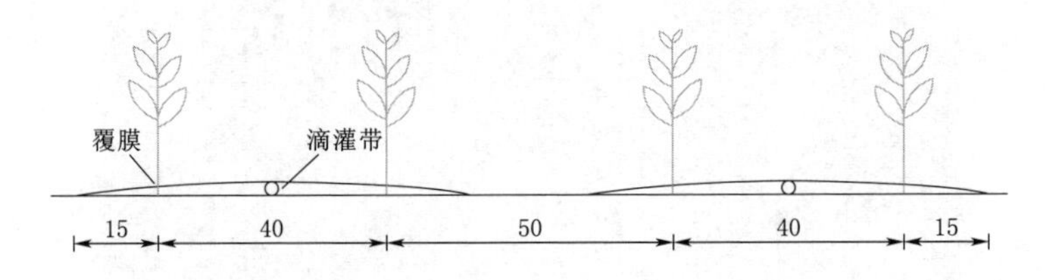


图 2.23　种植模式示意图（单位：cm）

### 2.2.2　试验观测项目与方法

1. 土壤含水率和土壤含盐量

试验中分别在灌水和降雨前后随机取样，每个处理利用土钻分层获取土样，取土深度分别为 0～10cm、10～20cm、20～40cm、40～60cm、60～80cm

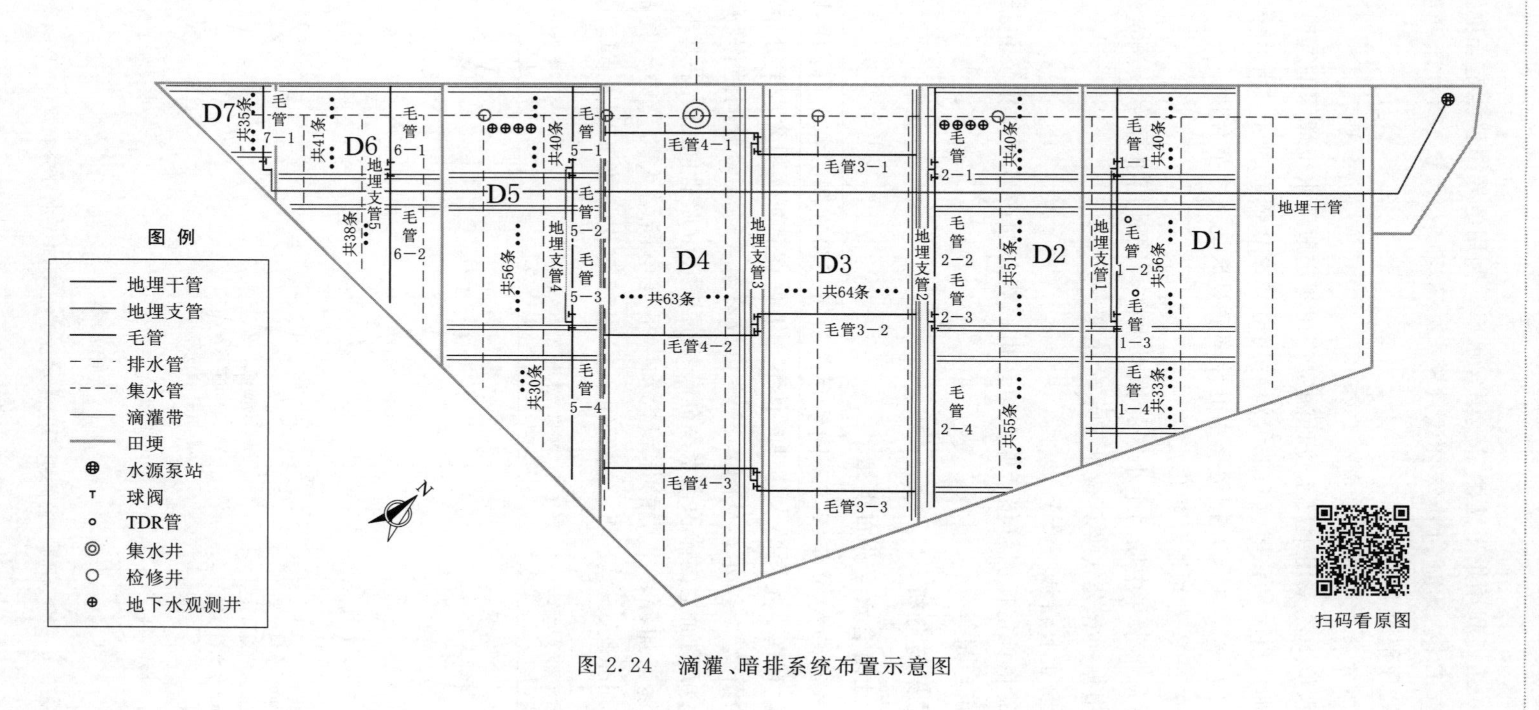


图 2.24　滴灌、暗排系统布置示意图

和 80～100cm，利用烘干法测定土壤含水率；利用电导率仪测定土壤饱和浸取液的电导率 $EC_{1:5}$，通过换算公式（$S=2.882EC_{1:5}+0.183$）计算土壤含盐量，每个处理重复 3 次。

2. 地下水位埋深与矿化度

地下水位埋深采用钢尺水位计测定；在测定地下水位埋深的同时采用自制取水桶取水，再带回试验室过滤澄清后用电导率仪测定地下水电导率 EC，并根据公式（$T=0.64EC$）把地下水电导率换算成地下水矿化度。

3. 暗管排水量与排水矿化度

每 6d 从集水井中取两个小区的排水水样，同时用电导率仪测定地下水电导率，再根据换算公式换算成地下水矿化度。

4. 作物生长指标及产量

葵花的生长指标测量包括株高和茎粗；葵花的产量测量主要包括花盘重、百粒重和亩产量等。

### 2.2.3 结果与分析

#### 2.2.3.1 土壤含水率分布规律

根据 2018—2019 年葵花不同生育期田间试验观测数据，得到不同暗管间距、不同生育期、不同灌水处理条件下土壤垂直剖面体积含水率分布情况，如图 2.25 和图 2.26 所示。从图 2.25 中可以看出，30m 暗管间距作物不同生育期 0～100cm 剖面土壤体积含水率分布特征与 45m 暗管间距结果基本一致，即随着土层逐渐加深，土壤的体积含水率呈现不断增大的趋势，且都集中在 0.22～0.46cm³/cm³ 之间，但不同土层深度变化幅度不尽相同。中层土壤

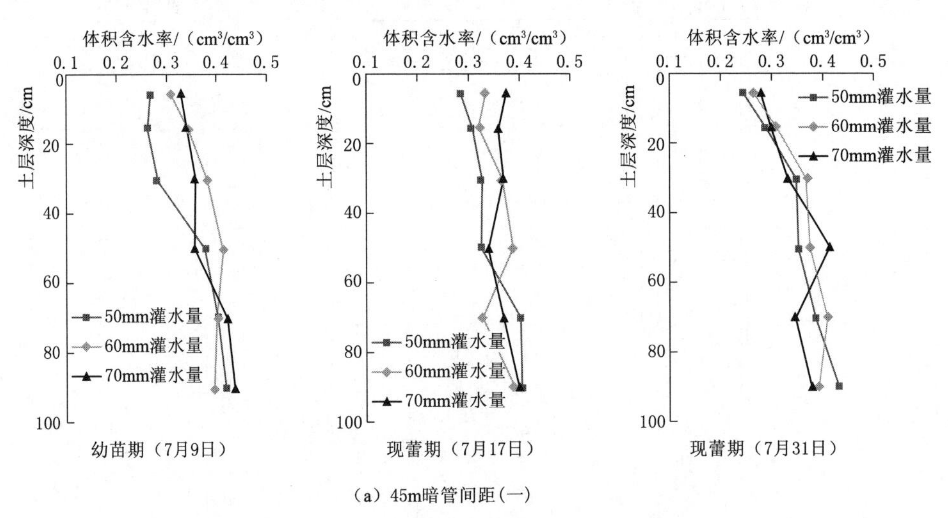


（a）45m暗管间距（一）

图 2.25（一） 不同暗管间距不同灌水量下土壤剖面水分分布规律（2018 年）

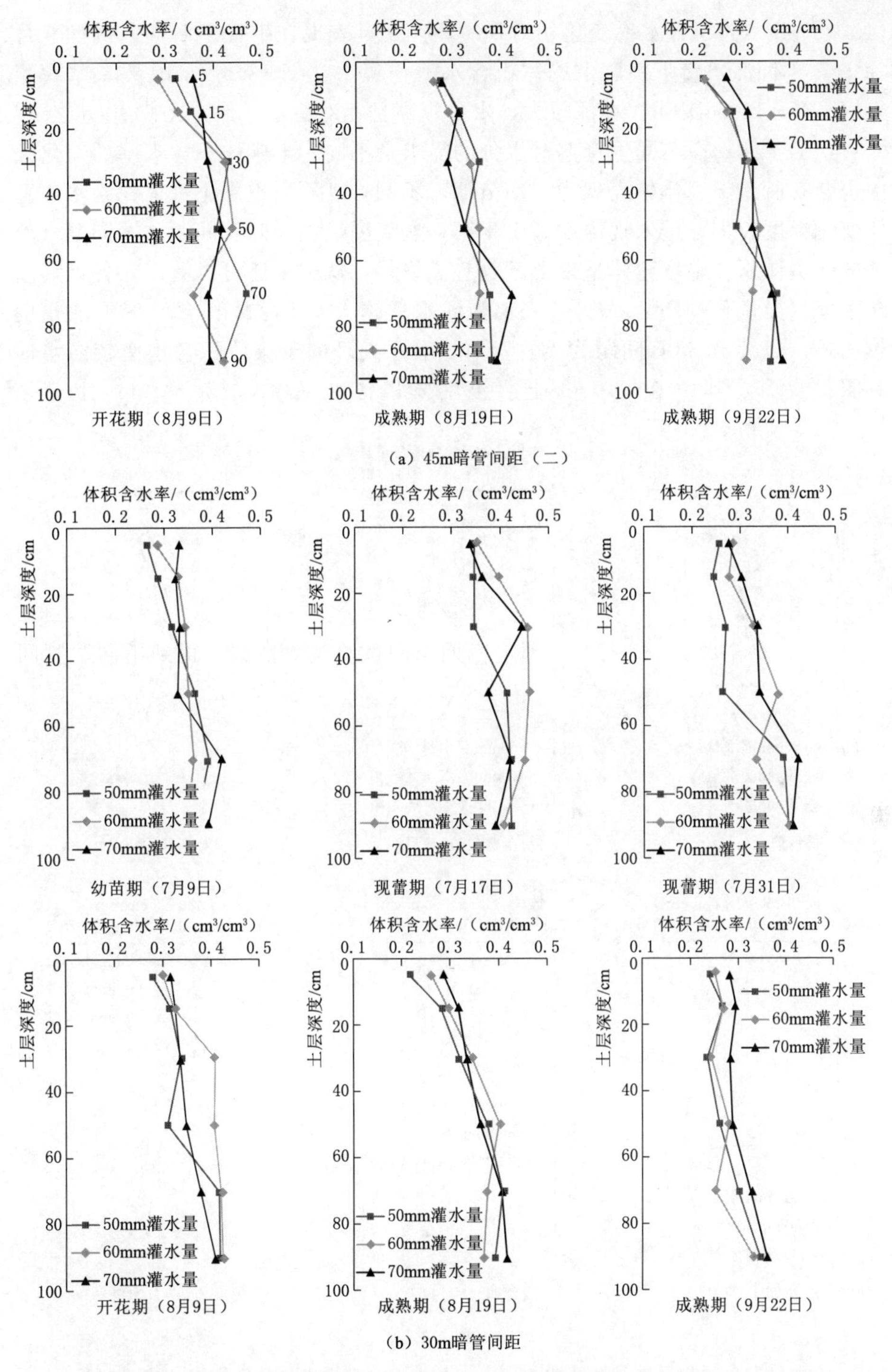


（a）45m暗管间距（二）

（b）30m暗管间距

图 2.25（二） 不同暗管间距不同灌水量下土壤剖面水分分布规律（2018 年）

(40～80cm) 体积含水率变化相对平缓，尤其是表现在生育期后期，例如9月22日，不同灌水量下中层土壤体积含水率均集中在0.32cm³/cm³左右。深层土壤(80～100cm)由于埋深较大，水分较高且相对稳定，保持在0.40cm³/cm³左右。由于作物在不同生育期对水分的需求量不同，土壤体积含水率的变化幅度也会有所差异。具体表现为：幼苗期，不同处理不同土层土壤体积含水率总体变化幅度较小；进入现蕾期，由于第一次滴灌，相同暗管间距、不同灌水处理的土壤体积含水率整体呈现上升趋势。另外，从图中还可以看出，各处理间含水率差异显著($P<0.05$)，表现为灌水量越大，土壤体积含水率增加幅度越明显。以45m暗管间距为例，70mm灌水处理的土壤体积含水率较灌水前有明显提升，其中0～10cm土层土壤体积含水率由0.33cm³/cm³上升至

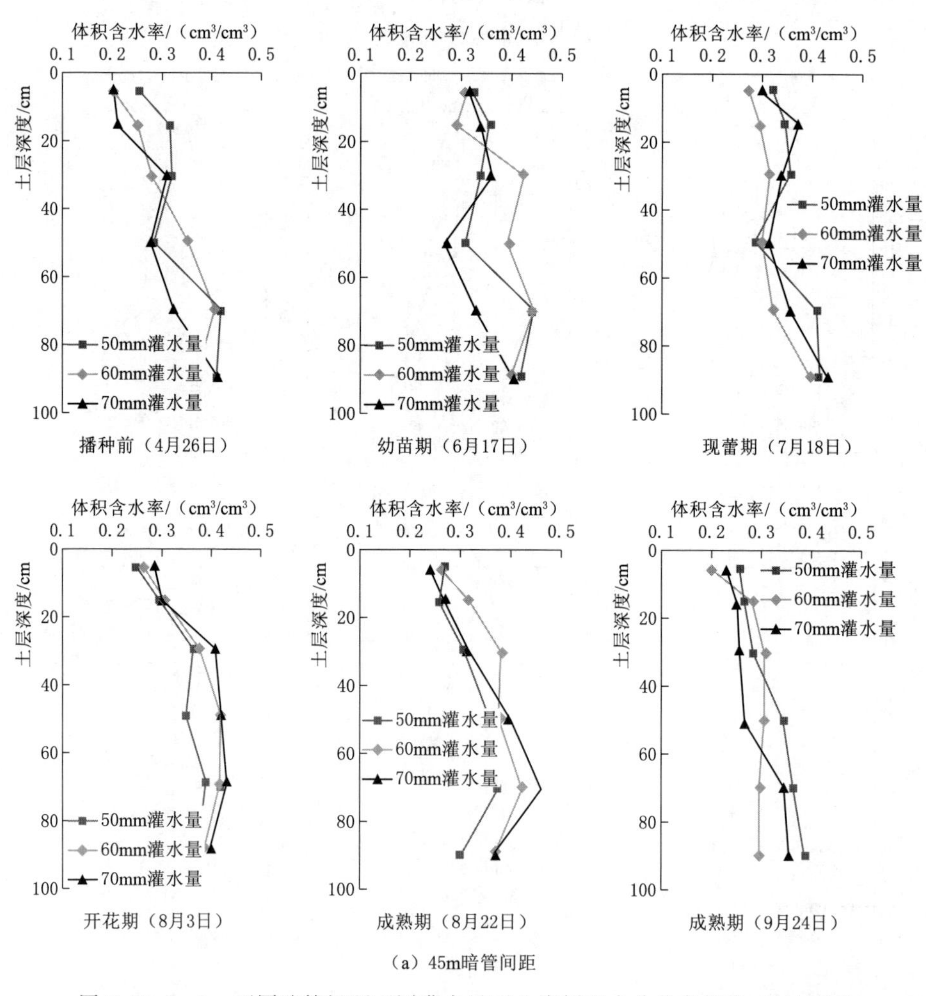


图2.26(一) 不同暗管间距不同灌水量下土壤剖面水分分布规律(2019年)

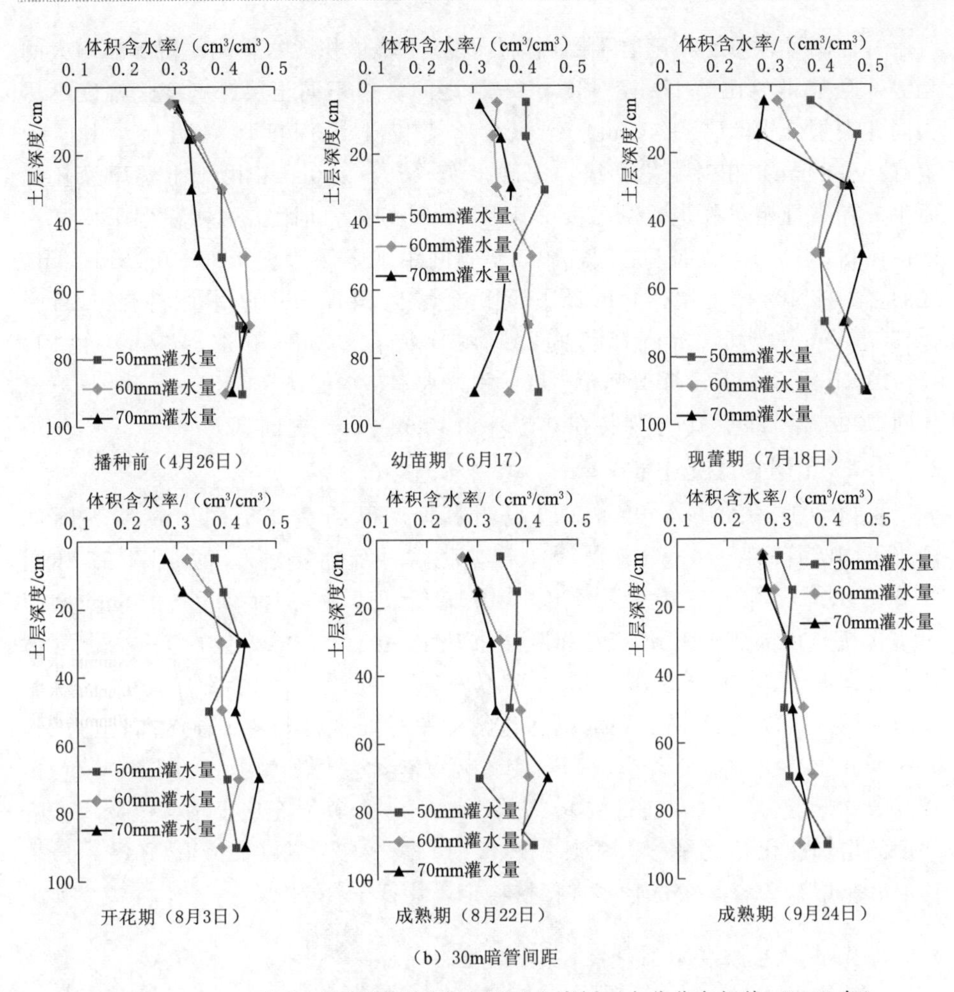


图 2.26（二） 不同暗管间距不同灌水量下土壤剖面水分分布规律（2019 年）

0.37cm³/cm³；60mm 灌水处理时 0～10cm 土层的土壤体积含水率由 0.31cm³/cm³ 上升至 0.33cm³/cm³；50mm 灌水处理的土壤体积含水率较灌水前提升最少，0～10cm 土层土壤体积含水率由 0.27cm³/cm³ 上升至 0.29cm³/cm³。现蕾期后期，在株间蒸发和作物蒸腾的作用下，表层土壤体积含水率变化幅度增大，较深层土壤体积含水率明显减少。在第二次灌水后进入开花期，灌水量越大，土壤体积含水率增加幅度越明显，各处理间差异显著（$P<0.05$），这与第一次灌水后呈现的规律相同。随着葵花的生长，作物水分向作物根部集聚，中层土壤体积含水率增加，不同土层总体土壤体积含水率较前期减少。进入成熟期后，随着灌水量的减少，土层总体土壤体积含水率达到最低值。

2019 年不同暗管间距、不同灌水处理土壤剖面体积含水率变化如图 2.26

所示。由图可以看出，随着土层逐渐加深，土壤体积含水率均呈现不断增大的趋势，且都集中在0.17～0.43cm³/cm³之间。但不同土层深度变化幅度不尽相同，表层土壤（0～40cm）体积含水率随土层深度增幅明显，中层土壤（40～80cm）相对变化平缓，深层土壤（80～100cm）由于土层埋深较大而水分较高且相对稳定。0～20cm土层，45m暗管间距土壤体积含水率基本保持在0.2～0.3cm³/cm³之间，30m暗管间距基本保持在0.26～0.38cm³/cm³之间；20～40cm土层，45m暗管间距土壤体积含水率基本保持在0.25～0.35cm³/cm³之间，30m暗管间距基本保持在0.35～0.45cm³/cm³之间；40～100cm土层，45m暗管间距土壤体积含水率基本保持在0.30～0.40cm³/cm³之间，30m暗管间距基本保持在0.35～0.43cm³/cm³之间。

#### 2.2.3.2 土壤含盐量分布规律

根据2018—2019年田间试验观测数据，得到葵花不同生育期不同处理（不同暗管间距、不同灌水量）土壤垂直剖面盐分分布，如图2.27和图2.28所示。从图2.27中可以看出，30m暗管间距不同生育期0～100cm剖面土壤含盐分布特征与45m暗管间距结果基本一致；100cm土层范围内土壤含盐量总体呈现出随土层深度增加而不断减少的趋势，且都集中在0.41～3.57g/kg之间，但不同土层深度变化幅度不尽相同。以45m暗管间距为例，0～20cm土层土壤盐分含量较高，变化幅度较大，例如7月9日，10～20cm较0～10cm土层土壤含盐量减少了近45%；20～60cm土层土壤含盐量随土壤深度的增加变化相对平缓，尤其是现蕾期，减少幅度在0.4g/kg之内；60～100cm土层盐分含量较低且基本保持稳定，均低于2g/kg。

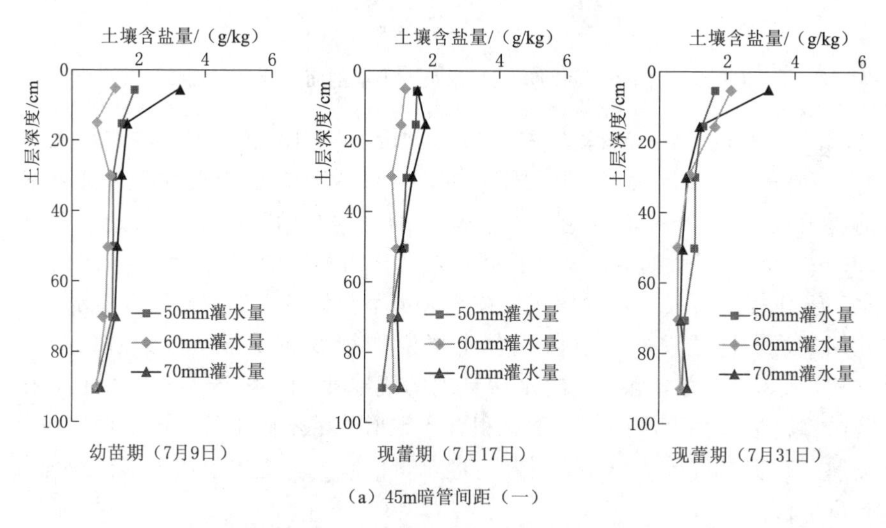


图2.27（一） 不同暗管间距、不同灌水量下土壤剖面盐分分布规律（2018年）

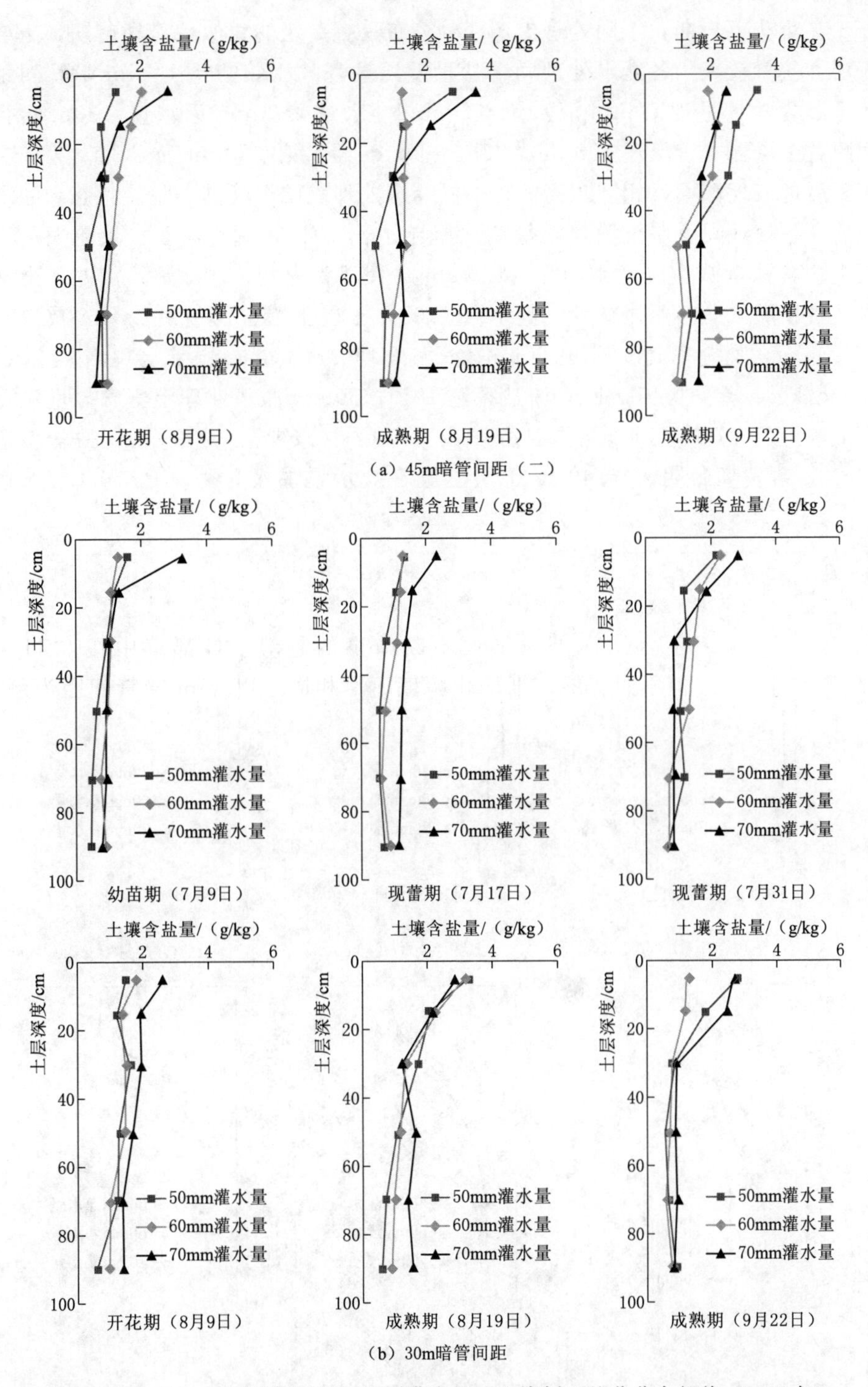


图 2.27（二）　不同暗管间距、不同灌水量下土壤剖面盐分分布规律（2018 年）

在葵花生长期，不同处理土壤盐分分布具有一定的相似性。幼苗期，土壤表层含盐量较高，各灌水处理间含盐量差异显著（$P<0.05$），45m 暗管间距各土层含盐量呈现 60mm 灌水量<50mm 灌水量<70mm 灌水量，30m 暗管间距各土层含盐量呈现 50mm 灌水量<60mm 灌水量<70mm 灌水量。第一次滴灌后进入现蕾期，相同暗管间距不同灌水处理表层土壤进入脱盐状态。灌水前后，各处理间表层土壤含盐量变化差异显著（$P<0.05$），灌水量越大，表层土壤含盐量减少幅度越明显。以 45m 暗管间距为例，70mm 灌水处理土壤含盐量较灌水前有明显减少，其中 0～40cm 土层土壤含盐量由 2g/kg 减少至 1.59g/kg，脱盐率达 20%；60mm 灌水处理 0～40cm 土层土壤含盐量由 1.08g/kg 下降至 0.97g/kg，脱盐率达 10%；50mm 灌水处理土壤含盐量较灌水前减少最少，0～40cm 土层土壤量由 1.46g/kg 减少至 1.38g/kg，脱盐率达 5.5%。现蕾期后期，0～40cm 土层土壤含盐量增加极显著（$P<0.01$），且

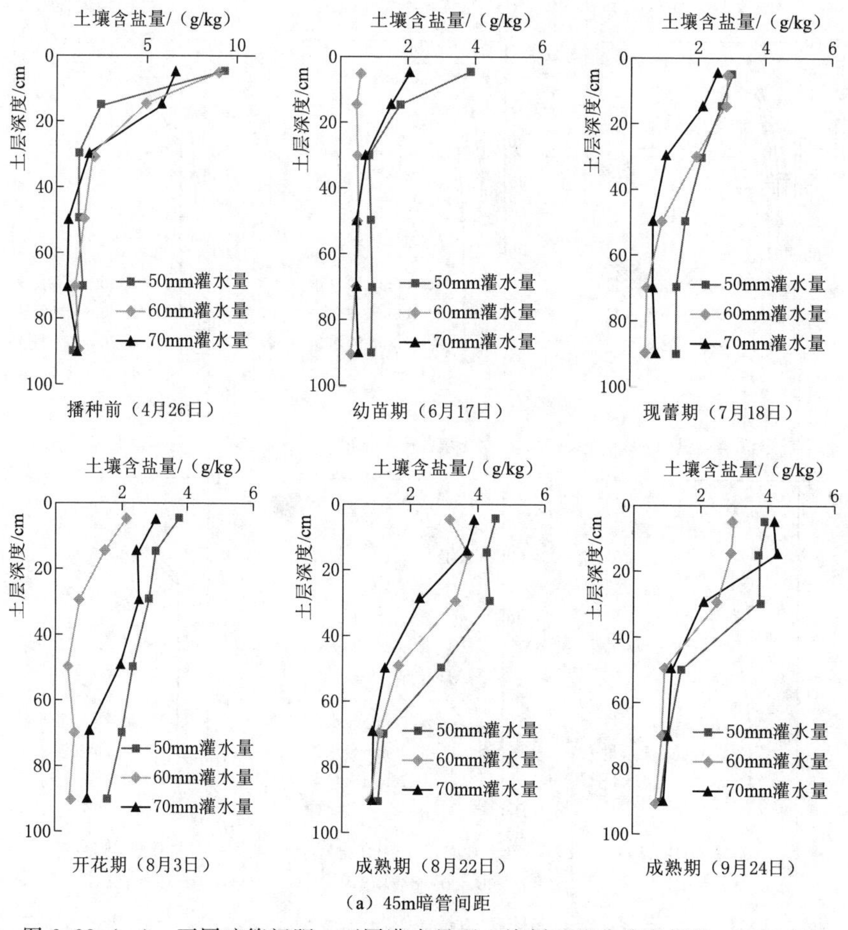


图 2.28（一） 不同暗管间距、不同灌水量下土壤剖面盐分分布规律（2019 年）

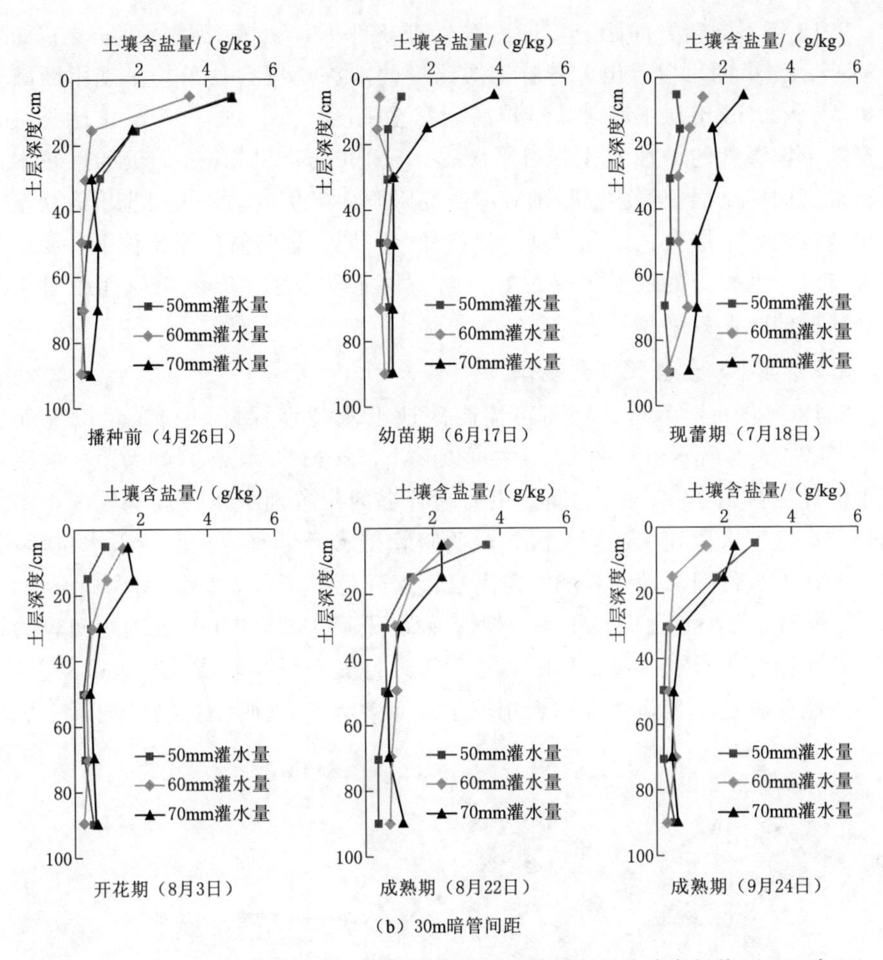


（b）30m暗管间距

图 2.28（二） 不同暗管间距、不同灌水量下土壤剖面盐分分布规律（2019 年）

0～40cm 土层土壤含盐量高于深层土壤，这对葵花生长不利，主要原因是葵花处于关键生育期，需水强度较大，随着土壤水分的不断蒸发，下层土壤盐分上移。进入开花期，由于第二次灌水，各处理间表层土壤含盐量变化差异显著（$P<0.05$），灌水量越大，表层土壤含盐量减少幅度越明显。0～40cm 土层部分盐分被淋洗至根系层以下，有效抑制了盐分的向上运移。60～100cm 土层含盐量变化幅度较小，这是因为试验区灌水后地下水位埋深变浅，土壤水分受地下水影响，且此时地下水中盐分含量较高，造成该土层土壤积盐，同时地下水盐分随水分运移。进入成熟期，由于灌水和降雨减少，0～60cm 土层的土壤含盐量随作物的生长不断增大，这是因为滴灌的压盐作用，灌水量越大，压盐效果越明显，但是盐分随着灌水带入土壤而增加，因此葵花成熟期 0～60cm 土层含盐量随灌水量增加而不断增大。

2019 年不同暗管间距、不同灌水处理条件下，土壤剖面含盐量分布如图 2.28 所示。由图可以看出，随着土层深度的加深土壤含盐量均呈现不断减少趋势，0～20cm 土层土壤含盐量较高，变化幅度较大；20～60cm 土层土壤含盐量随土壤深度的增加变化相对平缓；60～100cm 土层含盐量较低且基本保持稳定。同一土层土壤含盐量随着灌溉与降雨而起伏波动，表层土壤含盐量变化幅度较大，中层次之，深层基本保持稳定。同一种暗管间距条件下，灌水量越大，对土壤盐分的淋洗效果越好；同一种灌溉定额，30m 暗管间距对土壤盐分状况的改良效果较好。

#### 2.2.3.3 地下水位埋深变化规律

2018—2019 年不同暗管间距控制区地下水位埋深随时间变化情况如图 2.29 和图 2.30 所示。从图 2.29 中可以看出，2018 年 45m 暗管间距控制区地下水位埋深在 1.2～2.1m 之间，距离暗管近的位置地下水位埋深较深，距离暗管越远地下水位埋深逐渐变浅，说明暗管排水可以有效控制地下水位埋深。整体上地下水位埋深随着观测井距离暗管远近呈现 1 号＞2 号＞3 号＞4 号。1 号、2 号和 3 号处理之间地下水位埋深差距明显，3 号和 4 号处理之间较为接近，这是因为 1 号和 2 号处理距离暗管较近，受暗管排水影响较大；3 号和 4 号距离暗管较远，受暗管排水影响较小。而 30m 暗管间距控制区地下水位埋

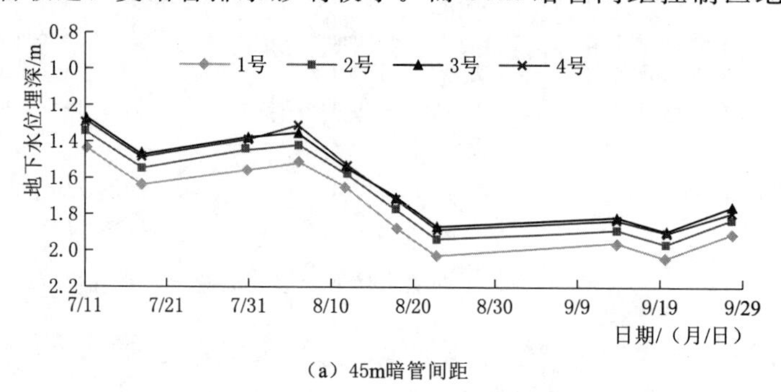


（a）45m暗管间距

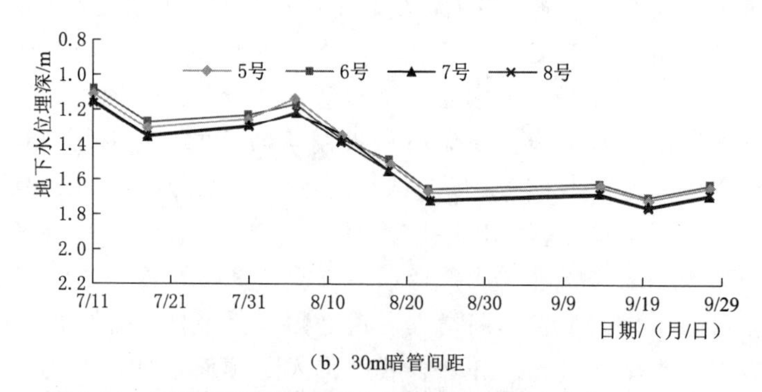


（b）30m暗管间距

图 2.29 不同暗管间距地下水位埋深随时间的变化（2018 年）

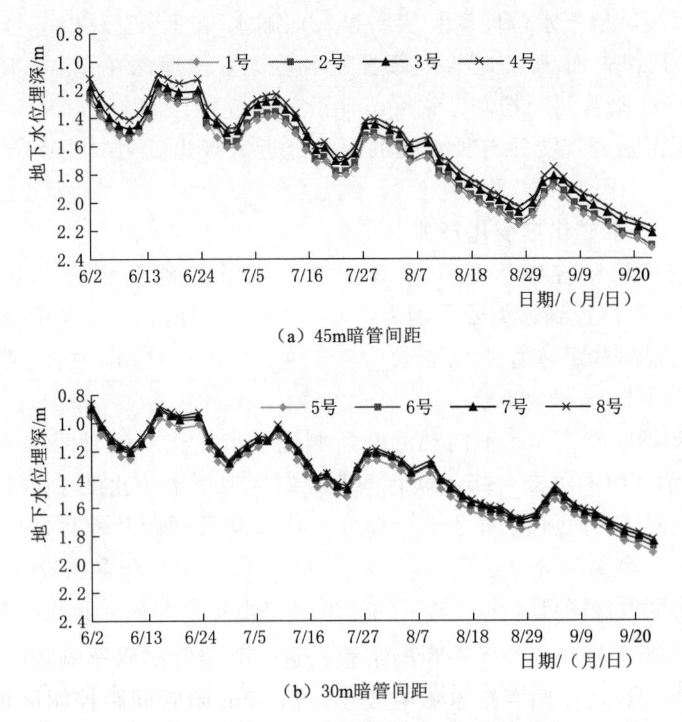


（a）45m暗管间距



（b）30m暗管间距

图 2.30　不同暗管间距地下水位埋深随时间的变化（2019 年）

深在 1.1～1.8m 之间，明显小于 45m 暗管间距，主要原因是 30m 暗管间距控制区地势较低，地下水位受周边农田沟渠水侧向渗漏影响。不同暗管间距对地下水排水均有显著的效果，30m 暗管间距地下水位埋深随着观测井与吸水管的距离远近，有相似的变化规律，总体呈现 5 号＞6 号＞7 号＞8 号，6 号和 7 号处理之间地下水位埋深差距明显，5 号和 6 号、7 号和 8 号处理之间较为接近。同时，从图中还可以看出，30m 暗管间距控制区，不同处理（观测井与吸水管的距离不同）下地下水位埋深变化幅度比 45m 暗管间距控制区小，主要原因是 30m 暗管间距控制区地下水观测井之间的距离小于 45m 暗管间距控制区地下水观测井之间的距离。试验区域 7—8 月中旬地下水位埋深较浅，在 1.1～1.7m 之间，8 月下旬至作物生育期末地下水位埋深较大，在 1.7～2.1m 之间。两种暗管间距地下水位埋深起伏具有相似性，前期受降雨和灌水的影响明显，作物生育期后期降雨较少，地下水位又不断降低，基本保持在暗管埋深以下。由于试验区紧邻合济分干渠，且渠道未衬砌，试验区地下水位埋深一定程度上受渠道行水期渗漏影响。

从图 2.30 中可以看出，2019 年 45m 暗管间距控制区地下水位埋深在 1.1～2.0m 之间，距离暗管近的位置地下水位埋深较大，距离暗管越远地下水位埋深越浅，地下水位埋深起伏明显，地下水位埋深表现出1号>2号>3号>4号的规律；而30m暗管间距控制区地下水位埋深在0.8～1.5m之间，明显小于45m暗管间距控制区；30m暗管间距控制区和45m暗管间距控制区地下水位埋深随着观测井与吸水管的距离远近表现出5号>6号>7号>8号的规律。

### 2.2.3.4 地下水矿化度变化规律

45m暗管间距控制区地下水观测井距暗管距离分别为2.0m、6.0m、13m、22.5m，由近到远编号分别为1号、2号、3号、4号，30m暗管间距控制区地下水观测井距暗管距离分别为2m、5m、9m、15m，由近到远编号分别为5号、6号、7号、8号。

2018年不同暗管间距不同观测井所测地下水矿化度随时间的变化情况如图2.31所示。由图可知，45m暗管间距控制区地下水矿化度总体上大于30m暗管间距控制区，且随时间呈增加趋势。45m暗管间距控制区地下水矿化度变化明显，矿化度含量为0.5～0.9g/L。7—8月中旬，在多次降雨和灌水后，地下水矿化度缓慢降低，生育期后期地下水矿化度含量有所上升，主要是因为此时渠道中水位较低，降雨及灌水减少，地下水位埋深较深，土壤水分的蒸发降低了土壤含水率，最终矿化度上升。45m暗管间距控制区地下水矿化度随

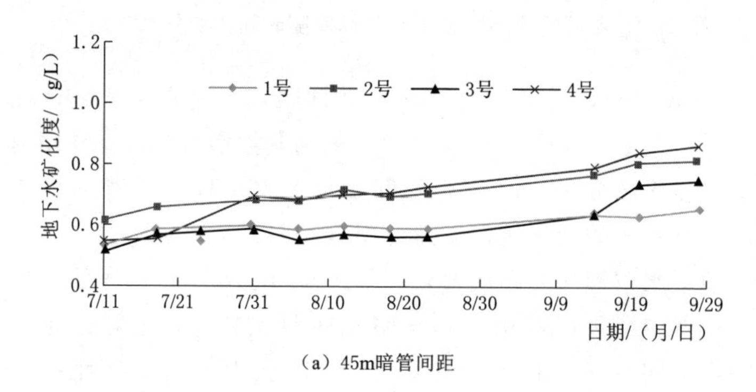


（a）45m暗管间距

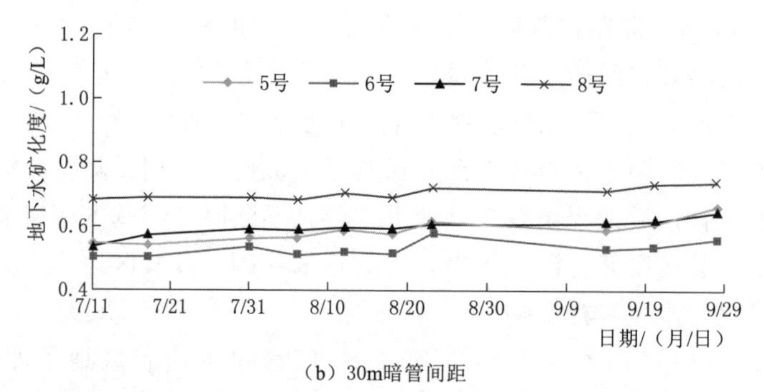


（b）30m暗管间距

图2.31 不同暗管间距地下水矿化度随时间的变化（2018年）

着观测井与吸水管距离远近呈现 2 号>4 号>1 号>3 号的规律，表明吸水管的距离对矿化度的影响并不明显。30m 暗管间距控制区地下水矿化度除了灌水前后起伏明显外，整体变化幅度不大，矿化度含量为 0.5～0.8g/L，全生育期地下水矿化度基本保持稳定。30m 暗管间距控制区地下水矿化度随着观测井与吸水管距离远近呈现 8 号>7 号>5 号>6 号的规律，也表明吸水管的距离对地下水矿化度的影响并不明显。

2019 年不同暗管间距不同观测井所测地下水矿化度随时间的变化情况如图 2.32 所示。其中 45m 暗管间距控制区地下水矿化度总体上明显大于 30m 暗管间距控制区，且随时间呈降低趋势。45m 暗管间距控制区地下水矿化度变化明显，矿化度含量为 1.3～2.7g/L，45m 暗管间距控制区地下水矿化度表现出 4 号>1 号>3 号>2 号的规律。30m 暗管间距控制区地下水矿化度除了春灌期起伏明显外，整体变化幅度不大，矿化度含量为 0.7～1.4g/L，30m 暗管间距控制区地下水矿化度表现出 7 号>8 号>5 号>6 号的规律。

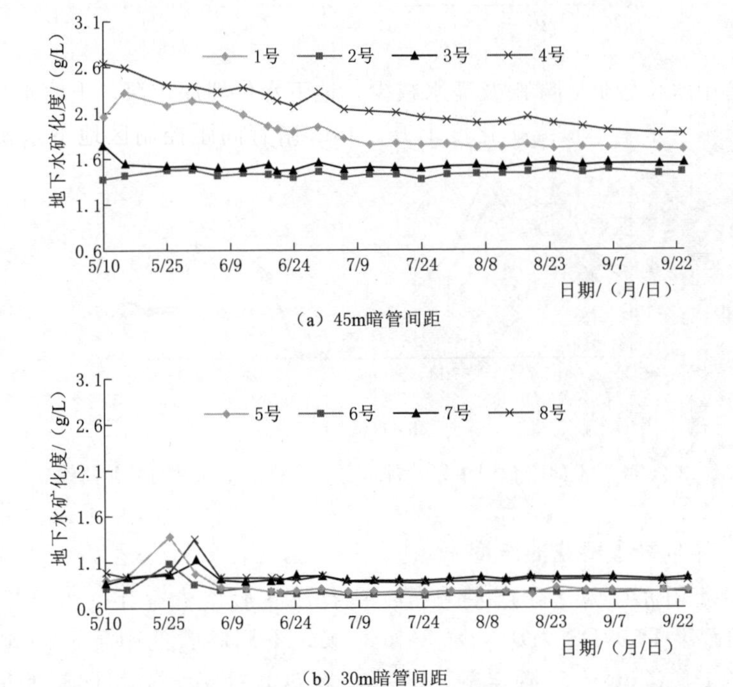


图 2.32　不同暗管间距地下水矿化度随时间的变化（2019 年）

#### 2.2.3.5　暗管排水量与排水强度变化规律

图 2.33 为 2019 年不同暗管间距累计排水量、日排水量随时间变化的曲线图。从图中可以看出，45m 暗管间距累计排水量曲线一直在 30m 暗管间

距曲线下方波动，30m暗管间距共排水742m³，45m暗管间距共排水575m³，二者变化趋势基本一致，不同暗管间距曲线在两次灌水前后均呈现明显拐点，随着生育期的延长，累计排水量差距开始变大。日排水量曲线起伏明显，45m间距暗管日排水量曲线一直在30m暗管间距曲线下方波动，30m暗管间距曲线最高日排水可达41m³，45m暗管间距曲线最高日排水可达32m³。二者变化趋势基本一致，其中30m暗管间距曲线变化幅度要大于45m暗管间距曲线。

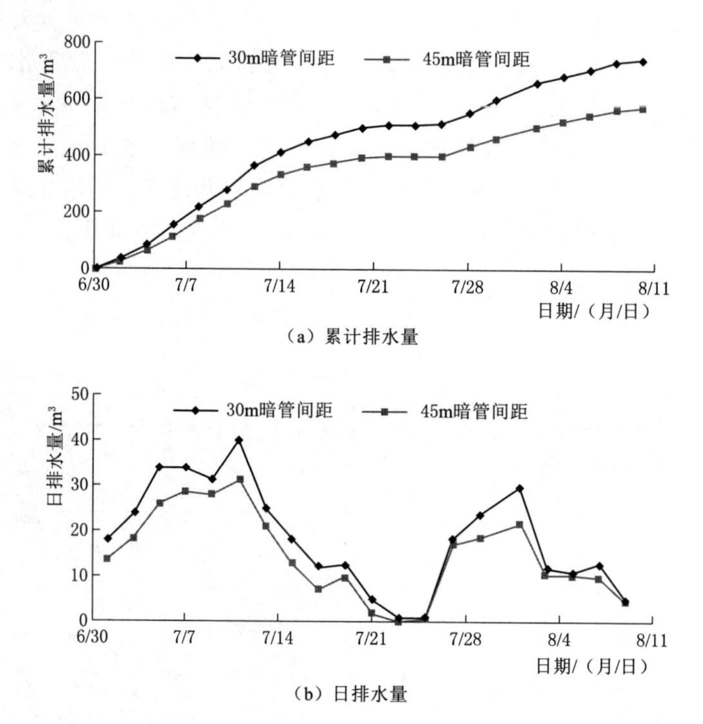


图2.33 不同暗管间距累计排水量、日排水量随时间变化曲线

### 2.2.3.6 不同处理葵花的产量

2018年田间试验葵花产量分析：葵花成熟后，花盘直径相差不大，相同暗管间距下D3＞D2＞D1，D4＞D6＞D5；不同暗管间距下，30m暗管间距控制区D4（70mm灌溉定额）区葵花花盘直径最大；相同暗管间距下，花盘重表现为D3＞D1＞D2，D4＞D6＞D5，D4区葵花花盘最重；相同暗管间距下，各处理花盘籽粒重和百粒重表现为D3＞D1＞D2，D4＞D6＞D5，见表2.5。总体而言，相同灌水处理下，30m暗管间距控制区葵花产量要高于45m暗管间距控制区；45m和30m暗管间距控制区均表现出灌溉定额越大，葵花长势越好的规律。

2019年田间试验葵花产量分析：葵花成熟后，花盘直径、花盘重量、籽粒重和百粒重在同一暗管间距下均呈现D1＞D2＞D3，D6＞D4＞D5的规律，见表2.5。相同灌水量条件下，30m暗管间距控制区葵花产量要高于45m暗管间距控制区。同时，45m和30m暗管间距控制区均表现为70mm灌溉定额葵花长势较好，60mm灌溉定额次之，50mm灌溉定额较差。

表2.5 不同处理葵花产量因子及产量值

| 年份 | 处理 | 花盘直径/cm | 花盘重量/g | 籽粒重/g | 百粒重/g | 产量/(t/hm²) |
|---|---|---|---|---|---|---|
| 2018年 | D1 | 28.28±1.37b | 269.53±23.62b | 316.16±18.57b | 25.04±1.74b | 3.86±0.23b |
| | D2 | 29.12±0.75ab | 258.5±79.62b | 280.67±66.52b | 24.03±1.24b | 3.43±0.81b |
| | D3 | 29.46±1.48ab | 348.85±18.3b | 384.56±33.32a | 28.35±1.25b | 4.70±0.41a |
| | D4 | 31.10±2.1a | 359.03±27.42a | 404.82±22.91a | 28.60±0.17a | 4.95±0.28a |
| | D5 | 28.11±2.21b | 255.38±59.88b | 292.7±58.13b | 24.56±1.99ab | 3.58±0.71b |
| | D6 | 29.08±1.88ab | 264.30±33.96b | 332.6±19.84b | 26.23±1.08ab | 4.07±0.24b |
| 2019年 | D1 | 31.12±0.84ab | 377.81±17.01ab | 383.64±22.61ab | 27.47±1.25ab | 4.69±0.18ab |
| | D2 | 27.87±2.09bc | 277.31±87.73bc | 319.57±69.19bc | 25.99±1.39b | 3.91±0.84bc |
| | D3 | 27.09±0.05c | 243.64±23.08c | 284.94±11.82c | 24.02±1.47c | 3.48±0.15c |
| | D5 | 27.51±0.45c | 253.64±23.05c | 286.61±11.76c | 24.21±1.05c | 3.51±0.14c |
| | D6 | 30.48±2.72abc | 281.85±69.88b | 338.58±59.82abc | 26.13±1.27b | 4.14±0.74abc |
| | D7 | 31.72±0.95a | 389.26±23.38a | 404.63±15.85a | 28.97±0.63a | 4.95±0.20a |

注 各列中相同字母表示不显著，不同字母表示在$P=0.05$水平上显著。

## 2.3 本章小结

通过对畦灌暗排和滴灌暗排葵花种植区地下水、土壤水盐及排水监测，初步获得了典型研究区暗管排水条件下土壤剖面含水量与含盐量分布、暗管排水量与排水强度、地下水位埋深与矿化度、葵花生长指标及其产量的变化规律。

(1) 畦灌暗排条件下葵花生长田间试验结果表明：表层土壤含水率和土壤含盐量随时间变化幅度较大，随着深度增加，各处理土壤含水率逐渐增加，土壤含盐量逐渐减小，淋洗＋暗管排水可以有效排除表层土壤中的盐分，有助于作物前期生长。地下水位埋深在0.8～2.0m之间变化，而且年际之间变幅不大，各个试验区地下水矿化度随时间变化也波动不大，不同小区之间分层明显，主要受土壤母质影响较大，其中A区＜C区＜B区。对葵花整个生育期而言，前期和中期暗管累计排水量上升较快，受渠道行水和灌溉影响较大，排水井水样的平均矿化度为1.597g/L，约是当地地下水的1.8倍，说明暗管可以有效截留并排出土壤中的盐分，排盐效果明显。暗管间距45m、暗管埋深1.5m，研究区葵花最优灌溉定额为50m$^3$/亩。

（2）滴灌暗排条件下葵花生长田间试验结果表明：随着土层深度逐渐增加，土壤含水率均呈现不断增大的趋势，其中表层土壤含水率变化幅度较大、中层土壤含水率次之、深层土壤含水率变化平缓。土壤含盐量总体呈现随土层深度的增加而不断减少的趋势，其中表层土壤含盐量较高、中层土壤含盐量变化相对平缓、深层土壤含盐量基本保持稳定。滴灌暗排条件（暗管间距30m、暗管埋深1.5m）下，葵花灌溉定额为70mm产量相对较优。同时，30m暗管间距排水控盐效果要优于45m暗管间距。

# 第3章

# 区域土壤水盐监测与分析

## 3.1 典型研究区耕荒地地下水与土壤水盐动态监测

内蒙古河套灌区由于气候干旱少雨、蒸发强烈，地下水位埋深较浅，土壤母质含盐量较高，是一个典型的盐碱化灌区。全灌区受盐碱化影响的土地面积达390万$hm^2$，占总土地面积的69%。20世纪80年代末到90年代中期，国家和内蒙古自治区对整个河套灌区进行了以排水为中心的灌排配套工程建设，农田灌溉退水通过排水沟排出灌区，有效地缓解了土壤盐碱化的威胁。传统的人工排水工程由于经济耗费大和自然条件的限制并不容易实施，因此，"旱排"就成为灌区排水控盐的一种行之有效方法（韦芳良等，2015；Konukcu et al.，2006）。"旱排"是将灌区内一部分土地（非耕地）闲置，通过地下水的运动将灌溉耕地的多余水分和盐分运移到非耕地（盐荒地），然后在潜水蒸发作用下多余水分被消耗掉，盐分则存储在非耕地（盐荒地）中，达到维持灌区水盐平衡的目的（雷志栋等，1998）。河套灌区现有耕地面积57.4万$hm^2$，盐荒地面积20.9万$hm^2$，且盐荒地在灌区内呈零星状分布，主要分布于耕地之间及沙丘、湖泊的周围，具备实现"旱排"的条件。"旱排"对于维持河套灌区盐分平衡具有重要作用，但在"旱排"情况下，耕地与盐荒地的土壤水盐运移受到灌溉、降雨、作物生长、土壤蒸发、地下水等多种因素的影响，各因素间又相互交叉影响，造成耕荒地土壤水盐运移复杂多变（Khouri，1998）。

### 3.1.1 典型研究区概况

典型研究区（简称"研究区"）位于内蒙古河套灌区永济灌域的中国农业大学河套灌区研究院永济试验基地（图3.1），处于内蒙古自治区巴彦淖尔市临河区干召镇民主村境内，地理坐标为东经107°15′～107°18′，北纬40°43′～40°46′。研究区地形较为平缓，地势整体为东南高西北低，海拔高程在

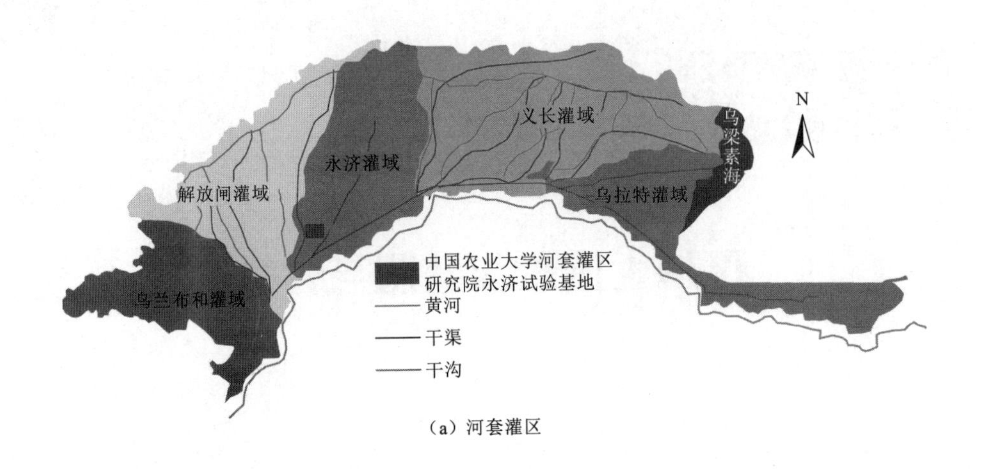


(a) 河套灌区

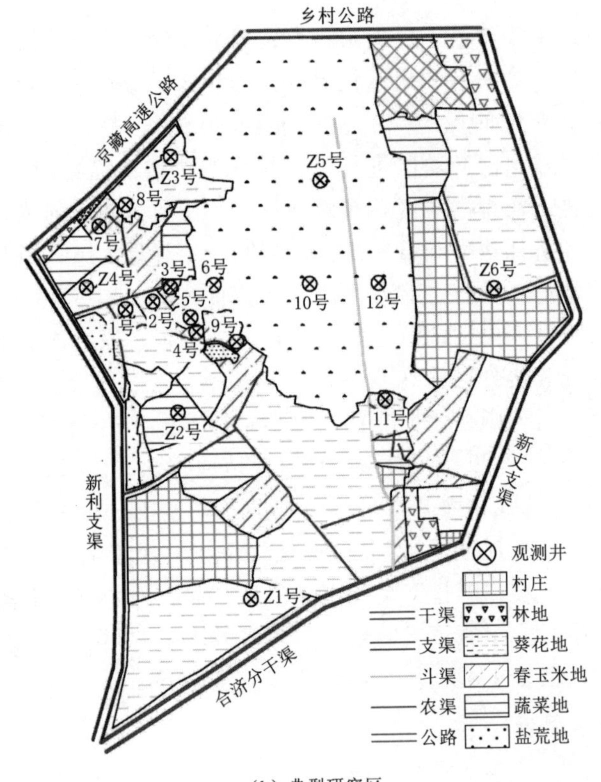

扫码看原图

(b) 典型研究区

图 3.1 典型研究区位置示意图

1040.00～1042.00m之间。研究区总面积约5000亩，主要有耕地、盐荒地两种土地类型，耕地面积占58%，盐荒地面积占31%，由一条分干渠（合济分干渠）和两条支渠（新利支渠和新丈支渠）控制。研究区盐荒地分布相对集中，主要集中在中部和西北部区域，东、南、西三面由耕地围绕，且盐荒地比耕地地势低，是河套灌区典型的“旱排”区域。

### 3.1.2 地下水与土壤水盐观测布设

地下水与土壤水盐观测于2018年6月至2020年11月进行，在研究区选择典型的耕地和盐荒地，耕地与盐荒地相邻，且盐荒地地势比耕地低，在选取的耕地与盐荒地中布设18眼地下水观测井（图3.1），其中2018年布设了1～8号观测井和11号、12号观测井，2019年增设了9号、10号观测井和Z1～Z6号观测井。每眼观测井深度均为3m，直径为10cm，其中1号、2号、11号、Z1号、Z2号观测井布置在葵花地，3号、4号、7号、9号、Z6号观测井布置在春玉米地，5号、6号、8号、10号、12号、Z3号、Z4号、Z5号观测井布置在盐荒地，18眼观测井用于监测研究区地下水位及矿化度。同时选择1～12号观测井所在的田块布设土壤采样点，用于监测研究区土壤含水率和含盐量。土壤采样点离观测井距离3～5m，土壤采样点与观测井相对应，分别表示为KH1（1号）、KH2（2号）、KH3（11号），YM1（3号）、YM2（4号）、YM3（7号）、YM4（9号），YH1（8号）、YH2（5号）、YH3（12号）、YH4（10号）、YH5（6号）。

### 3.1.3 观测项目与方法

1. 主要土壤物理参数

（1）土壤干容重。选取KH1（葵花地）、YM2（春玉米地）和YH2（盐荒地）3处典型耕地和盐荒地，在2018年水盐观测试验初期，利用环刀获取耕地和盐荒地0～100cm土层原状土样，将环刀放置于105℃烘箱，烘至恒重，再测定环刀和干土的质量，计算土壤干容重。

（2）土壤颗粒分析。利用激光粒度分析仪测定耕地和盐荒地各土层的土壤砂粒、粉粒和黏粒含量，并根据国际制土壤质地分类标准，确定耕地和盐荒地的土壤质地。葵花地、春玉米地和盐荒地的土壤机械组成见表3.1～表3.3。

**表3.1 葵花地土壤机械组成**

| 土层深度/cm | 黏粒(<0.002mm)/% | 粉粒(0.002～0.02mm)/% | 砂粒(0.02～2mm)/% | 土壤容重/(g/cm³) | 国际制土壤质地分类 |
|---|---|---|---|---|---|
| 0～20 | 5.02 | 44.86 | 50.14 | 1.68 | 壤土 |
| 20～40 | 4.97 | 45.3 | 49.74 | 1.58 | 粉砂质壤土 |
| 40～60 | 4.94 | 52.35 | 42.7 | 1.52 | 粉砂质壤土 |
| 60～100 | 1.92 | 21.72 | 76.72 | 1.51 | 砂质壤土 |

表3.2 春玉米地土壤机械组成

| 土层深度/cm | 黏粒(<0.002mm)/% | 粉粒(0.002～0.02mm)/% | 砂粒(0.02～2mm)/% | 土壤容重/(g/cm³) | 国际制土壤质地分类 |
|---|---|---|---|---|---|
| 0～20 | 4.58 | 49.43 | 46.00 | 1.69 | 粉砂质壤土 |
| 20～40 | 6.81 | 68.13 | 25.05 | 1.60 | 粉砂质壤土 |
| 40～60 | 6.51 | 65.26 | 28.24 | 1.50 | 粉砂质壤土 |
| 60～100 | 9.00 | 65.74 | 25.27 | 1.53 | 粉砂质壤土 |

表3.3 盐荒地土壤机械组成

| 土层深度/cm | 黏粒(<0.002mm)/% | 粉粒(0.002～0.02mm)/% | 砂粒(0.02～2mm)/% | 土壤容重/(g/cm³) | 国际制土壤质地分类 |
|---|---|---|---|---|---|
| 0～20 | 3.47 | 18.61 | 77.93 | 1.56 | 砂质壤土 |
| 20～40 | 3.11 | 17.86 | 79.03 | 1.54 | 砂质壤土 |
| 40～60 | 2.78 | 14.14 | 83.07 | 1.58 | 砂质壤土 |
| 60～100 | 3.29 | 16.15 | 80.57 | 1.55 | 砂质壤土 |

2. 土壤水盐监测

选择1～12号地下水观测井附近的土地布设土壤采样点，土壤采样点距观测井3～5m，在作物播种前、夏灌前后、秋灌前后和秋浇前后利用土钻在田间分层获取土样，其中耕地和YH3（盐荒地）分为6层，分别为0～10cm、10～20cm、20～40cm、40～60cm、60～80cm和80～100cm，YH1、YH2、YH4和YH5（盐荒地）由于地下水位埋深较浅，取土深度取至60cm，分为4层，分别为0～10cm、10～20cm、20～40cm和40～60cm。土壤含水率采用烘干法测定：将土样风干，进行研磨和过1mm筛后，采用电导率仪测定饱和浸提液的电导率$EC_{1:5}$，并根据相关公式（$S=2.882EC_{1:5}+0.183$）将土壤电导率换算成土壤含盐量。

3. 地下水盐监测

观测期间每7d观测1次观测井地下水位埋深和矿化度，地下水位埋深采用钢尺水位计测定。在测定地下水位埋深的同时采用自制取水桶取水，再带回试验室过滤澄清后用电导率仪测定地下水电导率EC，并根据相关公式（$T=0.64EC$）把地下水电导率换算成地下水矿化度。

4. 地下水观测井经纬度和高程

利用GPS RTK（科力达K3，广东科力达仪器有限公司）实时动态测量技术测量各观测井的经纬度和高程，各观测井的经纬度和高程见表3.4。

表 3.4 各观测井的经纬度和高程

| 井号 | 北纬/(°) | 东经/(°) | 井口高程/m |
| --- | --- | --- | --- |
| 1号 | 40.7448516 | 107.2637925 | 1041.91 |
| 2号 | 40.74565774 | 107.264286 | 1041.44 |
| 3号 | 40.74672781 | 107.2655271 | 1042.21 |
| 4号 | 40.74478351 | 107.2653925 | 1041.91 |
| 5号 | 40.74535306 | 107.2660555 | 1040.74 |
| 6号 | 40.74654083 | 107.2673743 | 1040.87 |
| 7号 | 40.74908927 | 107.2609736 | 1041.91 |
| 8号 | 40.74988643 | 107.2628282 | 1040.64 |
| 9号 | 40.74356937 | 107.2690414 | 1041.88 |
| 10号 | 40.7464912 | 107.2689324 | 1040.47 |
| 11号 | 40.73983125 | 107.277889 | 1041.88 |
| 12号 | 40.74556802 | 107.2769797 | 1041.42 |
| Z1号 | 40.73321178 | 107.2713232 | 1041.72 |
| Z2号 | 40.74002685 | 107.2668236 | 1042.20 |
| Z3号 | 40.75094657 | 107.2653776 | 1041.39 |
| Z4号 | 40.74612064 | 107.2603769 | 1042.16 |
| Z5号 | 40.74980593 | 107.2755977 | 1041.83 |
| Z6号 | 40.74585982 | 107.2840805 | 1041.66 |

5. 作物与灌溉资料

研究区种植的春玉米品种为“西单10号”，5月初播种，9月底收获；种植的葵花品种为“美葵361号”，6月初播种，9月底收获。收集研究区葵花和春玉米生育期内的株高和叶面积指数，以及收获后的产量。研究区灌区管理部门统一定时放水，渠道来水后进行灌溉，通过实地调查，研究区春玉米和葵花的灌溉制度见表3.5。

表 3.5 研究区春玉米和葵花的灌溉制度

| 灌溉次数 | 第1次灌水 | 第2次灌水 | 第3次灌水 | 第4次灌水 | 秋 浇 |
| --- | --- | --- | --- | --- | --- |
| 灌溉时期 | 5月2—10日 | 6月12—18日 | 7月1—8日 | 7月26日—8月4日 | 10月5日—11月5日 |
| 春玉米/mm |  | 100 | 100 | 100 | 200 |
| 葵花/mm | 180 |  | 100 | 100 | 200 |

### 3.1.4 结果与分析

#### 3.1.4.1 土壤含水率分布规律

图3.2～图3.4分别为2018—2020年耕地与盐荒地不同时期土壤剖面含水率分布图。由图可以看出如下规律。

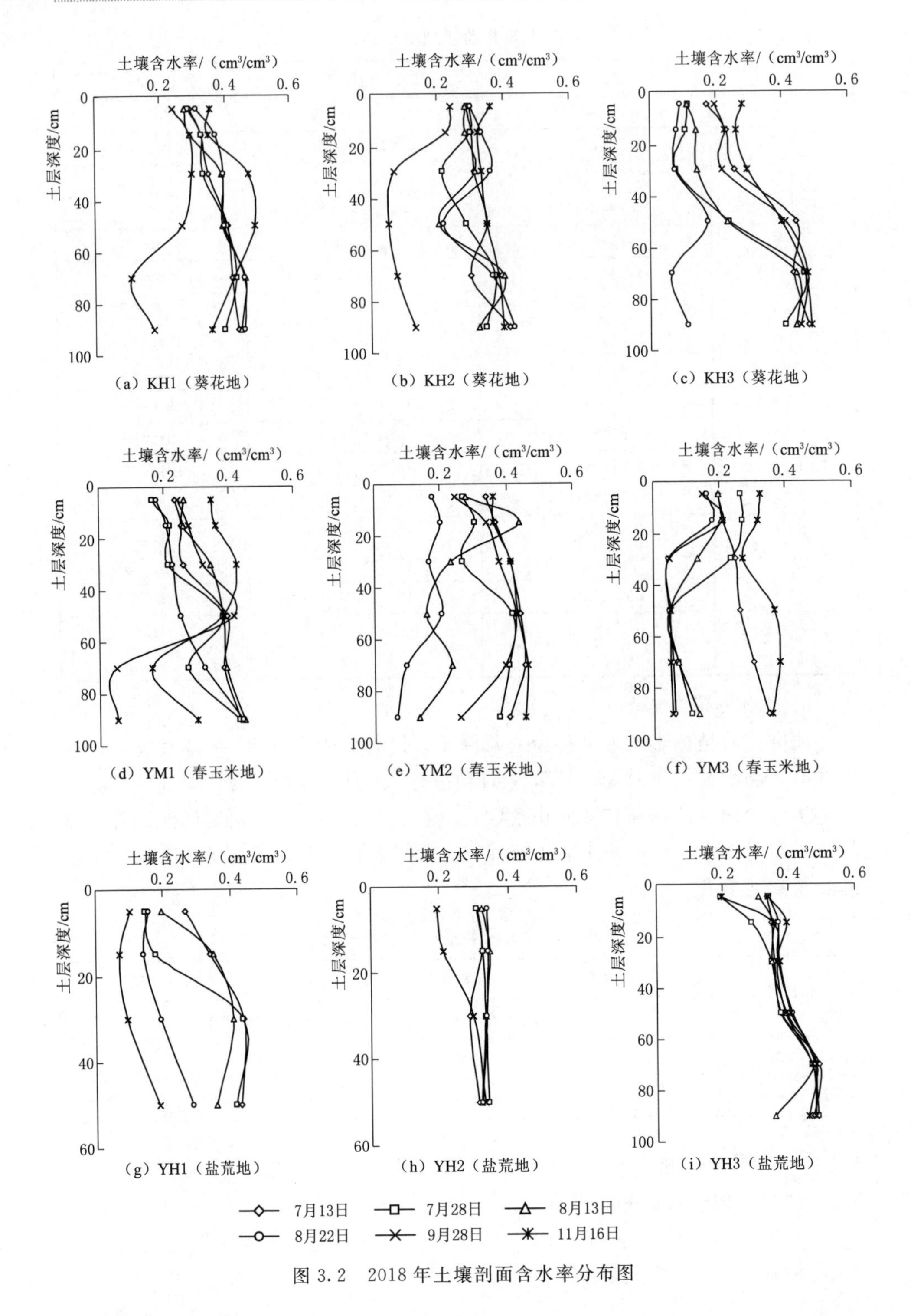


图 3.2 2018年土壤剖面含水率分布图

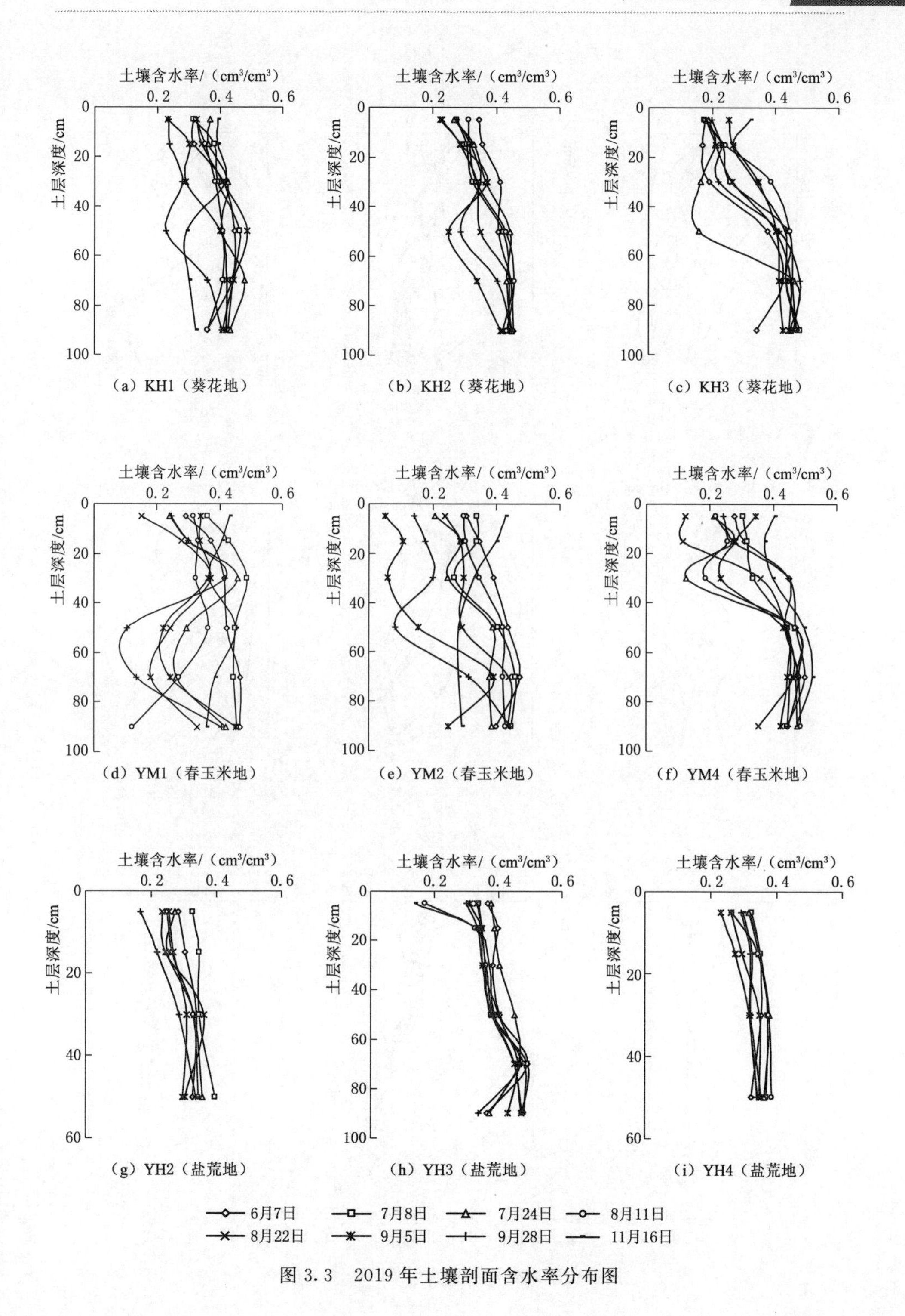


图 3.3 2019 年土壤剖面含水率分布图

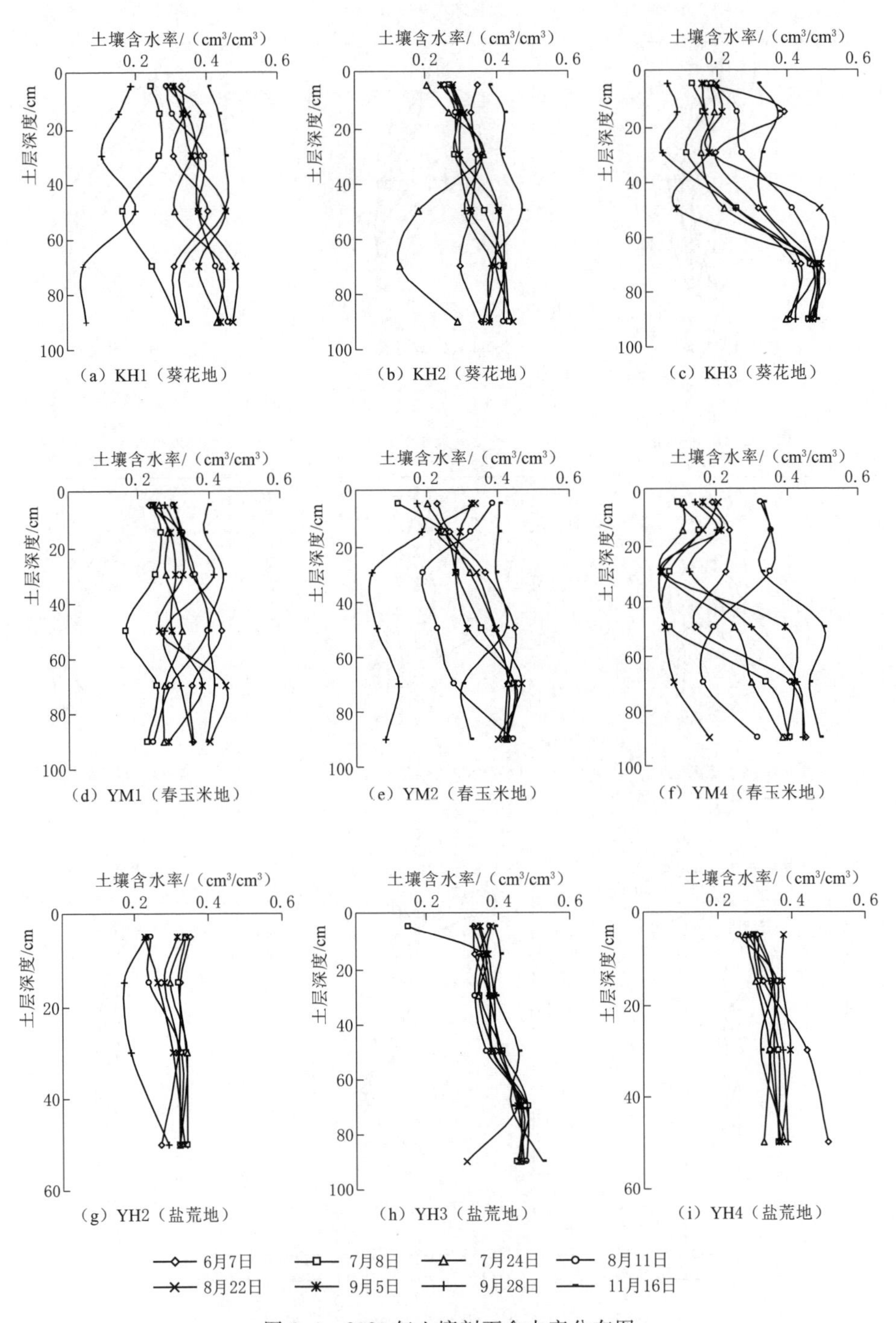


图3.4 2020年土壤剖面含水率分布图

(1) 不同土地利用类型的土壤含水率差异性较大，且受地下水位埋深的影响，部分区域的盐荒地由于位于低洼处，在灌溉季节地下水位埋深在 0.2～1.0m 之间，因此盐荒地土壤含水率在浅层土壤就能达到饱和；耕地土壤含水率受灌溉、作物生长和降雨的影响，不同时期的土壤含水率变化较大，总体上耕地的土壤含水率比盐荒地变化更剧烈。

(2) 耕地在灌溉后土壤含水率较大，而且地下水位逐渐上升，在灌溉入渗和潜水蒸发共同作用下，土壤含水率较高，如 2018 年第 4 次灌溉后（7 月 28 日）、2019 年第 3 次灌溉后（7 月 8 日）、2020 年第 4 次灌溉后（8 月 9 日）耕地土壤含水率均较大。耕地土壤含水率在秋浇前较小，秋浇前也是一年期间地下水位埋深最大的时期，土壤含水率受地下水的影响较小，在土壤蒸发作用下，土壤含水率逐渐减小，如：三年观测期间秋浇前（9 月 28 日）土壤含水率均较小，秋浇后（11 月中下旬）由于耕地灌溉水量较大，土壤含水率较大。不同耕地类型（春玉米地与葵花地）土壤含水率受灌溉的影响，存在一定的差异性，春玉米生育期灌溉 3 次，而葵花生育期只灌溉 2 次，从作物耗水特性考虑，春玉米比葵花生育期耗水量更大，因此总体上看春玉米地土壤含水率比葵花地变化更剧烈。另外，耕地土壤含水率的差异性还受到土壤质地的影响，研究区耕地之间由于处在不同的地形地貌，土壤物理性质存在一定的空间变异性，特别是离盐荒地较近的耕地，土壤质地含砂粒较多，土壤含水率较低，如：KH3（葵花地）、YM3（春玉米地）土壤含水率略低于其他耕地的土壤含水率。

(3) YH3（盐荒地）地面高程高于其余盐荒地，除了 YH3 的地下水位埋深在 1.0m 以下，其余盐荒地在灌溉季节地下水位埋深均在 1.0m 以内，因此土样只取了 0～60cm 地下水位以上的土层。盐荒地土壤含水率随土层深度的增加而增大，受地下水位埋深影响较大，地下水位埋深较浅时，土壤含水率较大，地下水位埋深较深时，土壤含水率较小。在耕地灌溉季节，盐荒地土壤含水率较高且不同时期差异性较小，这主要是盐荒地高程低于耕地高程，耕地灌溉后，耕地地下水会流向盐荒地，使盐荒地地下水位逐渐上升，在潜水蒸发作用下，使盐荒地土壤含水率较高，盐荒地起到"干排水"的作用。在秋浇前，由于耕地第 4 次灌溉后没有再进行灌溉，盐荒地地下水位埋深最大，盐荒地土壤含水率逐渐减小，秋浇后，由于耕地秋浇灌水量较大，部分盐荒地被淹没，可见盐荒地土壤含水率受耕地灌溉和地下水位埋深共同影响。

由此可见，耕地土壤含水率主要受灌溉及降雨、作物生长、地下水位埋深和土壤质地的影响，盐荒地土壤含水率受耕地灌溉和地下水位埋深的影响。

#### 3.1.4.2 土壤含盐量分布规律

图 3.5～图 3.7 分别为 2018—2020 年耕地与盐荒地不同时期土壤剖面含盐量分布图。由图可以看出以下规律。

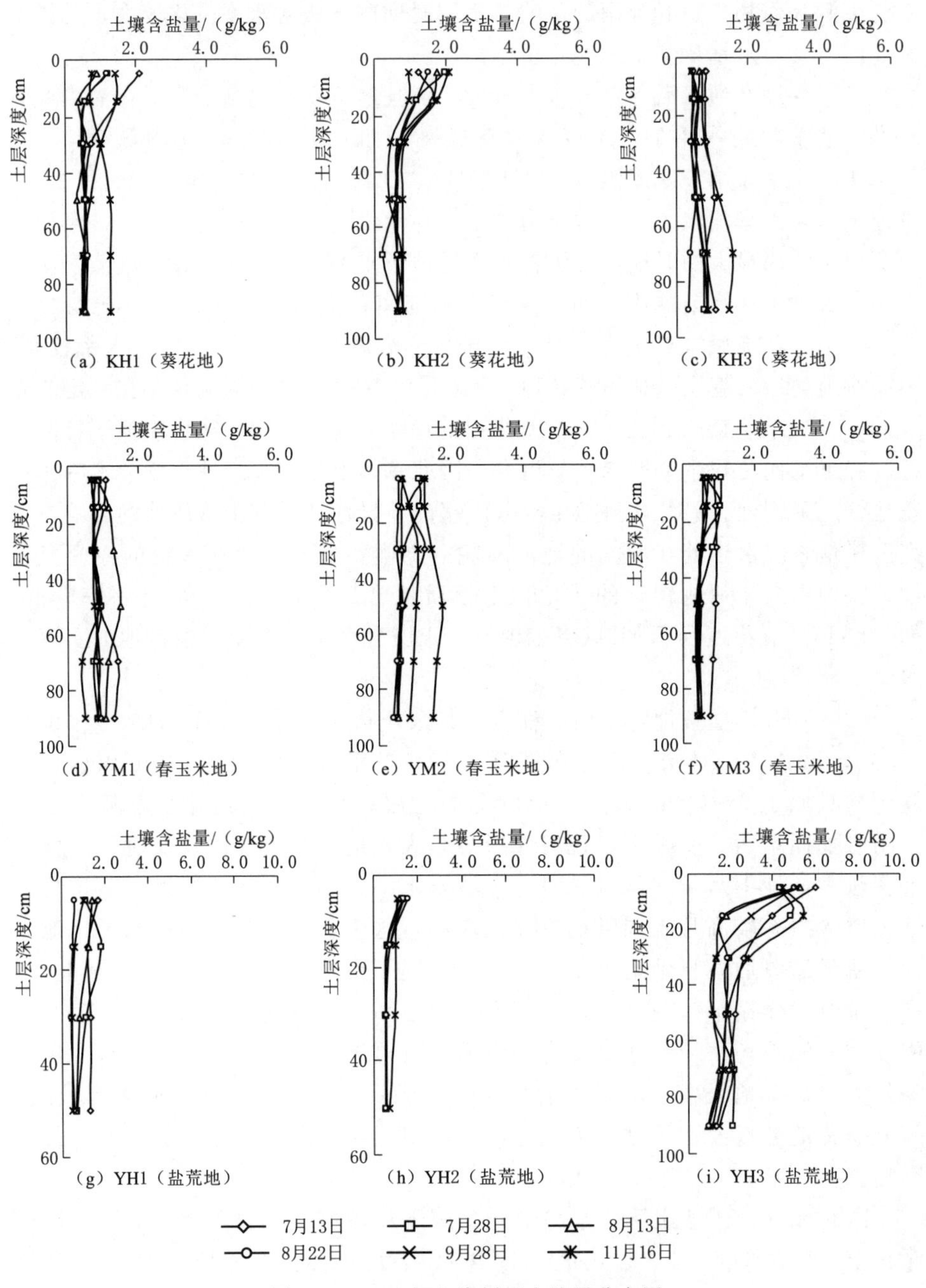


图 3.5　2018 年土壤剖面含盐量分布图

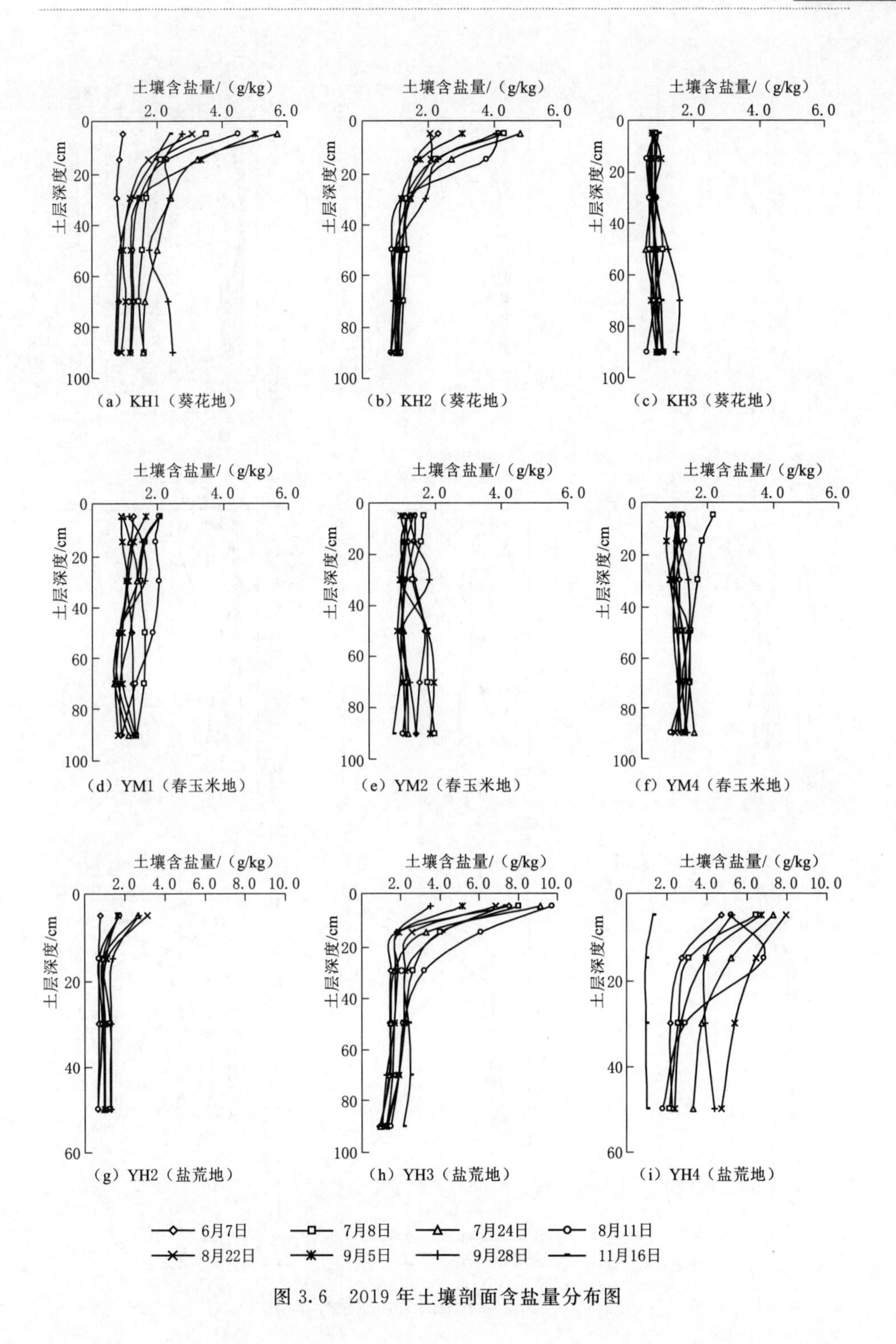


图 3.6 2019 年土壤剖面含盐量分布图

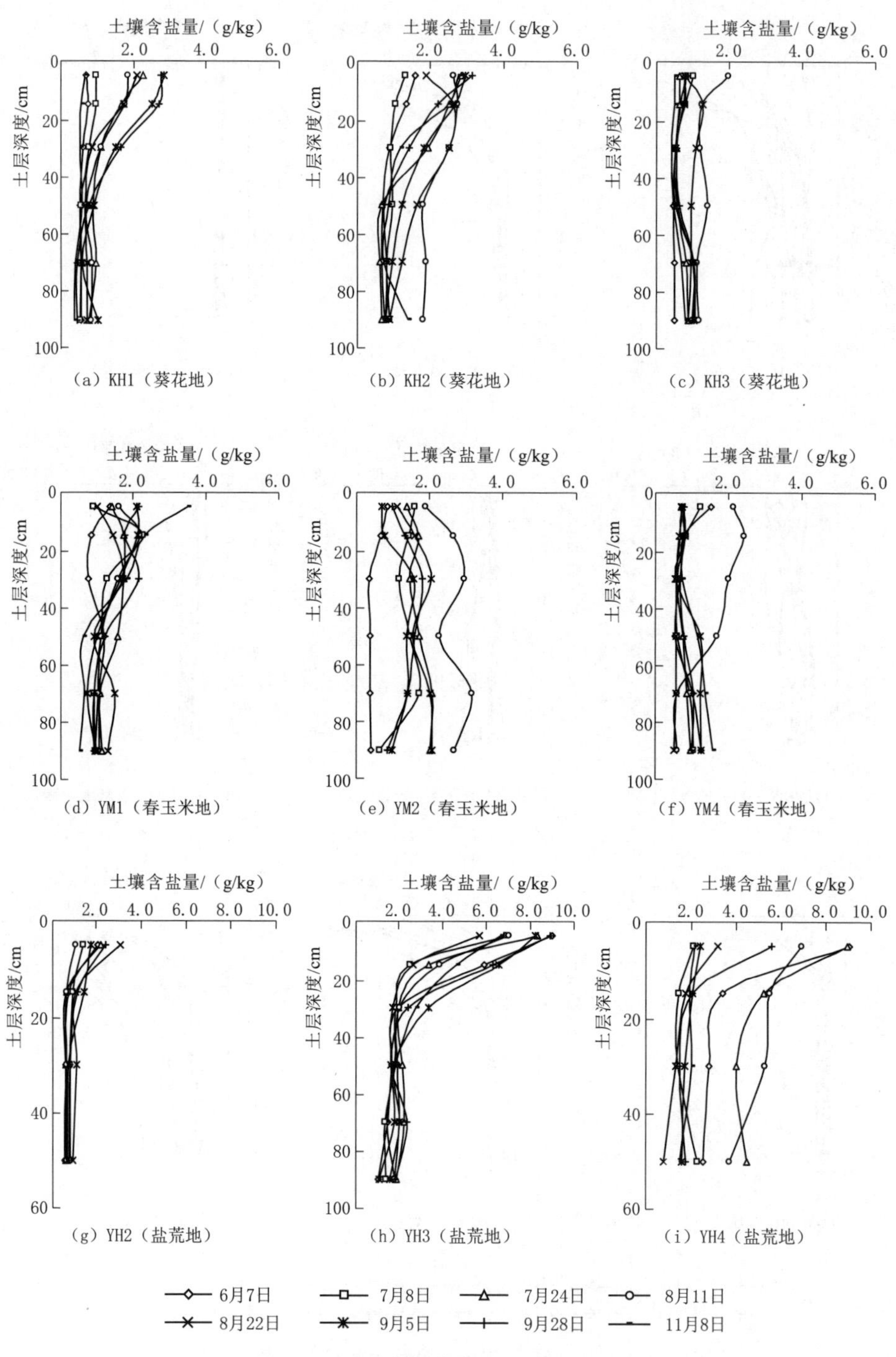


图 3.7 2020 年土壤剖面含盐量分布图

(1) 不同土地利用类型的土壤含盐量差异性较大，总体上耕地土壤含盐量小于盐荒地土壤含盐量，尤其在土壤表层，且耕地与盐荒地表层土壤含盐量均高于其下层土壤含盐量，土壤盐分主要累积在表层土壤。这主要是在土壤蒸发作用下，土壤盐分随着水分运移到土壤表层。

(2) 灌溉季节，在灌溉和降雨作用下，土壤盐分被淋洗，耕地不同时期土壤含盐量变化较小，除2019年KH1（葵花地）、KH2（葵花地）土壤含盐量略高外，其余耕地土壤含盐量均在3.5g/kg以下。耕地表层土壤含盐量高于其下层土壤含盐量，随着土壤深度的增加，土壤含盐量表现出减小的趋势，表层土壤含盐量变化范围为0.3～3.5g/kg。不同耕地之间，土壤含盐量略有差别，2019年KH1（葵花地）、KH2（葵花地）表层土壤含盐量略大，表层土壤含盐量变化范围为0.4～6.0g/kg，与2018年相比，土壤含盐量差异较大，这主要是土壤盐分存在一定的空间变异性。春玉米地与葵花地由于灌溉水量的不同，土壤含盐量也存在一定的差异性，总体上葵花地土壤含盐量略高于春玉米地土壤含盐量，如：2018年KH1（葵花地）、KH2（葵花地）土壤含盐量为0.2～2.2g/kg，而YM1（春玉米地）、YM2（春玉米地）土壤含盐量在1.2g/kg以下，由于春玉米灌溉水量大，灌溉淋洗量大，因此，春玉米地土壤含盐量较小。

(3) 盐荒地土壤含盐量在不同地形地貌表现出不同的变化规律，在离耕地比较近的盐荒地，土壤含盐量较小，如：YH1（盐荒地）、YH2（盐荒地），土壤含盐量为0.5～3.5g/kg，这是因为盐荒地与耕地存在一定的高差，灌溉季节，耕地侧渗的水流流向附近的盐荒地，进而淋洗盐荒地，而离耕地较远的盐荒地土壤含盐量较大，如：YH3（盐荒地）、YH4（盐荒地），土壤含盐量为4.0～10.0g/kg，为重度盐碱化土壤，这些区域的盐荒地是受到耕地灌溉的影响，耕地的地下水流向地势低洼的盐荒地，盐荒地地下水在潜水蒸发作用下向土壤表层运移，导致盐分不断在土壤表层累积，即“旱排盐”。

(4) 秋浇前期，耕地与盐荒地土壤含盐量略有增加的趋势，如：2019年KH1（葵花地）、YM2（春玉米地）和YH2（盐荒地），此时由于第4次灌溉后至作物收获未进行灌溉，在潜水蒸发作用下，土壤盐分向上层运移，表层土壤盐分逐渐累积。秋浇后，耕地土壤含盐量均减小，由于秋浇是耕地一年灌溉水量最大的时期，主要目的是淋洗盐分，因此，春玉米地和葵花地土壤盐分均被淋洗，盐荒地受耕地秋浇的影响也较大，部分地势低洼的盐荒地被淹，盐荒地土壤含盐量被淋洗，如：2019年YH4（盐荒地）土壤含盐量降至最低值，但地势略高的盐荒地土壤含盐量降低较小，如：YH3（盐荒地）表层土壤含盐量仍然较大，未完全受到耕地秋浇灌溉淋洗的影响，可见地形地貌是影响盐荒地土壤含盐量的主要因素之一。

由此可见，影响耕地土壤含盐量的主要因素为灌溉水量和作物生长，春玉米地土壤含盐量小于葵花地土壤含盐量；影响盐荒地土壤含盐量的主要因素是地形地貌和地下水位埋深，离耕地近的盐荒地的土壤含盐量小于离耕地远的盐荒地。

#### 3.1.4.3 地下水与土壤水盐观测数据统计分析

在2018—2020年3年地下水与土壤水盐监测时期，从作物播种前到秋浇期结束后观测1～12号地下水观测井的地下水位埋深及矿化度，地下水位埋深及矿化度每7d观测1次，共观测了69次，其中耕地共有520个观测样本，盐荒地共有380个观测样本。同时对上述12眼地下水观测井附近的土地进行土壤含水率和含盐量的观测，土壤含水率及含盐量在作物播种前和每次灌溉前后进行观测，共观测了22次，其中耕地共有160个样本，盐荒地共有120个样本。利用SPSS17.0软件对上述观测数据进行经典统计分析，结果见表3.6。根据相关文献，变异系数可以反映试验观测数据离散程度，一般认为变异系数小于0.1为弱变异，大于1.0为强变异，在0.1～1.0之间为中等变异。从表3.6可以看出，只有盐荒地地下水矿化度的变异系数大于1.0，属于强变异，并且方差也较大，表明盐荒地地下水矿化度波动性较大，均匀性较差。这主要是因为研究区中心位置（10号观测井附近）地下水矿化度较高，地下水矿化度最高为12.33g/L，耕地土壤含水率、土壤含盐量、地下水位埋深和盐荒地土壤含水率、地下水位埋深变异系数在0.2～0.5之间，属于中等偏弱变异，偏度和峰度也接近于0，观测数据基本满足正态分布；耕地地下水矿化度和盐荒地土壤含盐量变异系数在0.5～0.8之间，属于中等偏强变异，偏度和峰度也较大，不服从正态分布。由此可见，研究区耕地地下水矿化度、盐荒地土壤含盐量和地下水矿化度空间变异性较大，受地形地貌的影响较明显。

表3.6 地下水与土壤水盐观测数据经典统计参数表

| 土地类型 | 统计项目 | 样本数 | 均值 | 标准差 | 最小值 | 最大值 | 方差 | 变异系数 | 偏度 | 峰度 |
|---|---|---|---|---|---|---|---|---|---|---|
| 耕地 | 土壤含水率 | 160 | 0.346 $cm^3/cm^3$ | 0.072 | 0.103 $cm^3/cm^3$ | 0.457 $cm^3/cm^3$ | 0.005 $cm^6/cm^6$ | 0.208 | −1.338 | 2.02 |
| | 土壤含盐量 | 160 | 1.103 g/kg | 0.397 | 0.426 g/kg | 2.425 g/kg | 0.158 $g^2/kg^2$ | 0.360 | 0.902 | 0.993 |
| | 地下水位埋深 | 520 | 1.529m | 0.487 | 0.165m | 2.445m | 0.237$m^2$ | 0.319 | −0.524 | −0.003 |
| | 地下水矿化度 | 520 | 1.547 g/L | 0.909 | 0.502 g/L | 5.37 g/L | 0.826 $g^2/L^2$ | 0.588 | 1.789 | 4.022 |

续表

| 土地类型 | 统计项目 | 样本数 | 均值 | 标准差 | 最小值 | 最大值 | 方差 | 变异系数 | 偏度 | 峰度 |
|---|---|---|---|---|---|---|---|---|---|---|
| 盐荒地 | 土壤含水率 | 120 | 0.328 $cm^3/cm^3$ | 0.074 | 0.116 $cm^3/cm^3$ | 0.445 $cm^3/cm^3$ | 0.005 $cm^6/cm^6$ | 0.226 | −1.149 | 1.837 |
| | 土壤含盐量 | 120 | 1.514 g/kg | 1.12 | 0.521 g/kg | 5.773 g/kg | 1.254 $g^2/kg^2$ | 0.740 | 1.79 | 3.146 |
| | 地下水位埋深 | 380 | 0.98m | 0.471 | 0m | 2.08m | 0.222$m^2$ | 0.481 | 0.213 | −0.361 |
| | 地下水矿化度 | 380 | 2.317 g/L | 2.650 | 0.55 g/L | 12.33 g/L | 7.024 $g^2/L^2$ | 1.143 | 2.092 | 3.211 |

### 3.1.4.4 地下水位埋深变化规律

图 3.8～图 3.10 分别为 2018—2020 年观测井地下水位埋深变化图。2018 年地下水观测时间为 7 月 12 日—11 月 16 日，2019 年地下水观测时间为 5 月 8 日—11 月 16 日，2020 年地下水观测时间为 5 月 1 日—11 月 16 日。由图可以看

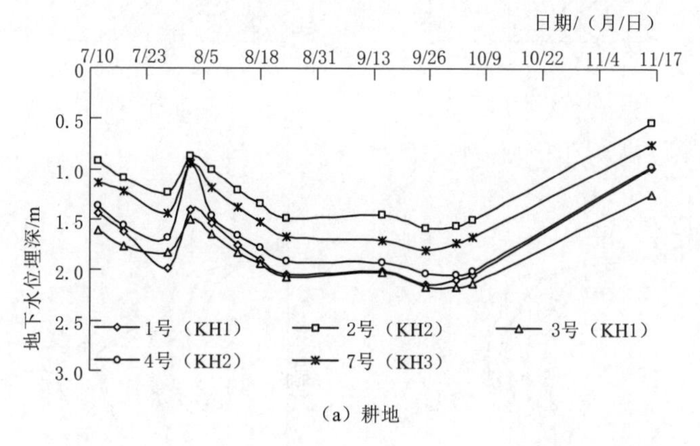


（a）耕地

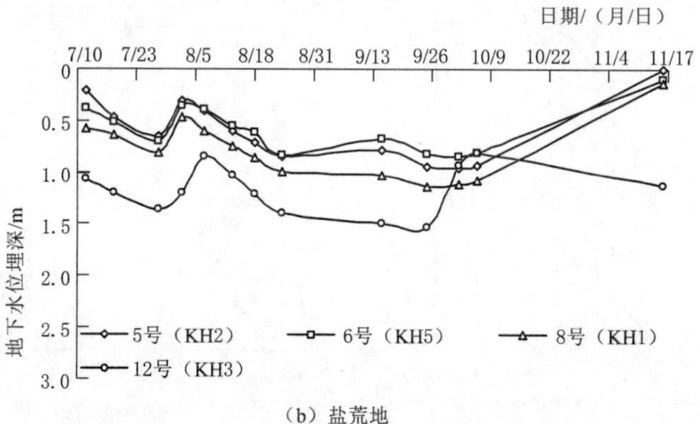


（b）盐荒地

图 3.8　2018 年观测井地下水位埋深变化图

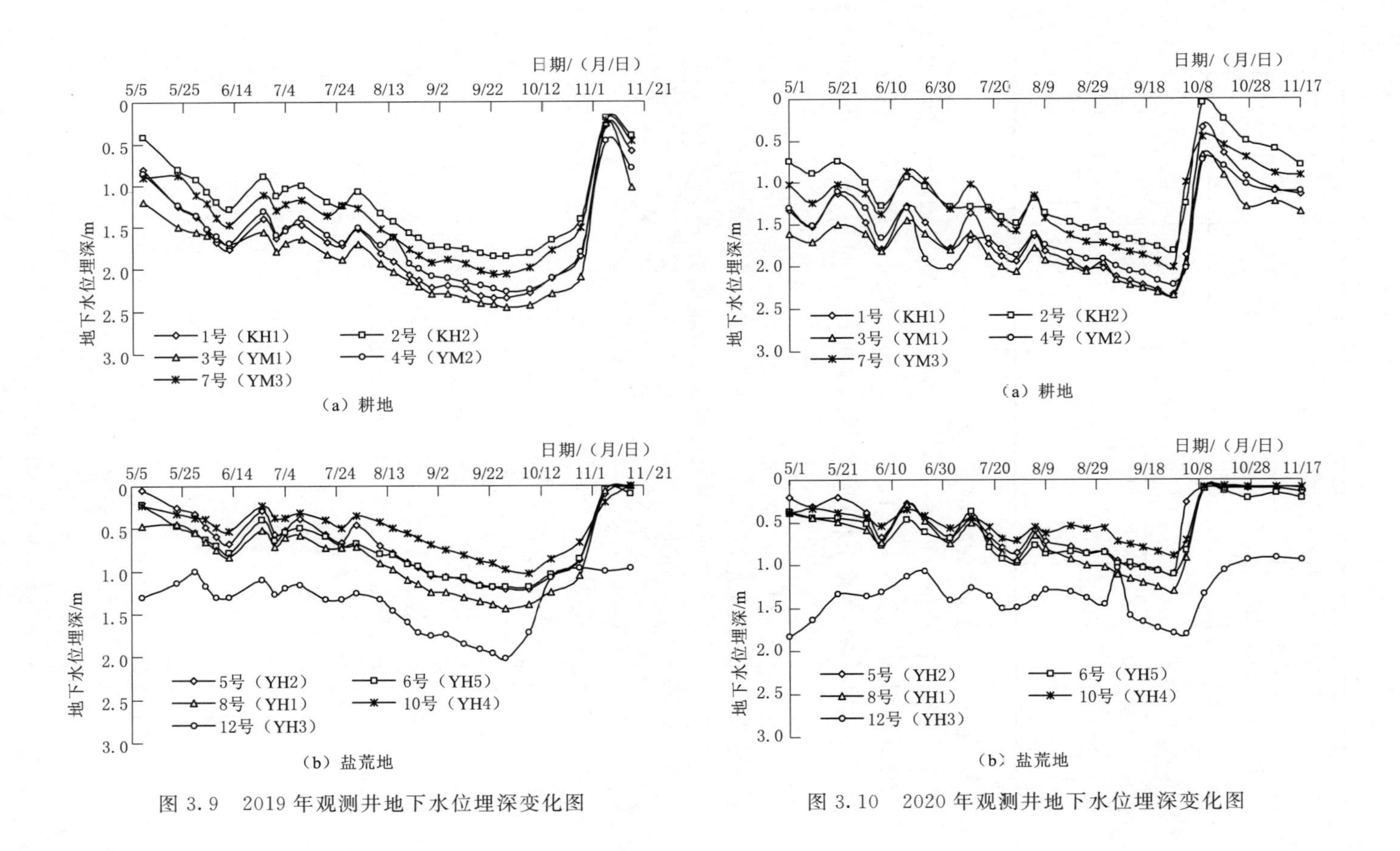


图 3.9　2019 年观测井地下水位埋深变化图

图 3.10　2020 年观测井地下水位埋深变化图

出如下规律：

（1）耕地与盐荒地地下水位埋深变化规律类似，但盐荒地地下水位埋深低于耕地，这主要是盐荒地高程比耕地略低，盐荒地地下水位埋深更浅。

（2）在作物生育初期（5月初）地下水位埋深较浅，是因为5月初研究区进行春灌，耕地地下水位迅速上升，同时盐荒地受到耕地灌溉的影响，耕地地下水侧向流入盐荒地，致使盐荒地地下水位迅速上升，特别是在地势比较低的盐荒地，地下水位埋深很浅，部分区域盐荒地地下水与地表水齐平。

（3）作物生育期内，随着气温的升高，土壤蒸发逐渐增加，耕地地下水位埋深逐渐增加，但在灌溉时期，耕地地下水位埋深减小，且在灌溉前后变化明显。同时，盐荒地也受到耕地灌溉的影响，盐荒地地下水位埋深随之变化也较明显。

（4）秋浇前，耕地和盐荒地地下水位埋深均达到一年内的最大值，这主要是耕地8月秋灌后一直未进行灌溉，在潜水蒸发作用下，地下水位埋深逐渐增大。研究区秋浇从10月上旬至11月上旬，秋浇灌水定额达200mm，由于秋浇灌水量较大，灌水持续时间较长，耕地和盐荒地地下水位均逐渐上升，地下水位埋深逐渐减小，至秋浇期结束后，耕地和盐荒地地下水位埋深均达到最小，部分地势低洼的盐荒地被水淹没。在地下水观测期间耕地地下水位埋深变化范围为0.5～2.5m，盐荒地地下水位埋深变化范围为0～2.0m。

由此可见，耕地地下水位埋深主要受灌溉和作物生长的影响，地下水位埋深在春灌和秋浇时期最浅，在秋浇前最大，在作物生育期内，地下水位埋深在灌溉前后变化较大。盐荒地地下水位埋深受耕地灌溉的影响较大，耕地地下水流向盐荒地，盐荒地为耕地的排泄区域。

#### 3.1.4.5 地下水矿化度变化规律

图3.11～图3.14分别为各观测井2018—2020年度地下水矿化度变化图。由图可以看出以下规律：

（1）耕地地下水矿化度在作物生育期内呈逐渐减小的趋势。作物生育期内，由于受灌溉和降雨的影响，地下水位埋深较浅，地下水流向地势低洼的盐荒地，而盐荒地地下水矿化度则呈现增加的趋势。

（2）地下水矿化度也受地形地貌的影响，研究区西北部10号观测井附近为地势较低处，为盐碱化最严重的地区，10号观测井的地下水矿化度最大（图3.14），平均在7.5g/L左右，地下水为重度咸水，这个区域也是排水排盐的集中区域，长时间的盐分累积，致使地下水矿化度较高。其余离耕地比较近的盐荒地的观测井地下水矿化度与耕地地下水矿化度相当，这主要是受耕地灌溉侧渗的影响，地下水矿化度较低。耕地地下水矿化度均在3.0g/L以下，为微咸水，不同地形地貌的耕地地下水矿化度略有差异，2号、3号和4号

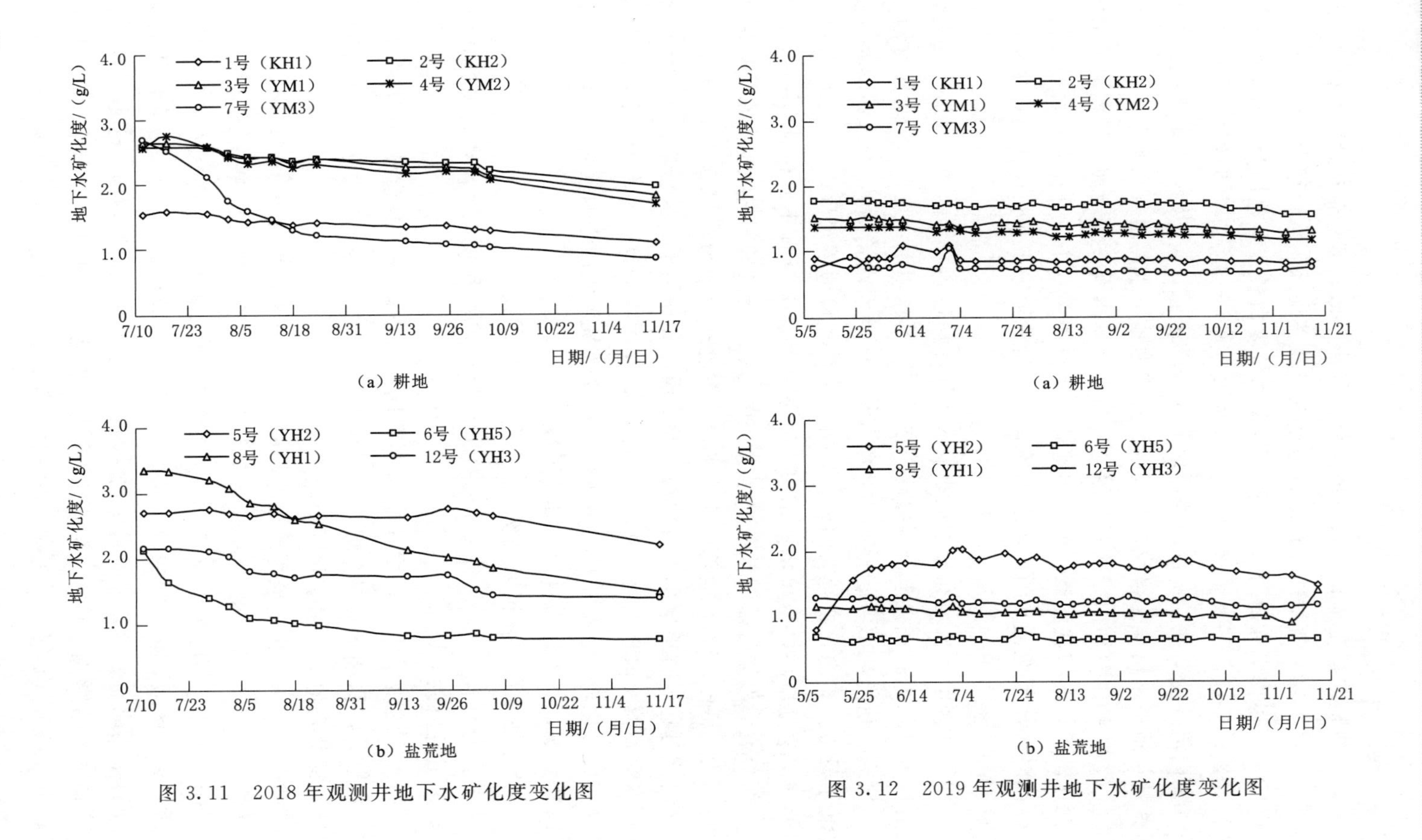


图 3.11　2018年观测井地下水矿化度变化图

图 3.12　2019年观测井地下水矿化度变化图

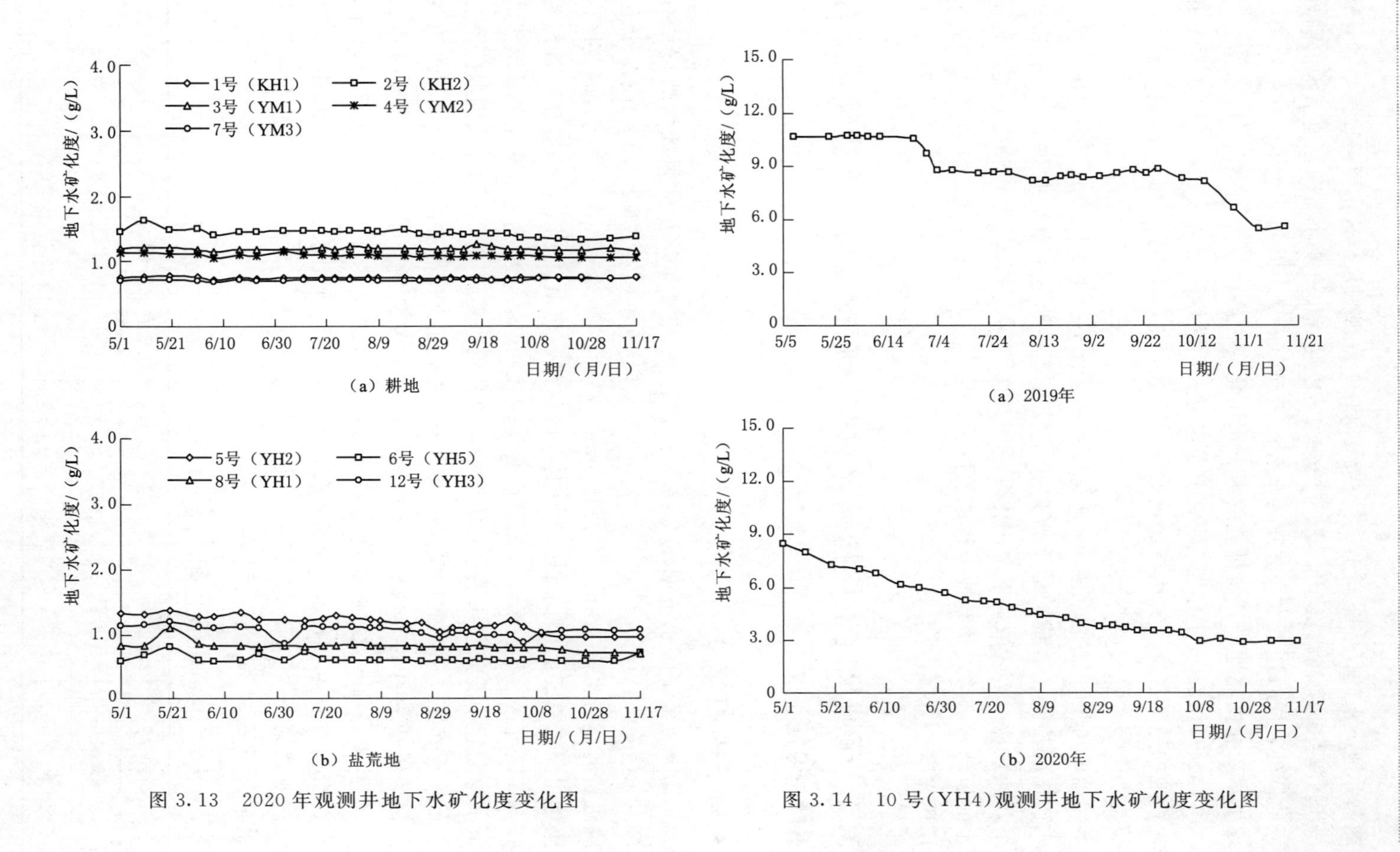


图 3.13　2020 年观测井地下水矿化度变化图

图 3.14　10 号（YH4）观测井地下水矿化度变化图

观测井地下水矿化度略高于1号、7号和11号观测井，这主要是2号、3号和4号观测井地面高程低于1号、7号和11号观测井的地面高程，地下水由高处流向低处，同时地下水盐分随着水分的运动而运移，因此，地势较低的耕地的地下水矿化度比地势高处耕地的地下水矿化度更高。

（3）在秋浇时期，研究区由于灌水量大、灌水时间持续长，抬高了耕地和盐荒地的地下水位，耕地与盐荒地的地下水矿化度均有所降低，耕地和盐荒地秋浇期土壤盐分均被淋洗。

由此可见，研究区地下水矿化度主要受灌溉及地形地貌的影响。耕地地下水矿化度较低，盐荒地地下水矿化度较高，耕地地下水矿化度在3.0g/L以下，盐荒地中心区域地下水矿化度平均在7.5g/L左右，地下水盐分随着地下水的流动而运移，盐荒地为耕地的排水排盐区域，具有明显的调节水盐平衡的作用。

## 3.2 区域尺度土壤盐碱化时空分布特征与土壤盐碱化综合指标构建

### 3.2.1 研究区概况

选择河套灌区永济灌域合济渠控制范围内约8.5万亩区域为典型研究区（东经107°14′～107°20′，北纬40°43′～40°50′），位置如图3.15所示。该区临近黄河，南北长11km，东西长8km，高程在1038～1041m之间，研究区内土壤主要以粉壤土和砂质壤土为主，局部范围有壤质砂土，平均含砂量约为49%。研究区一年内灌水6次，由合济闸控制，第1次主要是葵花、瓜菜等的播前灌和春小麦分蘖期灌水；第2次主要灌溉小麦和玉米；第3次灌溉除葵花外的所有作物；第4次主要灌溉玉米和小麦；第5次主要灌溉玉米；第6次为以保墒压盐为目的的秋浇，在作物收获之后灌溉所有的耕地。研究时段为2018年秋浇前到2019年秋浇前，2018年降雨量为176mm，接近丰水年，2019年降雨量为91mm，为枯水年；研究时段内地下水位平均埋深和矿化度动态变化见表3.7，2019年地下水位平均埋深和平均矿化度接近多年平均水平。

表3.7 研究区地下水位平均埋深和平均矿化度动态变化

| 采样时间 | 2018年秋浇前 | 一水前 | 二水前 | 三水前 | 四水前 | 五水前 | 2019年秋浇前 |
|---|---|---|---|---|---|---|---|
| 平均埋深/m | 1.93 | 1.72 | 1.07 | 1.36 | 1.29 | 1.51 | 2.18 |
| 平均矿化度/(g/L) | 1.24 | 1.43 | 1.33 | 1.4 | 1.36 | 1.27 | 1.34 |

### 3.2.2 试验设计与观测项目

1. 地下水和土壤数据采集

(1) 观测井和采样点布置。以尽量均匀分布和避开村庄、道路和沟渠等影响为原则，研究区共布设47眼地下水观测井，其中33眼布设于2018年秋浇前，6眼布设于2019年第2次灌水前，8眼布设于2019年第5次灌水前（2019年7月13日），观测井布置如图3.15所示。土壤采样点围绕浅层地下水观测井布置，即每眼井附近布置3～4个采样点，视土地利用情况，尽量覆盖小麦地、玉米地、葵花地和荒地等，采样深度分别为0～10cm、10～20cm和20～40cm（每个采样点每层重复2次）。

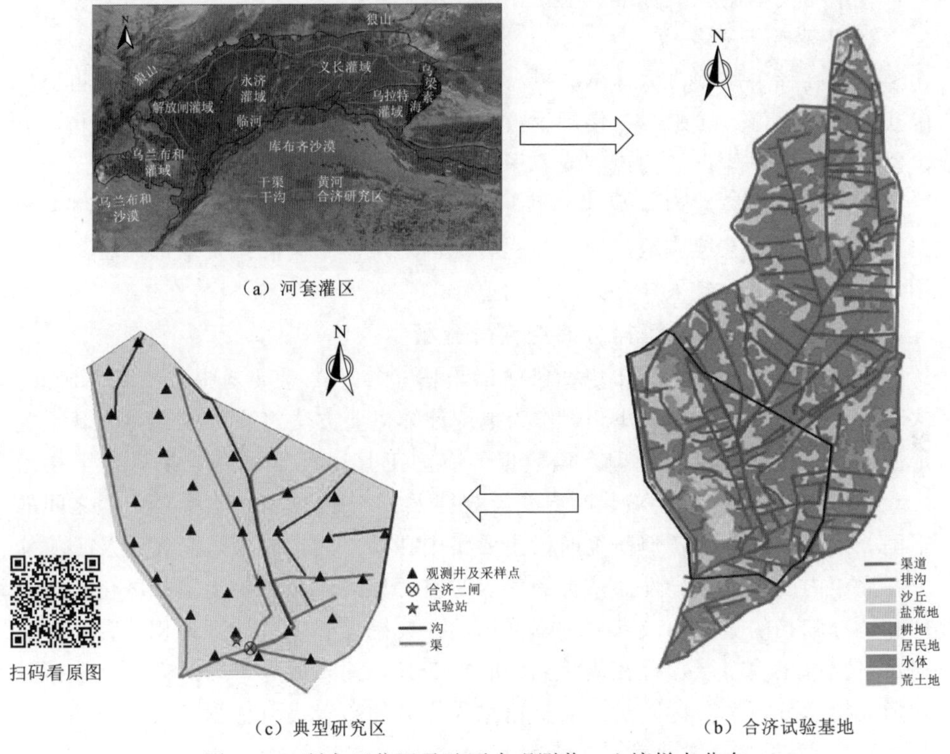


(a) 河套灌区

(c) 典型研究区

(b) 合济试验基地

图3.15 研究区位置及地下水观测井、土壤样点分布

(2) 采样时间和数量。为了减少灌水、排水等人类活动对土壤盐分时空分布的影响，大部分取样时间选择在每次灌水之前。本试验共采样9次，分别为2018年8月15日（即2018年第5次灌水结束7d后，简称“五水后”）、2018年9月22日（即2018年秋浇前）、2019年4月27日（即2019年第1次灌水之前，简称“一水前”）、2019年5月24日（即第2次灌水之前，简称“二水前”）、2019年6月12日（即第3次灌水之前，简称“三水前”）、2019年7月

1日（即第4次灌水之前，简称“四水前”）、2019年7月23日（即第5次灌水前，简称“五水前”）、2019年8月21日（即第5次灌水结束10d后，简称“五水后”）、2019年9月22日（即2019年秋浇前）。

（3）地下水和土壤数据测定。地下水位埋深用卷尺及钢尺水位仪现场测定，并将地下水水样和土样带回实验室分析地下水矿化度、土壤含盐量和土壤质地。采用电导率仪测定地下水电导率EC，并换算成地下水矿化度（$T=0.64EC$）。将土样自然风干、研磨、过2mm筛，按土水比1∶5的比例进行土壤浸提、振荡、过滤，测定其电导率$EC_{1:5}$，并换算成土壤含盐量（$S=2.882EC_{1:5}+0.183$）（Xu et al.，2013）；用激光粒度分析仪分析土壤颗粒组成，并采用美国制粒级标准分级。

2. 其他数据采集

地面高程采用（科力达K3，广东科力达仪器有限公司）实时动态测量技术获得，精度可达厘米级；使用手机GPS（华为mate8.0）定位，结合北斗卫星影像图测量采样点到沟道（或海子）与荒地的最短距离。

这里所指采样数均与观测井数量一致，即地下水数据采用观测井测定数据，土壤盐分、土壤质地、地面高程、距沟道最短距离和距荒地最短距离均采用每个观测井附近各采样点处的平均值。

### 3.2.3 周年内耕层土壤盐分时空变异分析

掌握土壤盐分时空分布规律是防治土壤盐碱化的重要前提。指示Kriging法（indicator Kriging method）作为地统计学主要方法之一，以其对区域不确定性估计的合理性成为处理有偏数据的有力工具。大量研究成果肯定了指示Kriging法在揭示土壤盐碱化时空变异规律及其与地下水位埋深等因素之间的空间关系方面的能力，但研究时段主要集中在某一两个时期，尚无涉及土壤盐分在周年内的时空变异性。掌握周年内时空变异规律是分析土壤盐碱化形成机理和盐分归趋的重要组成部分。本书运用经典统计和地统计理论相结合的方法揭示研究区土壤耕层盐分在周年内的时空变异规律，成果可为研究区土壤盐碱化形成机理分析和分区防治、时空信息采样点的布置提供依据。

#### 3.2.3.1 分析方法与土壤盐分等级划分

1. 分析方法

采用经典统计分析软件SPSS 23.0分析土壤含盐量统计特征，采用地统计学软件GS+9.0分析指示变异函数模型，并将其模型参数输入ArcGIS 10.0绘制土壤盐分概率分布图。

2. 土壤盐分等级划分

根据内蒙古河套灌区盐化等级标准，把土壤盐分分成4个等级：含盐量小于1g/kg，非盐碱土；1～2g/kg，轻度盐碱土；2～4g/kg，中度盐碱土；4～

6g/kg，强盐碱土；大于6g/kg时，盐土（王遵亲等，1993）。

#### 3.2.3.2 结果与分析

1. 土壤盐分的统计特征分析

（1）研究区土壤盐分总体变化规律。表3.8为研究区不同时期0～10cm、10～20cm、20～40cm、0～40cm土层盐分的统计特征，图3.16（a）为研究区各土层土壤平均含盐量动态变化图。表3.8和图3.16（a）表明，各时期各

表3.8 研究区不同时期不同土层土壤盐分统计特征值

| 采样时间 | 土层深度/cm | 采样个数/个 | 最大值/(g/kg) | 最小值/(g/kg) | 均值/(g/kg) | 标准差 | 变异系数 | 偏度系数 | 峰度系数 |
|---|---|---|---|---|---|---|---|---|---|
| 2018年秋浇前 | 0～10 | 114 | 10.85 | 0.50 | 2.165 | 2.673 | 1.23 | 2.36 | 4.58 |
| | 10～20 | | 4.78 | 0.48 | 1.541 | 1.087 | 0.70 | 1.65 | 2.02 |
| | 20～40 | | 4.23 | 0.48 | 1.453 | 0.872 | 0.60 | 1.49 | 1.86 |
| | 0～40 | | 6.61 | 0.49 | 1.719 | 1.482 | 0.86 | 2.06 | 3.55 |
| 一水前 | 0～10 | 119 | 9.09 | 0.41 | 1.804 | 1.911 | 1.06 | 2.29 | 4.66 |
| | 10～20 | | 3.97 | 0.37 | 0.974 | 0.690 | 0.71 | 2.64 | 7.61 |
| | 20～40 | | 2.90 | 0.27 | 0.888 | 0.531 | 0.60 | 2.00 | 4.34 |
| | 0～40 | | 5.32 | 0.38 | 1.222 | 0.980 | 0.80 | 2.30 | 5.48 |
| 二水前 | 0～10 | 104 | 8.08 | 0.57 | 1.896 | 1.756 | 0.93 | 2.28 | 4.77 |
| | 10～20 | | 3.02 | 0.52 | 1.171 | 0.598 | 0.51 | 1.48 | 1.53 |
| | 20～40 | | 2.70 | 0.50 | 1.140 | 0.546 | 0.48 | 1.39 | 1.46 |
| | 0～40 | | 4.62 | 0.57 | 1.403 | 0.876 | 0.62 | 1.77 | 2.87 |
| 三水前 | 0～10 | 104 | 14.82 | 0.43 | 2.258 | 2.618 | 1.16 | 2.80 | 8.70 |
| | 10～20 | | 8.66 | 0.44 | 1.248 | 1.114 | 0.89 | 3.98 | 20.44 |
| | 20～40 | | 2.49 | 0.41 | 1.057 | 0.559 | 0.53 | 1.13 | 0.30 |
| | 0～40 | | 10.60 | 0.43 | 1.579 | 1.501 | 0.95 | 3.22 | 13.64 |
| 四水前 | 0～10 | 110 | 11.28 | 0.51 | 2.691 | 2.773 | 1.03 | 1.77 | 2.45 |
| | 10～20 | | 3.72 | 0.45 | 1.358 | 0.761 | 0.56 | 1.16 | 0.77 |
| | 20～40 | | 4.16 | 0.45 | 1.266 | 0.730 | 0.57 | 1.63 | 2.80 |
| | 0～40 | | 6.19 | 0.48 | 1.771 | 1.297 | 0.73 | 1.50 | 1.74 |
| 五水前 | 0～10 | 135 | 16.38 | 0.27 | 3.600 | 3.817 | 1.06 | 1.52 | 1.49 |
| | 10～20 | | 10.5 | 0.28 | 1.923 | 1.621 | 0.84 | 2.32 | 7.08 |
| | 20～40 | | 8.63 | 0.40 | 1.635 | 1.314 | 0.80 | 2.74 | 10.14 |
| | 0～40 | | 14.24 | 0.38 | 2.486 | 2.309 | 0.93 | 2.378 | 7.89 |
| 2019年秋浇前 | 0～10 | 135 | 27.91 | 0.46 | 4.523 | 5.145 | 1.13 | 2.23 | 5.74 |
| | 10～20 | | 11.80 | 0.44 | 2.126 | 1.787 | 0.84 | 2.52 | 8.94 |
| | 20～40 | | 9.17 | 0.40 | 1.686 | 1.316 | 0.78 | 2.45 | 8.46 |
| | 0～40 | | 15.10 | 0.46 | 2.778 | 2.556 | 0.92 | 2.24 | 6.73 |

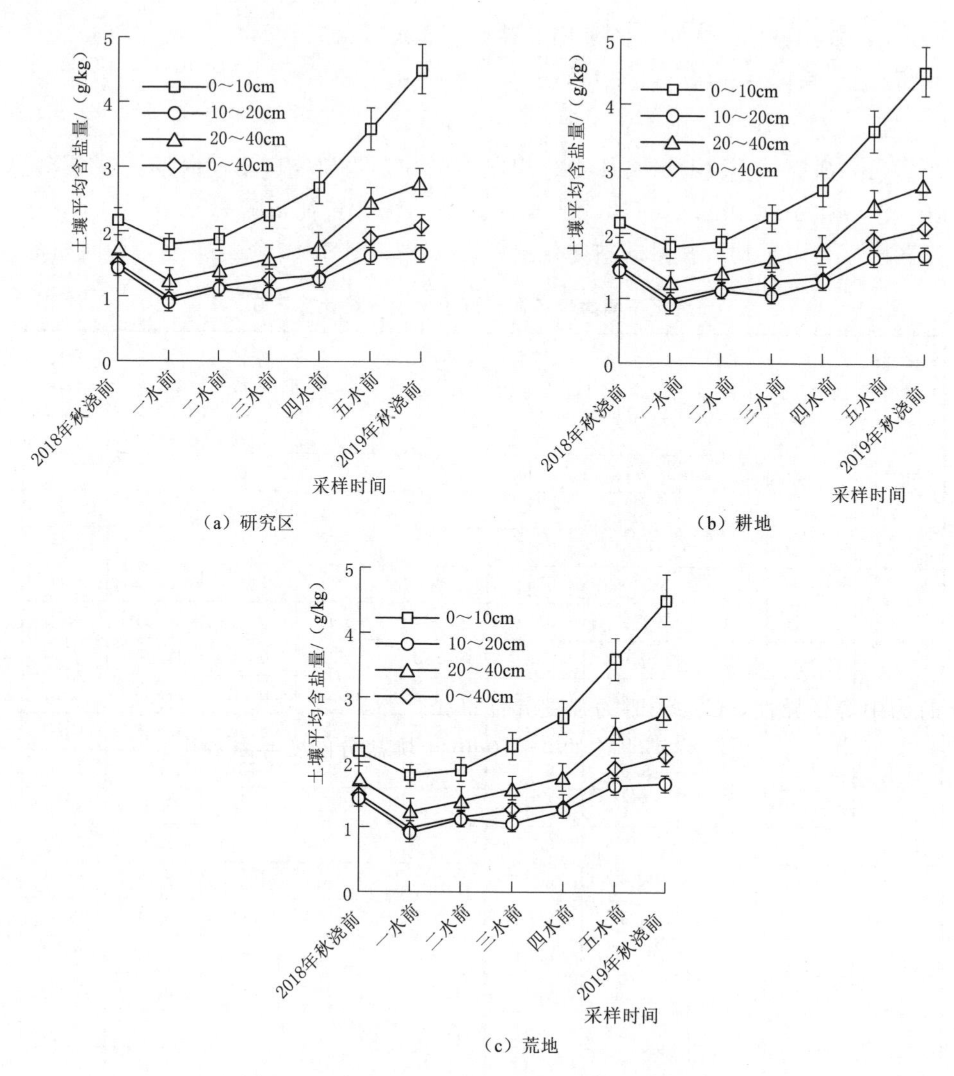


（a）研究区

（b）耕地

（c）荒地

图 3.16 各土层土壤平均含盐量随时间的变化

土层平均含盐量在 0.888～4.523g/kg 之间，最大的是 2019 年秋浇前的 0～10cm 土层，属于强盐碱土，最小的是一水前 20～40cm 土层，属于非盐碱土；其他时间各土层盐分介于 1～4g/kg 之间，属于轻、中度盐碱土。从 2018 年秋浇前到 2019 年秋浇前，各土层的盐分均表现为先减小再增大的趋势，一水前盐分含量最小，说明秋浇压盐效果明显，之后夏灌造成地下水水位抬升、蒸发蒸腾作用增强，耕层土壤逐渐积盐；0～10cm 土层的土壤盐分增加最为明显，从一水前的 1.804g/kg 增大到秋浇前 4.523g/kg，10～20cm 土层和 20～40cm 土层的土壤盐分变化较平缓，变化趋势也基本上一致。从垂直方向上来看，各时期 10～20cm 与 20～40cm 土层的含盐量较接近，而 0～10cm 土层含盐量约为 10～20cm 和 20～40cm 土层含盐量的 2 倍，表现为明显的表聚现象。此外，2018 年秋浇前盐分含量明显低于 2019 年同期，甚至低于 2019 年三水前，周年内土壤耕作层处于积盐状态，主要原因是 2018 年秋浇前有两次较大的降雨（9 月 1 日 58.8mm，9 月 13 日 18.6mm），盐分由于降雨淋洗而减少，特别是荒地盐分明显偏低；还可能因为 2019 年降雨量较少，荒地积盐比较严重。

（2）耕地和荒地土壤盐分变化的比较。图 3.16（b）和图 3.16（c）是研究区耕地、荒地各土层含盐量动态变化图。各时期荒地盐分都显著（$P<0.05$）高于同时期耕地。由于上一年秋浇淋洗，耕地土壤含盐量在一水前最小，之后缓慢增大，且在 2018 年秋浇前到四水前，10～20cm 和 20～40cm 两个土层同期土壤盐分含量很接近，四水之后盐分上移，20～40cm 盐分明显小于 10～20cm；除 0～10cm 土层在一水前增加外，荒地各土层含盐量从 2018 年秋浇前到三水前变化很小，甚至 10～20cm 和 20～40cm 土层含盐量有下降趋势，之后迅速增加；无论是荒地还是耕地，从下至上各土层积盐速度是逐渐增大的，且荒地积盐速度均明显大于耕地。

（3）土壤盐分变异特征。一般认为，$C_v \leqslant 0.1$ 时为弱变异性，$0.1<C_v<1$ 时为中等变异性，$C_v \geqslant 1$ 时为强变异性（张仁铎，2005）。由表 3.8 可以看出，除了二水前，其余各次灌水前的 0～10cm 土壤盐分的变异系数均大于 1，属于强变异性，而 10～20cm 和 20～40cm 土层盐分的变异系数都介于 0.1～1 之间，属于中等变异性。此外，除了个别时间段 0～10cm 土层耕地变异系数大于荒地外，大部分时段各土层荒地的土壤变异系数都大于耕地（数据未列出），主要因为翻耕、灌溉、排水等人为因素使耕地的理化性质空间上变得更为均匀，而荒地人为影响较小，土质等结构性因素影响更为突出，加上受周围耕地排盐的影响，其与耕地的远近也会使土壤含盐量分布更不均匀。这与张寿雨等（2018）的结论相似，他们通过对克拉玛依农业开发区不同开垦年限土壤盐分变化的研究，认为开垦种植使得研究区不同子区域之间的盐渍化差异有所减小。

此外，从表 3.8 可以看出，土壤盐分的偏度系数和峰度系数都出现了偏离，经过单样本 K－S 正态检验，各次灌水前各土层的土壤含盐量均不符合正态分布。采用指示 Kriging 法进行空间结构分析和空间分布评价，可以有效地削弱有偏数据的影响。

2. 土壤盐分空间变异结构分析

土壤盐分的空间变异是由结构性因素（气候、地形、土壤母质、水文地质条件等）和随机性因素（灌溉制度、种植结构、耕作措施等）共同引起的，了解其空间变异结构对于分析盐碱化形成机理具有重要意义。表 3.9 是研究区各次灌水前0～40cm土层的变异函数理论模型及拟合参数，其中，$C_0$表示块金值；$C_0+C$表示基台值；$a$表示变程；$C_0/(C+C_0)$表示块基比（块金值/基台值，也称为块金系数），其代表空间变异程度。从表3.9可以看出，各时期土壤盐分的变异函数均可用球状模型拟合，变程在1104～1994m之间，各时期均属于中等空间自相关性（李宝富等，2011），说明耕层土壤的空间相关性是结构性因素和随机因素共同作用的结果。块金系数在一水前到五水前变化很小，说明灌溉、施肥和中耕等农业措施对土壤盐分空间变异性的影响没有达到破坏原有空间格局的程度；相较于其他时期，两次秋浇前的块金系数都比较小、变程较大（变程可一定程度上反应变量空间自相关性的大小），说明秋浇前土壤含盐量的空间结构性更好一些，这可能是由于五水到秋浇前灌水间隔时间较长，人类活动干扰较小，结构性因素的影响增加，而其他时期灌溉、排水、冻融过程等都一定程度上降低了盐分的空间自相关性。

对比研究区各时期土壤盐分变异函数模型（表3.9）发现，除秋浇前外，一水前到五水前土壤盐分的变异函数模型非常相似，即土壤盐分在这段时间（夏灌期）内空间结构变化不大，这一结论对盐分采样点的优化布置非常有利。

**表3.9 土壤盐分(0～40cm)变异函数模型及参数**

| 采样时间 | 理论模型 | 块金值($C_0$) | 基台值($C_0+C$) | 块金值/基台值[$C_0/(C_0+C)$] | 变程($a$)/m |
|---|---|---|---|---|---|
| 2018年秋浇前 | 球状模型 | 0.154 | 0.240 | 0.64 | 1994 |
| 一水前 | 球状模型 | 0.184 | 0.245 | 0.75 | 1104 |
| 二水前 | 球状模型 | 0.182 | 0.244 | 0.74 | 1206 |
| 三水前 | 球状模型 | 0.181 | 0.249 | 0.72 | 1213 |
| 四水前 | 球状模型 | 0.175 | 0.238 | 0.73 | 1321 |
| 五水前 | 球状模型 | 0.168 | 0.225 | 0.75 | 1972 |
| 2019年秋浇前 | 球状模型 | 0.128 | 0.197 | 0.65 | 1963 |

3. 土壤盐碱化风险分析

生产实践中，相对于某一点含盐量的大小，人们通常更关心该点发生盐碱化的风险大小。为揭示研究区土壤盐分时空分布特征，了解其不同区域发生盐碱化的风险大小或风险分布，本书运用GS+9.0计算了指示变异函数模型，并借助ArcGIS 10.0绘制了土壤盐分大于某一阈值的概率分布图。

（1）阈值的确定。运用指示Kriging法绘制概率分布图，首要任务是选择阈值。童文杰（2014）认为，河套灌区作物苗期0～40cm土层适宜土壤盐分含量为0.7g/kg以下，结合河套灌区土壤盐碱化等级标准和研究区特点，确定作物生长初期阈值为1.0g/kg，即认为土壤含盐量大于该阈值时为盐碱化土壤，否则为非盐碱化土壤。指示 Kriging 分析中，当某点土壤含盐量大于该阈值时，指示值为 1，否则为 0。另外，为了将各时期土壤盐分空间分布格局进行比较，虽然作物生长中后期耐盐能力增加，阈值仍然采用 1.0g/kg。

（2）各时期土壤盐碱化风险分布。图 3.17 为各时期研究区土壤含盐量大于阈值的概率分布图，其某点的数值表示该点土壤含盐量大于阈值的概率，即发生盐碱化的风险大小。图中颜色越深说明发生盐碱化的风险越大，反之越小。当发生盐碱化的概率大于 0.5 时，认为其处于盐碱化高风险区，反之为低风险区。从时间上来看，2019 年一水前土壤盐碱化的高风险区面积比 2018 年秋浇前明显缩小，可见秋浇洗盐效果明显，尽管春季返盐强烈，耕层土壤盐碱化风险仍然小于秋浇前；2019 年各时期土壤盐碱化高风险区面积占比分别为 26%、60%、59%、76%、90%、89%，即盐碱化高风险区面积随时间逐步增大，一水前到二水前、三水前到五水前高风险区面积增速较快，原因是研究区在研究时段内，地下水矿化度变化不大（表 3.8），土壤盐分随时间的变化主要受地下水位埋深和蒸发蒸腾量的影响；一水前到三水前，随着地下水位上升、气温与地温开始逐渐升高，蒸发作用强烈，土壤开始返盐，土壤盐碱化的高风险区面积逐渐增大，但因冻土层尚未完全融通，上层土壤返盐主要受下层土壤水分向上迁移的影响，地下水的影响有限，故而二水前迅速返盐，之后返盐面积的增速减慢；第 3 次灌水之后，冻土层完全融通，且随着大量灌溉，地下水位维持较高水平，加之各种作物逐渐进入生长旺盛期，蒸腾作用强烈，导致地下水和深层土壤中的盐分随水分迅速迁移到上层土壤，三水前到五水前土壤盐碱化高风险区面积显著扩大，逐渐连片；五水前到秋浇前，地下水位埋深较大，蒸发作用较弱，随着作物的成熟，蒸腾作用很小，故而返盐较弱，盐碱化高风险区面积基本稳定，但平均含盐量有一定增加（表 3.8）。从空间上来看，2018 年秋浇前、一水前、二水前高风险区主要集中在研究区的中部、中南部和西北部，低风险区主要集中在东南部、西南部、东北边缘；四水前、五

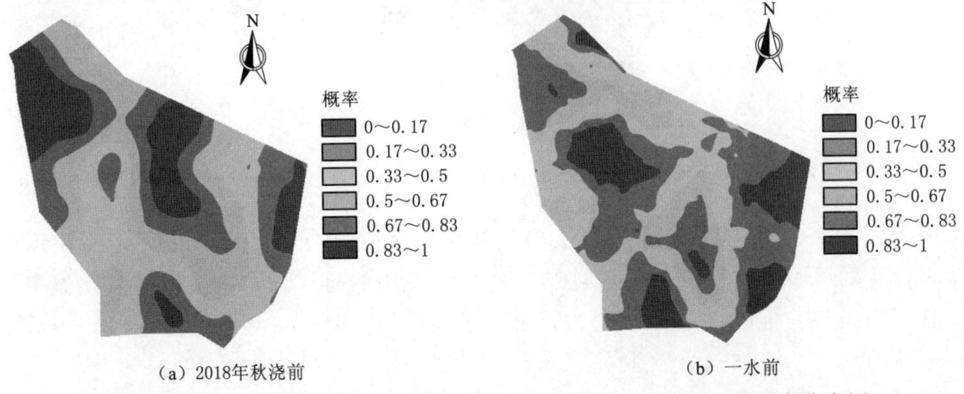


图 3.17（一） 各时期 0～40cm 土层土壤含盐量大于 1.0g/kg 的概率分布图

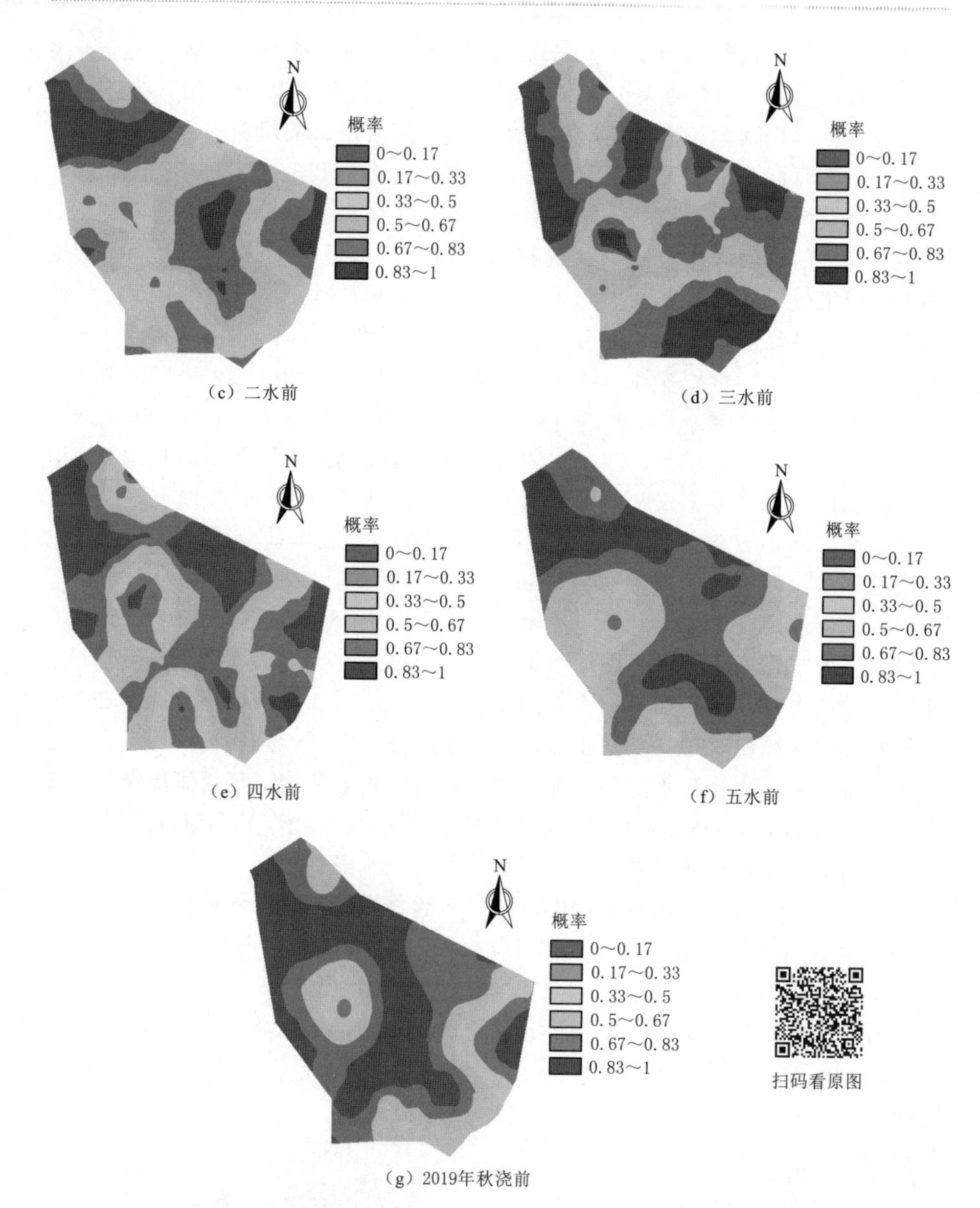


图 3.17（二） 各时期 0～40cm 土层土壤含盐量大于 1.0g/kg 的概率分布图

水前和 2019 年秋浇前与前几次土壤盐碱化高风险区分布格局类似，但面积增大，有的原本零星分布的区域连结成片。要说明的是，三水前土壤盐碱化概率分布格局与其他时期差异较大，原因是采样期间有降雨，导致部分区域（雨后采样的点位）上的盐分发生了重分布。

（3）盐碱化防治分区。虽然各时期盐碱化高风险区面积大小不同，但分布格局却相对固定，各时期土壤发生盐碱化的高、低风险区位置相似。综合各时期土壤盐碱化概率分布图，可以将研究区分为6个分区（图3.18），其中Ⅰ、Ⅱ、Ⅲ区为盐碱化高风险区，Ⅳ、Ⅴ、Ⅵ为低风险区。盐碱化风险分区对盐碱化防治有一定参考作用，如根据分区可以调整作物种植结构，盐碱化高风险区种植较耐盐的作物，低风险区种植低耐盐的作物，也可据此确定治理的优先次序，比如优先完善高概率区的排水系统等。

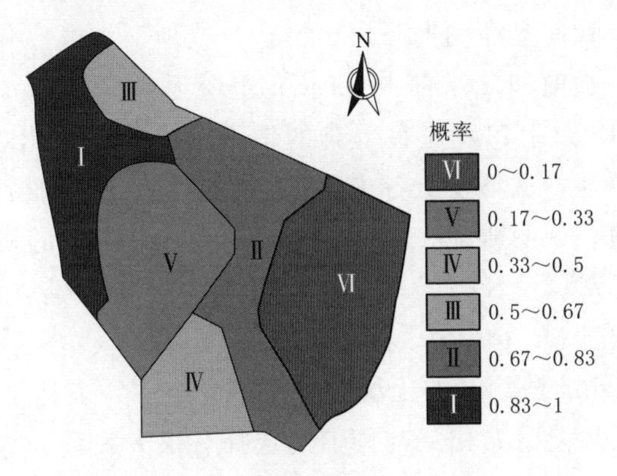


图3.18 0～40cm土层土壤含盐量分区图

#### 3.2.3.3 讨论

上述研究结果表明，各时期土壤盐分表聚现象明显，原因是研究区处于干旱半干旱地区，受内蒙古高压的影响，雨量少、蒸发强烈，深层土壤以及地下水中的可溶性盐分受包气带毛细水上升作用积聚于表层土壤（0～10cm）中，这点与窦旭等（2019）的研究成果一致。但研究区耕地各层土壤均表现出从一水前到同年秋浇前含盐量逐渐增加的趋势，这与通常认为的河套灌区土壤盐分呈现的“春返、夏脱、秋积、冬藏”的规律（邹超煜等，2015）有所不同，即出现了夏灌期间积盐。在6月之前，土层未能完全融通，主要由于冻土层以上消融水分向上迁移造成上层土壤积盐，受地下水影响较小，积盐较缓慢。但在6月（第三次灌水）以后，尽管灌水量增大、降雨增多，地表40cm范围内各层土壤盐分没有随着灌水次数的增加变小，反而均匀增加，原因可能是，随着灌区引水量的减少、节水灌溉制度的实施，灌水定额减小，使得每次灌水后盐分淋洗不充分，部分暂时下移的盐分在下次灌水之前又重新随水分迁移至上层土壤，加之受这一时期内高地下水位的影响，土壤耕层积盐速度较快，耕层土壤盐分积累严重，这与田富强等（2018）认为的缺乏洗盐水量导致耕层土壤盐碱化加重的观点一致。自从河套灌区节水改造大规模实施（2011—2016年）以后，整个河套灌区每年的引黄水量从52亿$m^3$减小到40亿$m^3$（张倩等，2018），灌水定额较之前有较大幅度减小，原来夏灌期间的土壤短暂脱盐可能不复存在，取而代之的是年内土壤持续积盐，地下水位也有下降趋势。基于此，认为在新的形势下灌溉洗盐更为重要，与之相适应的洗盐定额和洗盐时间（如秋浇压盐）更是有待进一步分析确定。

研究区荒地盐分变化与耕地不同，除0～10cm土层一水前增加外，荒地各层土壤含盐量从2018年秋浇前到三水前变化很小，10～20cm和20～40cm土层盐分甚至有减小的趋势，之后才迅速增加，这可能是因为荒地冻土层消融速度滞后于耕地，致使夏灌初期下层土壤盐分或地下水位抬升对上层土壤的影响滞后于耕地，一水前和二水前0～10cm土层返盐主要由10～40cm土层补充，直到三水前（6月上旬）才在上升的地下水位影响下出现较大幅度增加。无论是荒地还是耕地，从下至上各土层积盐速度是逐渐增加的，且荒地积盐速度均明显大于耕地，说明耕地在向荒地排盐，荒地有一定的积盐能力，这与霍星等（2012）、韦芳良等（2015）的观点一致。这也充分肯定了研究区荒地旱排盐的能力和重要性。

基于指示Kriging法绘制的土壤盐分概率分布图，表达了土壤盐碱化风险的空间分布，但其风险分布格局与阈值的选择有很大关系。本书主要从作物苗期最适宜的土壤含盐量角度考虑，阈值选择为1.0g/kg，对于作物生长中后期来说，这个阈值显然偏小。实际上，对于绘制土壤盐碱化风险分布图来说，阈值的大小不仅与研究区作物种类、生育阶段有关，而且与研究区的气候特征、地下水含盐量及其成分等有关（刘全明等，2009），同时也与研究的目的和要求等有关，所以阈值需谨慎确定，才能发挥其功用。另外，对于较大尺度来说，比如灌区或灌域等尺度，由于不同区域土壤盐碱化主要控制因子不同，在划分盐碱化防治分区时，除依据土壤盐碱化风险分布图，还需要考虑各区域的主控因子，以便更好地为分区防治措施的制定提供支撑。

### 3.2.4 土壤盐碱化时空变异综合评价指标构建与评价

区域土壤盐分空间分布受众多因素影响，了解其空间分布通常需要大量采样和实验室分析，或通过遥感等手段反演，前者要消耗大量人力、物力，后者也需要一定数量的采样分析（刘全明等，2016；苏涛，2013）。为此，本节拟以影响土壤盐分空间分布的环境因素，即地下水位埋深、矿化度、土壤质地、地面高程、距沟道的最短距离、距荒地最短距离等为背景值，构建土壤盐碱化时空变异综合评价指标，以期通过环境因素间接表示土壤盐分时空分布。

#### 3.2.4.1 土壤盐碱化综合指标的构建

1. 土壤盐分对单因素的响应模型

每个因素对土壤盐分影响的大小与该因素本身的取值有很大关系。这里采用如下隶属度函数表达单个因素对土壤耕层盐碱化强度的影响：

$$f_i=\begin{cases}\dfrac{1}{1+\left(\dfrac{a_i}{V_i}\right)^{b_i}} & [R(S,V_i)>0]\\[2ex] \dfrac{1}{1+\left(\dfrac{a_i}{V_i}\right)^{-b_i}} & [R(S,V_i)\leqslant 0]\end{cases} \tag{3.1}$$

式中：$f_i$ 为第 $i$ 个因子对耕层土壤盐碱化强度的影响大小，简称因子“主效应”，它的取值介于0～1之间，$f_i$ 越大表示影响越大，第 $i$ 个因子的主效应越大；$V_i$ 为第 $i$ 个影响因子；$S$ 为土壤盐分含量；$R(S,\ V_i)$ 为土壤盐分与影响因素之间的皮尔逊相关系数，其为负值时，表示该因素与土壤盐分之间呈负相关，此时式（3.1）定义的隶属度函数递减，其为正值时，表示该因素与土壤盐分正相关，隶属度函数递增；$a_i(>0)$ 和 $b_i(>0)$ 为未知参数，决定第 $i$ 个因子对土壤盐分的影响大小和土壤盐分对其敏感程度。

式（3.1）定义了一条 $S$ 曲线，它表示因子 $V_i$ 对土壤盐分的效应 $f_i$ 随着 $V_i$ 取值增大而单调递减（$V_i$ 与土壤含盐量之间呈负相关关系）或递增（$V_i$ 与土壤含盐量之间呈正相关关系），且递增或递减的速度会随着 $V_i$ 的大小而变化；当 $a_i$ 和 $b_i$ 一定时，根据实际测定的 $V_i$ 取值范围，$f_i(V_i,\ a_i,\ b_i)$ 可能是 $S$ 曲线的一半或一部分。

2. 两因素交互效应

各因素对土壤盐分分布的影响并不是相互独立的，某一因素的效应可能与其他因素的水平有关，即存在交互作用，如地下水矿化度对盐分的影响，可能受地下水位的影响，地下水位埋深的影响可能受土质的影响。这里采用两两变量主效应的乘积 $f_if_j$ 表达变量之间的交互效应。这里只考虑两因素交互效应，不考虑多因素的高阶交互作用。

3. 土壤盐分对多因素变异的综合响应模型

土壤盐分空间分布格局是各因子共同作用的结果。这里采用下式表达各因素对土壤盐碱化空间分布的综合作用：

$$I=\sum_{i=1}^{m}f_i+\sum_{j=1}^{k}F_j=\sum_{i=1}^{m}f_i+\sum_{\substack{i=1\\i\neq j}}^{m}\sum_{\substack{j=1\\j\neq i}}^{m}f_if_j \tag{3.2}$$

式中：$I$ 为综合反映所研究的各因素以及它们的交互作用对土壤盐碱化空间变异的综合影响指标，简称综合指标，该指标越大表明各因素对土壤盐碱化的影响越大，发生土壤盐碱化的可能性越大；$F_j$ 为两因素的交互效应；$m$ 为所研究因素或主效应的个数；$k$ 为两两交互作用或交互效应的个数；其他符号意义同前。

4. 响应模型中各参数的确定

为了表达各因素对土壤耕层盐分的综合影响，式（3.1）和式（3.2）中的

未知参数 $a_i$、$b_i(i=1, 2, 3, \cdots, m)$ 通过综合指标 $I$ 与土壤耕层盐分 $S$ 的相关分析进行确定，即当两者的皮尔逊相关系数取最优值时，所对应的 $a_i$、$b_i$ 即为所求。所谓最优值是指满足以下两个条件：①综合指标 $I$ 与土壤盐分 $S$ 组成的点对较均匀地分布在趋势线两侧，避免大量点聚集于一端、个别点出现在另一端的“假相关”；②各时期综合指标 $I$ 与同期土壤盐分 $S$ 的相关系数（PCCSI）均接近最大值，此时各因素的主效应 $f$ 与同时期土壤盐分 $S$ 的相关系数也接近最大。

为了合理确定这些参数，选取2018年五水后、秋浇前和2019年一水前、二水前、三水前、四水前6个时期的数据建立综合指标模型，并用2019年五水前、五水后与秋浇前3个时期进行检验。用于建模的6个时期和用于检验的3个时期，综合指标的PCCSI均取满足最优值要求，即为合理。此过程通过MATLAB 7.11.0平台编写程序完成。

5. 模型中非因素的识别和有效因素及交互效应贡献率的确定

式（3.2）表示的综合指标可反映各因素对耕层土壤盐分的综合作用，但包含于模型中的因素并非均对盐分分布产生显著影响，有的无影响，有的甚至可能产生“负效应”，此处将这些因素称为“非因素”。非因素留在模型中会影响综合指标与土壤盐分关系的稳定性，在个别时期它的存在还会干扰其他因素的效应发挥，进而影响综合指标的表达能力（即产生“负效应”，无“正效应”）。因此，必须加以识别并剔除。本书采用“剩余平方和法”识别非因素，具体如下：

（1）为了消除因素间线性相关的影响，先剔除作用不明显的交互效应，方法为计算每一因素主效应及交互效应与同期土壤盐分的皮尔逊相关系数，若某交互效应的相关系数小于对应的两个主效的相关系数，则剔除该交互效应。

（2）在剔除部分交互效应后，用各因素主效应（$m$ 个）和剩下的交互效应（$k$ 个，且 $n$ 为主效和交互效应的总个数，即 $n=m+k$）计算综合指标 $I$，并确定 $I$ 与相应时期耕层土壤盐分 $S$ 的直线回归方程，计算该回归方程的剩余平方和RSS（residual sum of squares）：

$$\left.\begin{aligned} \mathrm{RSS} &= \sum_{i=1}^{q} (S_i - \hat{S}_i)^2 \\ \hat{S}_i &= \alpha + \beta I_i \end{aligned}\right\} \tag{3.3}$$

式中：RSS为剩余平方和，代表土壤盐分空间变异中不能被综合指标解释的部分；$S_i$ 为 $i$ 点处实测的土壤含盐量；$\hat{S}_i$ 为 $i$ 点处由综合指标估计的土壤含盐量；$\alpha$ 和 $\beta$ 分别为截距和回归系数；$q$ 为参与回归分析的采样点数量。

（3）去除 $x_j$（$x_j$ 表示某因素或某交互作用），用剩下的因素和交互作用（共 $n-1$ 个）重新计算综合指标 $I'$，并对综合指标 $I'$ 与相应时期耕层土壤

盐分 $S$ 进行线性回归分析，再计算剩余平方和，此剩余平方和用 $RSS_j$ [计算方法同式 (3.3)] 表示。

(4) 重复上一步骤，直至计算出所有因素和交互作用对应的 $RSS_j$ ($j=1,2,3,\cdots,n,n=m+k$)。

(5) 定义 $P_j=RSS_j-RSS$，当 $P_j>0$ 时，表明去除 $x_j$ 会使得综合指标和耕层土壤盐分的线性回归关系减弱，即 $x_j$ 对改善综合指标与土壤盐分含量的关系具有正效应，或者说 $x_j$ 对土壤盐分空间变异有影响，且 $P_j$ 越大影响越大，$x_j$ 越重要；当 $P_j\leqslant 0$ 时，表明 $x_j$ 对土壤盐分空间变异无影响，甚至会干扰回归方程的稳定性，可确定为“非因素”。

(6) 计算各有效因素或交互效应 ($P_j>0$) 对土壤盐分空间变异的贡献率 $C_j$：

$$C_j=\frac{P_j}{\sum P_j} \quad (P_j>0) \tag{3.4}$$

因 RSS 表示的是由所研究的全部因素和交互效应形成的综合指标与土壤盐分回归模型的剩余平方和，$RSS_i$ 则是去除 $x_j$ 后，剩余因素和交互作用形成的综合指标与盐分回归模型剩余平方和，所以 $P_j$ 表示的是去除 $x_j$ 后，剩余平方和的增加值，剩余平方和的增加值即是回归平方和的减小值，它体现的是 $x_j$ 通过综合指标对土壤盐分的回归贡献。因此，$C_j$ 可表示有效因素或有效交互作用 $x_j$ 的变异对土壤盐分空间变异的贡献率，其值越大，$x_j$ 的贡献越大，则该因素越重要。

#### 3.2.4.2 土壤盐分与各影响因素之间的相关关系

表 3.10 是不同灌水阶段土壤含盐量与各影响因素之间的相关关系。由表 3.10 可以看出，土壤盐分和各因素均有一定程度的线性相关关系，有 6 个时期的距荒地最短距离、粉粒含量、砂粒含量与土壤含盐量呈显著或极显著线性相关，有 5 个时期的地面高程、3 个时期的黏粒含量与含盐量达到显著相关，而距沟最短距离、地下水位埋深和地下水矿化度都只有 1 个时期与含盐量达到显著相关。可见，就线性关系而言，且不考虑交互作用和变量间的相关关系时，土壤耕层盐分的分布受距荒地的距离、土质、地面高程的影响最大（实际上，本例的距沟最短距离、距荒地最短距离等与土壤盐分之间的指数关系更明显）。因粉粒和砂粒含量均有 6 个时期与土壤盐分呈显著或极显著的线性相关关系，且此二者相关系数几乎等于 1（研究区为砂壤土，黏粒含量较小，为 0.45%～4.8%），因此为减少研究变量的数量，这里选用砂粒含量来表征土质。通过分析距荒地最短距离、距沟最短距离、砂粒含量、地下水位埋深、地下水矿化度、地面高程 6 个变量与土壤耕层盐分的关系，揭示它们对耕层土壤盐分时间和空间分布的影响大小。

表 3.10 不同灌水阶段土壤含盐量与各影响因素的皮尔逊相关系数

| 采样时间 | | 地下水位埋深/m | 地下水矿化度/(g/L) | 黏粒含量/% | 砂粒含量/% | 粉粒含量/% | 地面高程/m | 距沟最短距离/m | 距荒地最短距离/m |
|---|---|---|---|---|---|---|---|---|---|
| 2018年 | 五水后 | −0.056 | 0.247 | 0.195 | −0.281 | 0.284 | −0.402* | −0.321 | −0.355* |
| | 秋浇前 | −0.252 | 0.356* | 0.301 | −0.315 | 0.317 | −0.518** | −0.095 | −0.398* |
| 2019年 | 一水前 | −0.064 | 0.019 | 0.183 | −0.323 | 0.331 | −0.337 | −0.303 | −0.261 |
| | 二水前 | −0.343* | 0.008 | 0.348* | −0.449** | 0.455** | −0.424** | −0.276 | −0.360* |
| | 三水前 | −0.043 | 0.014 | 0.304 | −0.437** | 0.446** | −0.385* | −0.268 | −0.284 |
| | 四水前 | −0.224 | 0.05 | 0.366* | −0.470** | 0.475** | −0.22 | −0.214 | −0.309 |
| | 五水前 | −0.211 | 0.056 | 0.213 | −0.32* | 0.315* | −0.297* | −0.245 | −0.416** |
| | 五水后 | −0.193 | 0.033 | 0.368* | −0.498** | 0.495** | −0.258 | −0.202 | −0.399** |
| | 秋浇前 | −0.213 | 0.149 | 0.241 | −0.355* | 0.363* | −0.192 | −0.293* | −0.533** |

注 * 指在 0.05 水平（双侧）上显著相关；** 指在 0.01 水平（双侧）上显著相关。

#### 3.2.4.3 综合指标模型的检验

利用2018年五水后、秋浇前、一水前、二水前、三水前、四水前6个时期的数据构建模型，2019年五水前、五水后与秋浇前3个时期的数据验证。通过大量试算，并结合合理性分析，确定的土壤盐分对多因素的综合响应模型参数，见表3.11。各时期综合指标形成前，均先剔除特异值（即剔除显著不同于一般值的数据）。表3.12中的皮尔逊相关系数即是由剔除特异值后计算的综合指标与耕层盐分相关分析得到的，其中，主效综合指标（简称MEI）是由各因子主效应之和构成，总效综合指标（简称TEI）是由各因子主效应和交互效应之和构成。去除非因素的主效综合指标（简称RMEI）和去除非因素的总效综合指标（简称RTEI）分别是通过偏回归平方和剔除非因素后的主效和总效综合指标与耕层土壤盐分的相关系数。经试算，当不同因素的 $a$ 和 $b$ 两个参数在合理范围（使得综合指标与土壤盐分的相关系数达到显著水平以上）内取值时，2019年五水前、五水后与秋浇前3个时期主效综合指标的PCCSI取值范围分别为[0.55，0.73]、[0.46，0.66]、[0.56，0.71]，可见，表3.12中的PCCSI都接近最大值，模型是合理的。各时期MEI、TEI、RMEI和RTEI 4个指标中，RTEI与土壤盐分相关性最好（PCCSI最大），所以，后文将RTEI作为土壤盐碱化综合指标进行分析。

表 3.11 各因素对应的响应模型参数

| 参数 | 埋深 | 砂粒 | 矿化度 | 高程 | 距沟道最短距离 | 距荒地最短距离 |
|---|---|---|---|---|---|---|
| $b$ | 1.80 | 4 | 1.40 | 1300.00 | 1 | 2 |
| $a$ | 1.20 | 40 | 5.50 | 1039.00 | 60 | 60 |

表 3.12　　　　各时期各综合指标的 PCCSI

| 综合指标 | 2018 年 | | 2019 年 | | | | | | |
|---|---|---|---|---|---|---|---|---|---|
| | 五水后 | 秋浇前 | 一水前 | 二水前 | 三水前 | 四水前 | 五水前 | 五水后 | 秋浇前 |
| 主效综合指标（MEI） | 0.765 | 0.786 | 0.694 | 0.767 | 0.760 | 0.731 | 0.762 | 0.682 | 0.690 |
| 总效综合指标（TEI） | 0.779 | 0.805 | 0.701 | 0.793 | 0.793 | 0.776 | 0.748 | 0.762 | 0.797 |
| 去除非因素后主效综合指标（RMEI） | 0.781 | 0.801 | 0.629 | 0.738 | 0.750 | 0.734 | 0.757 | 0.711 | 0.799 |
| 去除非因素后总效综合指标（RTEI） | 0.788 | 0.832 | 0.739 | 0.813 | 0.829 | 0.804 | 0.769 | 0.742 | 0.808 |

#### 3.2.4.4　各时期 RTEI 与土壤盐分的关系分析

图 3.19 是去除非因素后总效综合指标与耕层土壤含盐量的关系图。由图可以看出，各时期耕层土壤含盐量与 RTEI 具有很好的相关性，决定系数均达

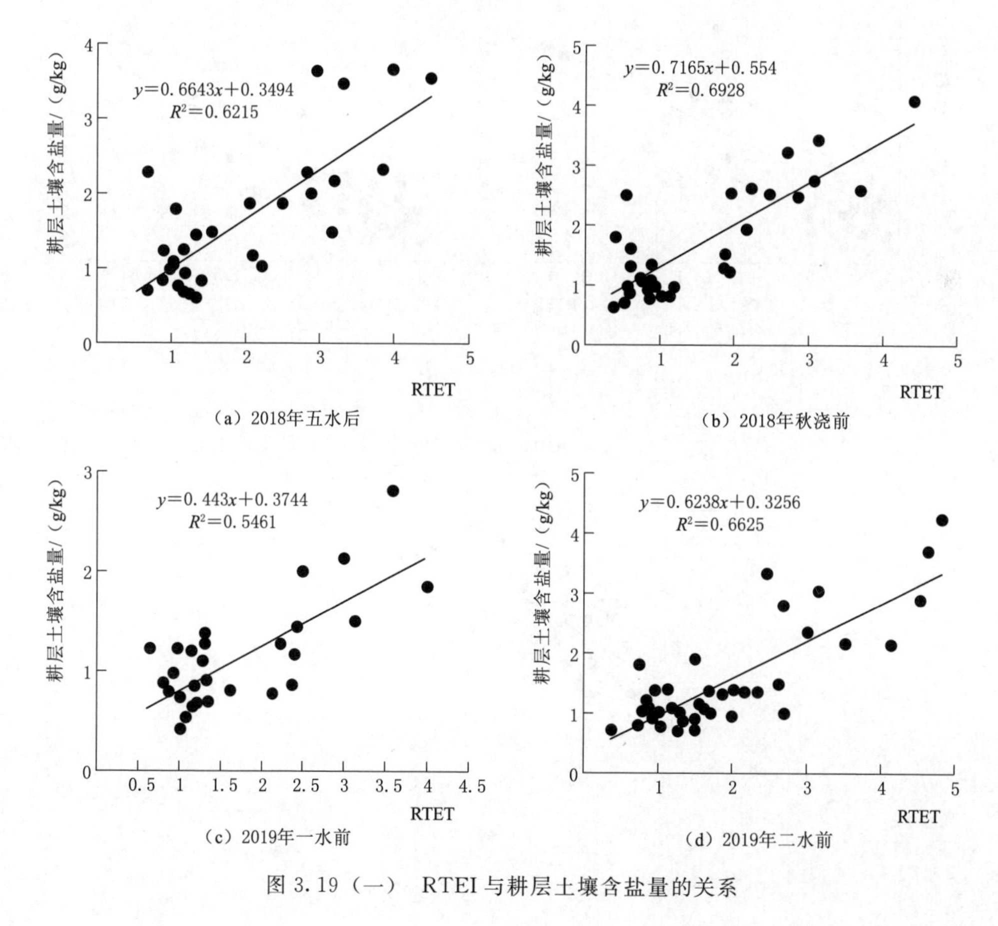


图 3.19（一）　RTEI 与耕层土壤含盐量的关系

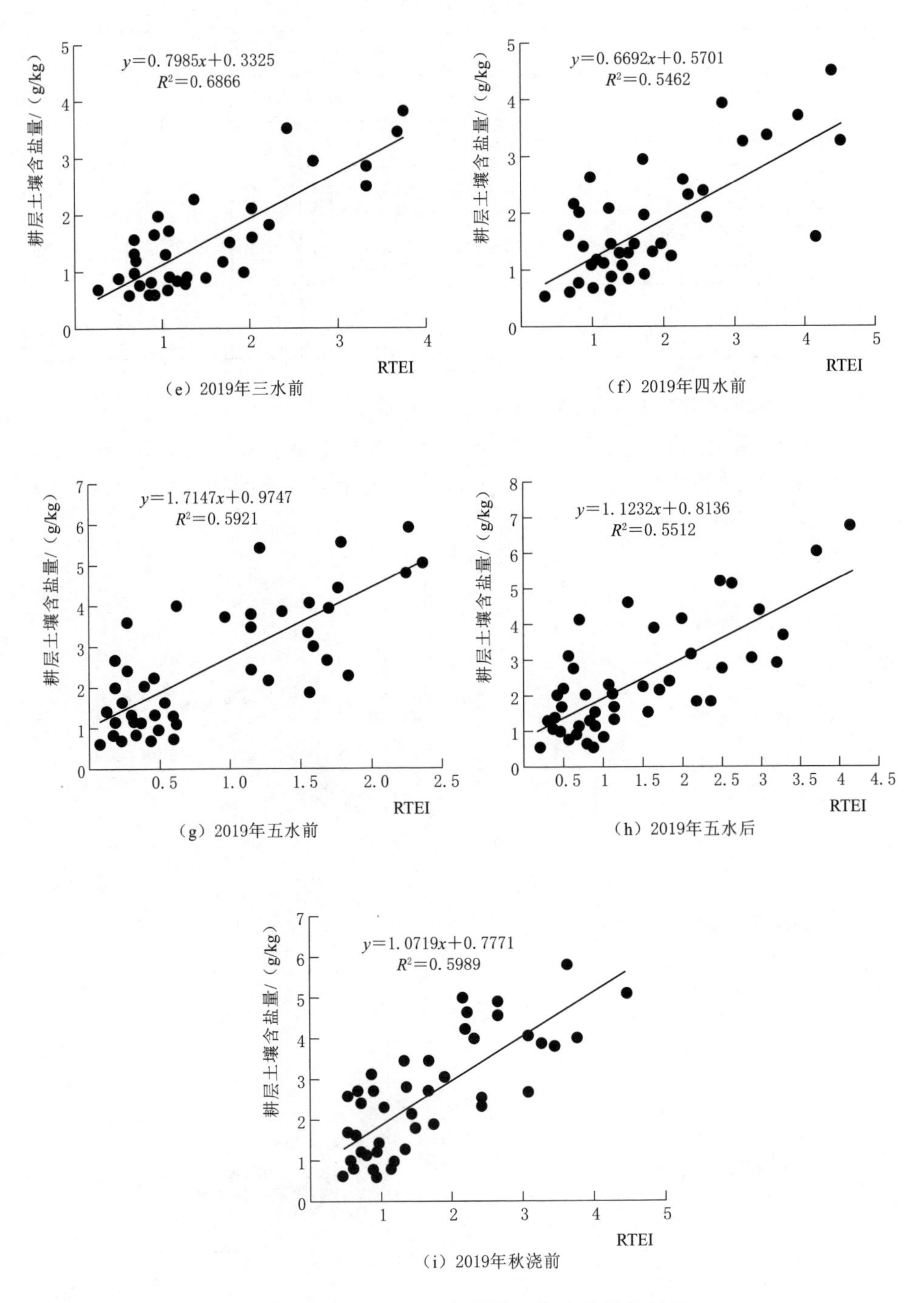


图 3.19（二） RTEI 与耕层土壤含盐量的关系

到0.46以上，即从相关分析角度，该综合指标可以解释土壤盐分空间变异的46%～69%；所有分图的左下角都有比较集中的点群，这说明盐分含量较低时，所研究变量对土壤盐分含量的影响不明显，随着盐分含量的增加，这些变量对其空间分布的影响才会表现出来，或者说盐分含量不高时，盐分分布对这些变量的空间变异不敏感。

图3.20是各时期RTEI的空间分布图与相应的土壤含盐量分布图（用指示Kriging法插值，阈值取为1g/L，即轻度盐碱土与非盐碱土的分界），图中颜色越深的地方代表RTEI的值越大或土壤含盐量越高，颜色越浅的地方代表RTEI的值越小或土壤含盐量越低。从图3.20可以看出，各时期土壤含盐量

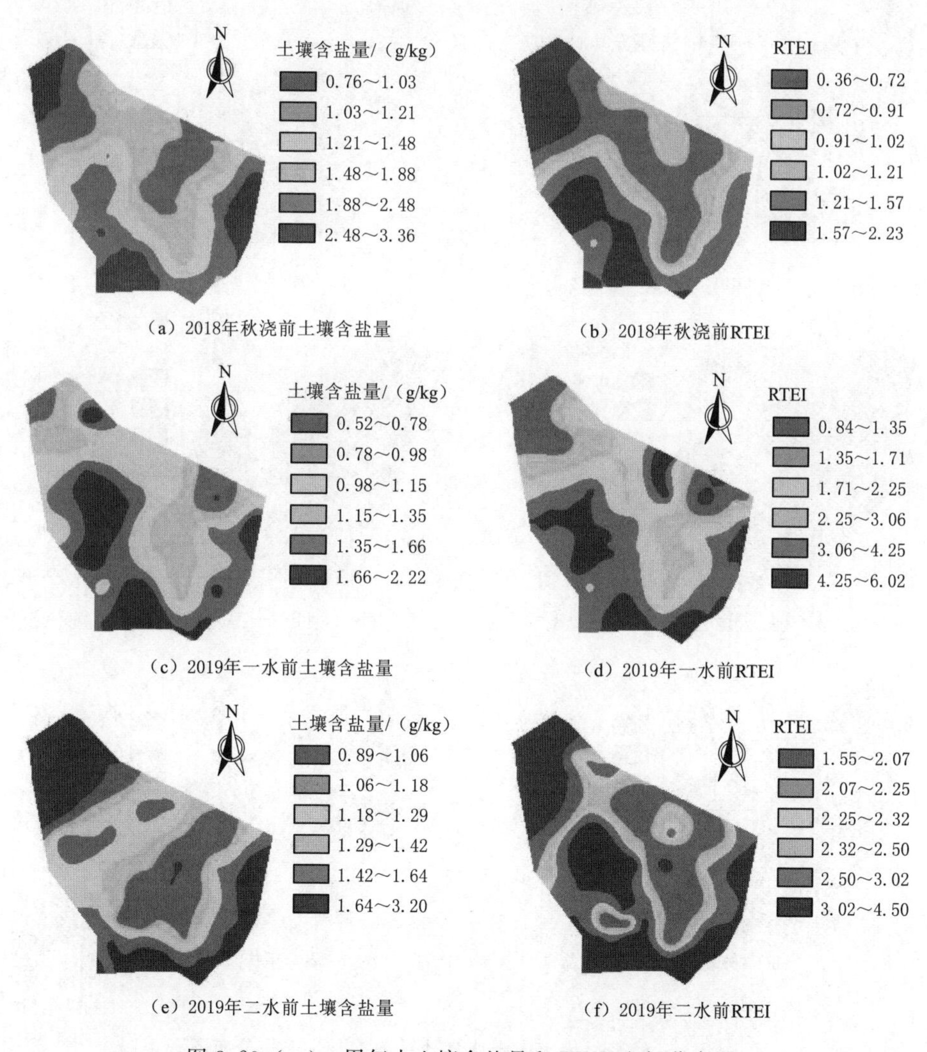


图3.20（一） 周年内土壤含盐量和RTEI空间分布图

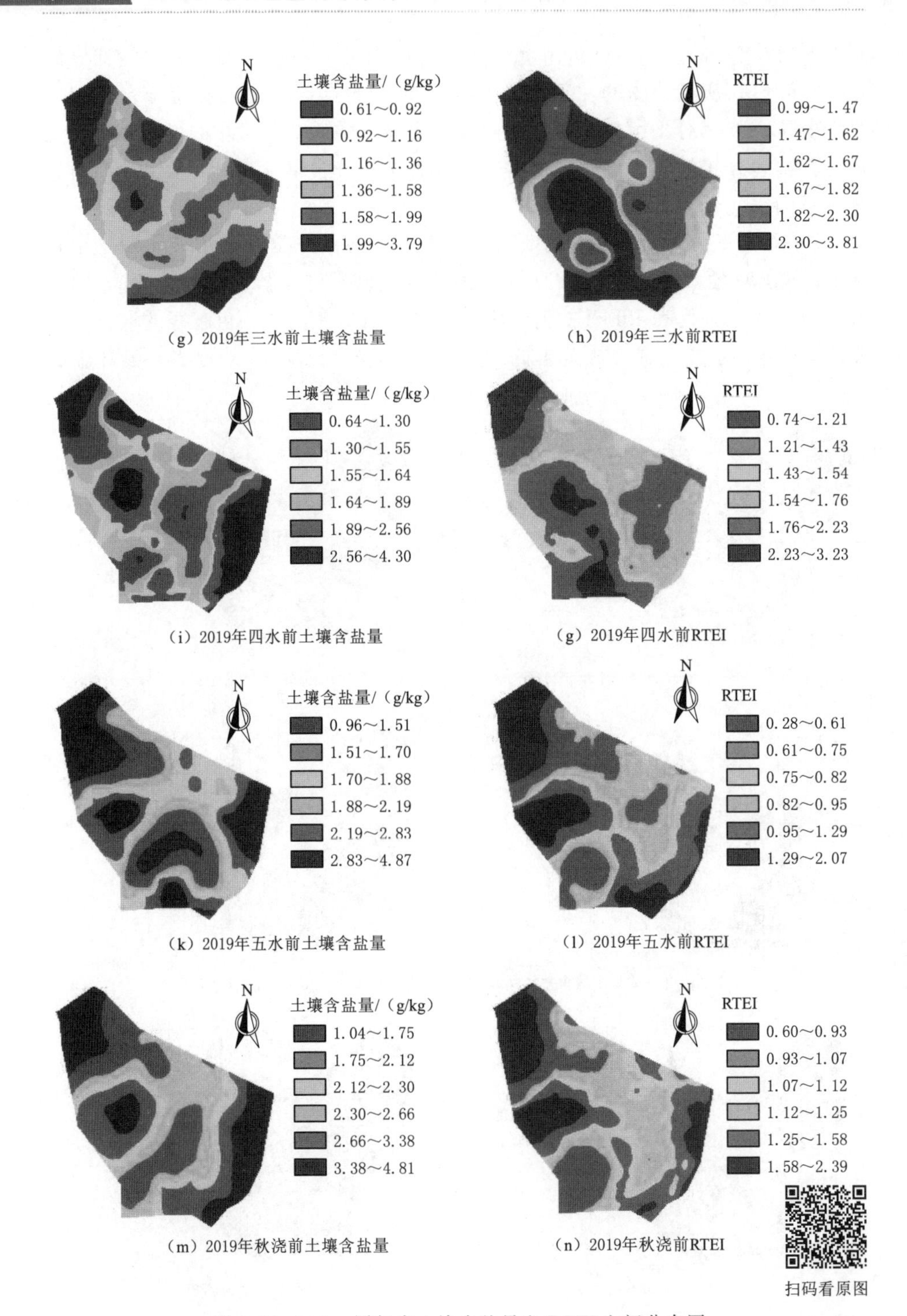


（g）2019年三水前土壤含盐量

（h）2019年三水前RTEI

（i）2019年四水前土壤含盐量

（g）2019年四水前RTEI

（k）2019年五水前土壤含盐量

（l）2019年五水前RTEI

（m）2019年秋浇前土壤含盐量

（n）2019年秋浇前RTEI

图3.20（二） 周年内土壤含盐量和RTEI空间分布图

分布图与RTEI空间分布图表现出较高的相似性，相似度达到64%～81%(表3.13)，这说明利用地下水位埋深、地下水矿化度、土壤质地、高程、距沟最短距离、距荒地最短距离等构建综合指标，可以有效地反映土壤盐分的空间分布。该综合指标所依赖的参数较少（每个变量2个），且一经率定，即保持相对稳定（本例2018年8月—2019年9月底期间各变量的参数 $a$ 和 $b$ 均维持不变），这表明在不进行盐分数据采集的情况下，就可以利用地下水位埋深、地下水矿化度、土壤质地、采样点高程、距沟最短距离、距荒地最短距离等初步掌握或预测土壤盐分空间分布情况，且有较高的精度。观测井周围的地面平均高程与其距沟最短距离、距荒地最短距离等均是较容易得到的变量，而地下水位埋深、地下水矿化度和土壤质地则是灌区管理单位经常观测的指标，因此，这里构建的综合指标为掌握土壤盐分空间分布规律提供了一个较经济、简便的方法。

**表3.13 周年内土壤含盐量空间分布图与RTEI空间分布图的相似度**

| 时期 | 2018年秋浇前 | 2019年一水前 | 2019年二水前 | 2019年三水前 | 2019年四水前 | 2019年五水前 | 2019年秋浇前 |
|---|---|---|---|---|---|---|---|
| 相似度/% | 81 | 64 | 76 | 67 | 62 | 69 | 72 |

## 3.3 区域尺度土壤盐碱化与地下水位埋深的关系

土壤盐碱化在任何气候条件下都可能发生，但世界上主要的盐碱化土壤大多分布在干旱或半干旱地区，而且这些区域通常地势低平，排水不畅，地下水位较高。在这种条件下，地下水排泄方式主要以垂向蒸发为主，含盐的浅埋地下水位的变化是造成盐分向土表集聚的主要因素。地下水作为盐分传输、累积和排泄的主要载体，土壤盐分受地下水位影响显著，当地下水位埋深小于临界深度时，地下水中的盐分会随上升毛管水不断迁移到作物根层和地表，这时地下水位埋深越浅发生土壤盐碱化的风险越高。因此，控制地下水位在合理的深度是防治土壤盐碱化发生的重要途径。

关于防治土壤盐碱化地下水临界埋深的确定，目前主要采用土壤毛管水上升高度法、野外调查统计法等，研究的重点是通过采样试验探讨土壤盐分与地下水位埋深的数量关系。这些成果实际反映的是某些特定观测点或典型小区（某土壤类型）防治土壤盐碱化的地下水临界深度，或地下水位埋深与土壤盐分的关系，却很难表达整个灌区（或区域）范围内地下水位埋深对土壤盐碱化程度的影响。为此，有人研究了地下水位埋深、土壤盐分等变量的空间分布规律和相互关系，如 Wang et al.（2008）运用地统计学、GIS和经典统计理论分析了北疆内陆河流域绿洲土壤含盐量空间分布规律，及其与地下水位埋深和土地利用的关系；姚荣江等（2007）运用指示 Kriging 法对黄河三角洲地区地下水位埋深与土壤盐分（所选阈值分别为 1.80m 和 6.0g/kg）进行空间分析，得出地下水位埋深与土壤盐分的概率空间分布存在相似性的规律；周在明等（2011）用单元指示 Kriging 法对环渤海低平原区表层土壤含盐量、地下水位埋深和矿化度（所选阈值分别为 1g/kg、3m 以及 2g/L）进行空间变异性分析，同样得出地下水矿化度、地下水位埋深和土壤含盐量概率空间分布呈现一致性、在空间尺度上三者存在关联性的结论。这些研究成果虽然深入地探讨了土壤表层盐碱化与地下水位埋深的空间分布规律，肯定了它们在区域或灌区空间分布上的关联性，却仍未从灌区或区域尺度上探讨防治土壤盐碱化的临界地下水位埋深。

本小节的主要目的是以河套灌区解放闸灌域为例，运用指示 Kriging 法分析其地下水位埋深与土壤表层含盐量的空间分布规律，评价两者的空间分布关系，并进一步确定灌域尺度上满足盐碱化防治要求的地下水位临界埋深。这一研究从空间分布格局角度，解析了灌域（或灌区）尺度上土壤表层盐碱化所对应的地下水位临界深度，可为较大范围内调控地下水位埋深，防治土壤盐碱化提供理论依据，也为区域或灌区尺度的土壤盐碱化成因与防控研究提供新的思路。

### 3.3.1 研究区概况

解放闸灌域位于内蒙古河套灌区的上游，地处东经 106°43′～107°27′，北纬 40°34′～41°14′，总面积为 $2.157\times10^5$ hm²，其中灌溉面积为 $1.543\times10^5$ hm²。该灌域属于温带大陆性气候，干旱少雨，蒸发强烈，年平均降雨 138.2mm，且 70%以上发生在 7—9 月，年平均蒸发量为 2096.4mm（20cm 蒸发皿），是典型的无灌溉就无农业的地区。该灌域年平均气温 5.6～87.8℃，日照 3100～3300h；上游以粉砂质壤土、壤土和黏壤土为主，中、下游土质主要为黏壤土。灌溉作物包括粮食作物和经济作物，粮食作物以夏玉米和春小麦为主，经济作物包括葵花、蔬菜、瓜果等，从 2000 年到 2013 年粮经比呈减小趋势，且在 0.75～1.75 之间变化。

灌域以引黄河水灌溉为主，年引水量为 10 亿～12 亿 m³。每年灌水 7 次，以畦灌为主，包括 6 次作物生育期灌水和 1 次以压盐、保墒为目的的秋浇，每年约在 4 月中下旬开灌，到 11 月中下旬秋浇结束。大量引黄灌溉造成地下水位埋深浅，同时也引入大量盐分，加之地形平缓（坡度约 0.02%），侧向径流不畅，排泄方式以强烈的垂向蒸发为主，土壤盐碱化成为制约灌域农业发展的主要因素之一。据统计，2000—2013 年地下水位埋深时空变化范围为 0.46～

8.12m，随着节水工程逐年实施，灌域地下水位呈下降趋势；在返盐激烈的3月底到4月底，年平均地下水位埋深也从2.28m增加到2.30m，且空间上最大地下水位埋深为2.60m，最小地下水位埋深为1.71m；2000—2013年地下水矿化度时空变化范围为250～41000mg/L，且随时间变化较小，空间变异系数大于1.0，达到中等变异程度。截至2015年，井灌区灌溉面积约为6600hm²，不足灌溉面积的5%，对地下水影响较小。

### 3.3.2 数据采集与分析方法

1. 数据采集

在解放闸灌域共布置有41个土壤盐分采样点和53眼地下水位观测井，采样点与观测井以尽量均匀布置为原则，并包括荒地和耕地（玉米、小麦、葵花等），土壤盐分采样点同时考虑覆盖不同盐渍化程度的土壤，土壤盐分采样点和地下水观测井布置如图3.21所示。于2012年4月26—27日采集0～10cm、10～20cm、20～40cm和40～60cm范围内土样（每个采样点3个重复），在实验室内自然风干、研磨、过2mm筛后，按1∶5土水比配制浸提液，并测定其电导率，并按当地常用的土壤含盐量和浸提液电导率之间的换算关系（含盐量$=2.882EC_{1:5}+0.183$）转换成土壤含盐量。53眼观测井是由河套灌区管理总局统一布设，用于长期监测该灌域地下水位埋深，每个月用皮尺与测绳测定6次（1日、5日、11日、16日、21日、26日，每次每个观测井重复观测3次）。本书采用春季返盐激烈的3月底（26日）和4月底（26日）的地下水位埋深数据，探讨其与4月底表层土壤（0～20cm）平均含盐量之间的关系。

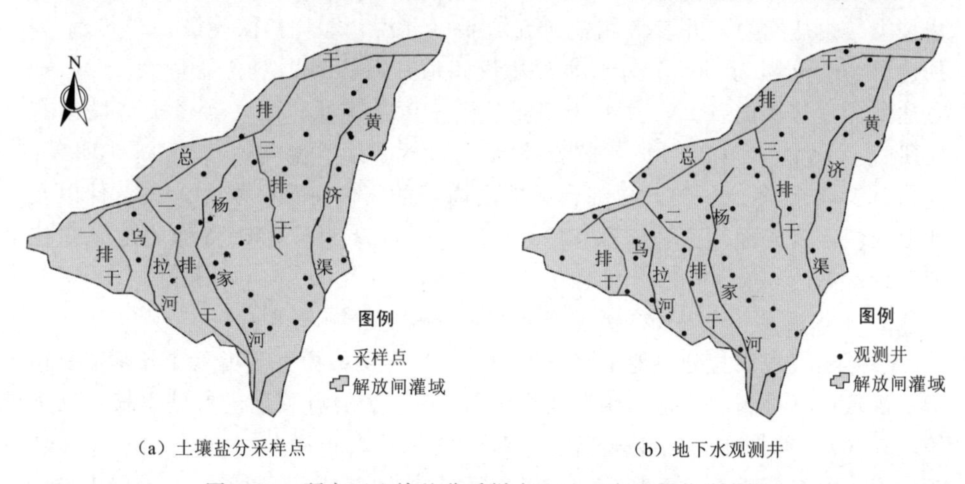


（a）土壤盐分采样点　　（b）地下水观测井

图3.21 研究区土壤盐分采样点和地下水观测井分布图

2. 分析方法

指示Kriging法是Journel（1983）提出的一种非参数估计方法，其另一重要用途是估计满足给定阈值的指示变量条件概率，绘制相应的概率空间分布图，或称为风险分布图。本书采用地统计学软件 GS+7.0 确定不同阈值下土壤含盐量或地下水位埋深的变异函数模型，并将其模型参数输入 ArcGIS 10.0 进行指示变量插值估计，进而绘制不同阈值下土壤盐分及地下水位埋深概率分布图。

### 3.3.3 结果与分析

#### 3.3.3.1 统计特征值的分析

通过统计特征值分析，土壤含盐量的均值为 1.47g/kg，变异系数为 0.59；3 月底和 4 月底地下水位埋深均值分别为 2.72m 和 2.53m，变异系数分别为 0.43 和 0.53。土壤含盐量及地下水位埋深的变异系数值均在 0.1～1 之间，属于中等变异。单样本 K－S 正态检验结果表明，土壤盐分及地下水位埋深均不服从正态分布，同时又存在特异值（变异函数有“长尾”现象），为了抑制两者对变异函数稳健性的影响，本节选用指示 Kriging 法分析土壤表层盐分与地下水位埋深的空间分布特征。

#### 3.3.3.2 指示 Kriging 分析

1. 阈值的选择

指示 Kriging 法的关键是阈值的合理确定。根据我国盐碱土划分标准，在半湿润和半干旱地区，轻度和中度盐碱化土所对应的耕作层（0～20cm 土层）土壤含盐量分别为 1～2g/kg 和 2～4g/kg；在干旱和漠境地区，所对应的含盐量分别为 2～3g/kg 和 3～5g/kg。结合解放闸灌域气候条件、土壤含盐量、作物种类与耐盐能力，并参考相关研究成果（苏涛，2013；徐英等，2006），分别选取 2g/kg 和 3g/kg 作为土壤含盐量阈值，即认为土壤含盐量大于 2g/kg 时达到轻度盐碱化以上，大于 3g/kg 达到中度盐碱化以上。参考类似灌区有关研究（赵锁志等，2008；张蔚榛等，2003；管孝艳等 2012；周在明等，2011；王遵亲等，1993），再综合解放闸灌域的气候特征、水文地质条件以及地形地貌等多方面因素，选取 1.5m、2.0m、2.5m 和 3.0m 等作为地下水位埋深指示 Kriging 分析的阈值。

2. 土壤表层盐分与地下水位埋深的概率空间分布及其关系

（1）土壤表层盐分与地下水位埋深指示变异函数模型。指示变异函数是用指示函数计算得到的，指示函数及指示 Kriging 法的有关理论参见文献（徐英等，2006）。本例中，当土壤盐分（0～20cm）大于阈值（2g/kg 或 3g/kg）时，指示变换值为 1，否则为 0；当地下水位埋深小于阈值（1.5m、2.0m、2.5m 或 3m）时，指示变换值为 1，否则为 0。计算中所有指示变换值 1（或 0）对变异函数的贡献都是一样的，因此，不受特异值和偏态分布的影响。

土壤区域化变量的空间变异是由结构性因素和随机性因素引起的，结构性因素（气候、地形、土壤母质、水文地质条件等非人为因素）是变量具有空间连续性（或结构性）的原因，而随机因素（地下水利用、灌溉制度、种植结构、耕作措施等人为活动）则会破坏这种空间连续性，从而弱化变量的空间自相关性。指示变异函数是刻画区域化变量空间结构的重要工具，其变程 $A_0$ 反映变量的自相关范围的大小；块金值与基台值的比值 $C_0/C$ 则反映变量的空间自相关程度。表 3.14 是不同阈值下土壤含盐量和地下水位埋深的指示变异函数模型及 $C_0/C$。从表中可看出，各种情况下，地下水位埋深和土壤含盐量的指示变异函数均可用球状模型拟合，变程在 7.2～28.5km 之间，说明两变量自相关范围均不大（约为灌域最大直线范围的 1/10～1/3），且地下水位埋深的空间自相关范围大于土壤表层盐分；不同阈值下，3 月底和 4 月底地下水位埋深、4 月底表层土壤含盐量的 $C_0/C$ 都大于 25%，且小于或等于 75%，所以均呈中等程度的空间自相关性，即其变异是结构性因素和随机性因素共同作用的结果。3 月底，由于春季的强烈蒸发，地下水位虽因春季消融回补有一定上升，但仍然接近于一年中最低，地下水位埋深小于 1.5m 和 2.0m 的区域较少，分别为 4% 和 22%（按采样点均匀分配计算而来），其变异受随机因素干扰较大，致使这一时期阈值为 1.5m 和 2.0m 的指示变异函数结构性较差，特别是阈值为 1.5m 时，空间自相关性较弱（$C_0/C>75\%$），自相关范围较小（变程为 13.4m）。4 月底冻土层基本融通，逐渐回补的水量使地下水位有所回升（平均埋深由 2.73m 减小到 2.53m），且阈值为 1.5m 和 2.0m 情况下，其空间自相关性比 3 月底有所提高（$C_0/C$ 值降低到 70% 以下），自相关范围也有所增加，表明此时地下水位埋深的空间分布对随机因素影响的敏感性降低。无论 3 月底还是 4 月底，阈值为 2.5m 和 3.0m 时，地下水位埋深的空间自相关程度均比阈值较小时有所提高，表明随着阈值的增加，结构性因素对变异函数的控制逐渐增加。需要注意的是，阈值为 3.0m 时，地下水位埋深的空间自相关程度虽然增加了，但自相关范围却减小了。与地下水位埋深相比，土壤盐分的空间自相关程度较弱，自相关范围也较小，说明土壤盐分空间变异受随机因素的影响较大。

**表 3.14　不同阈值下土壤含盐量和地下水位埋深的指示变异函数模型**

| 变　量 | 阈值 | 理论模型 | 块金值 ($C_0$) | 基台值 ($C$) | 变程 ($A_0$)/km | 块金值/基台值 ($C_0/C$)/% |
|---|---|---|---|---|---|---|
| 地下水位埋深（3 月底） | 1.5m | 球状模型 | 0.037 | 0.048 | 13.4 | 77.1 |
| | 2.0m | 球状模型 | 0.150 | 0.21 | 14.3 | 71.4 |
| | 2.5m | 球状模型 | 0.180 | 0.272 | 27.6 | 66.2 |
| | 3.0m | 球状模型 | 0.08 | 0.196 | 13.3 | 40.8 |

续表

| 变　量 | 阈值 | 理论模型 | 块金值（$C_0$） | 基台值（$C$） | 变程（$A_0$）/km | 块金值/基台值（$C_0/C$）/% |
|---|---|---|---|---|---|---|
| 地下水位埋深（4月底） | 1.5m | 球状模型 | 0.105 | 0.159 | 28.5 | 66.0 |
| | 2.0m | 球状模型 | 0.185 | 0.276 | 28.3 | 67.0 |
| | 2.5m | 球状模型 | 0.133 | 0.228 | 15.1 | 58.3 |
| | 3.0m | 球状模型 | 0.073 | 0.175 | 11.2 | 41.7 |
| 土壤含盐量（4月底） | 2g/kg | 球状模型 | 0.095 | 0.129 | 7.2 | 73.6 |
| | 3g/kg | 球状模型 | 0.059 | 0.092 | 12.3 | 64.1 |

（2）土壤表层盐分与地下水位埋深的空间概率分布特征。将变异函数模型参数输入 ArcGIS 10.0 进行指示 Kriging 插值，得到土壤盐分和地下水位埋深满足相应阈值的概率空间分布图（图 3.22 和图 3.23）。图 3.22 为土壤处于轻度盐碱化（>2g/kg）和中度盐碱化（>3g/kg）的概率分布图，图中颜色越深表明发生中度或轻度盐渍化的风险越大。发生中度盐碱化的高风险区（概率在 0.4 以上）基本均包含在轻度盐碱化高风险区范围内，且高风险区主要集中在研究区西北、西南和东南边缘一带，与图 3.21 对照可以看出，这些地方基本在水盐汇集的区域，即在排水干沟的中下游区域和总排干附近。研究区轻度或中度盐碱化的高风险区和低风险区界限较分明，高风险区零星分布、空间上连续性弱于地下水位埋深，这可能是由于前一年不同作物交错种植、耕荒地插花分布以及灌水不均匀等一定程度上破坏了盐分空间分布的结构性。

图 3.23 为不同阈值下地下水位埋深的概率分布，图中颜色越深，表明该

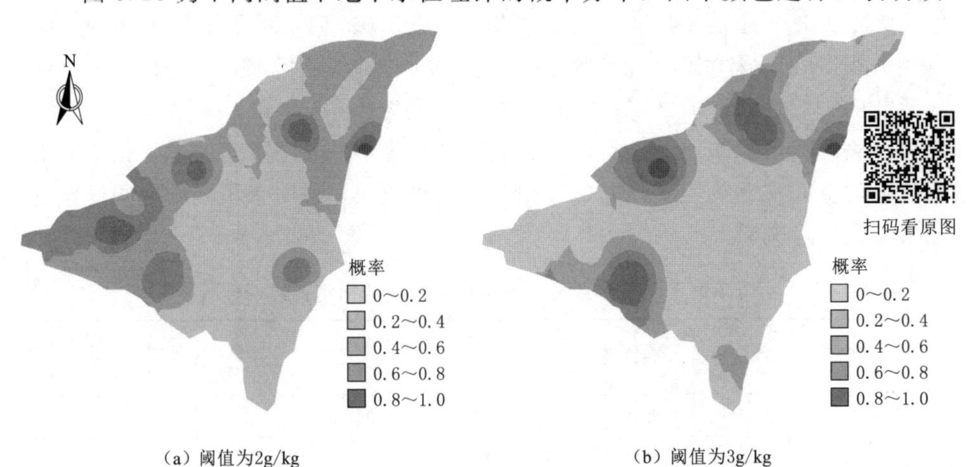


图 3.22　不同阈值条件下研究区 2012 年 4 月底土壤含盐量（0～20cm）概率空间分布

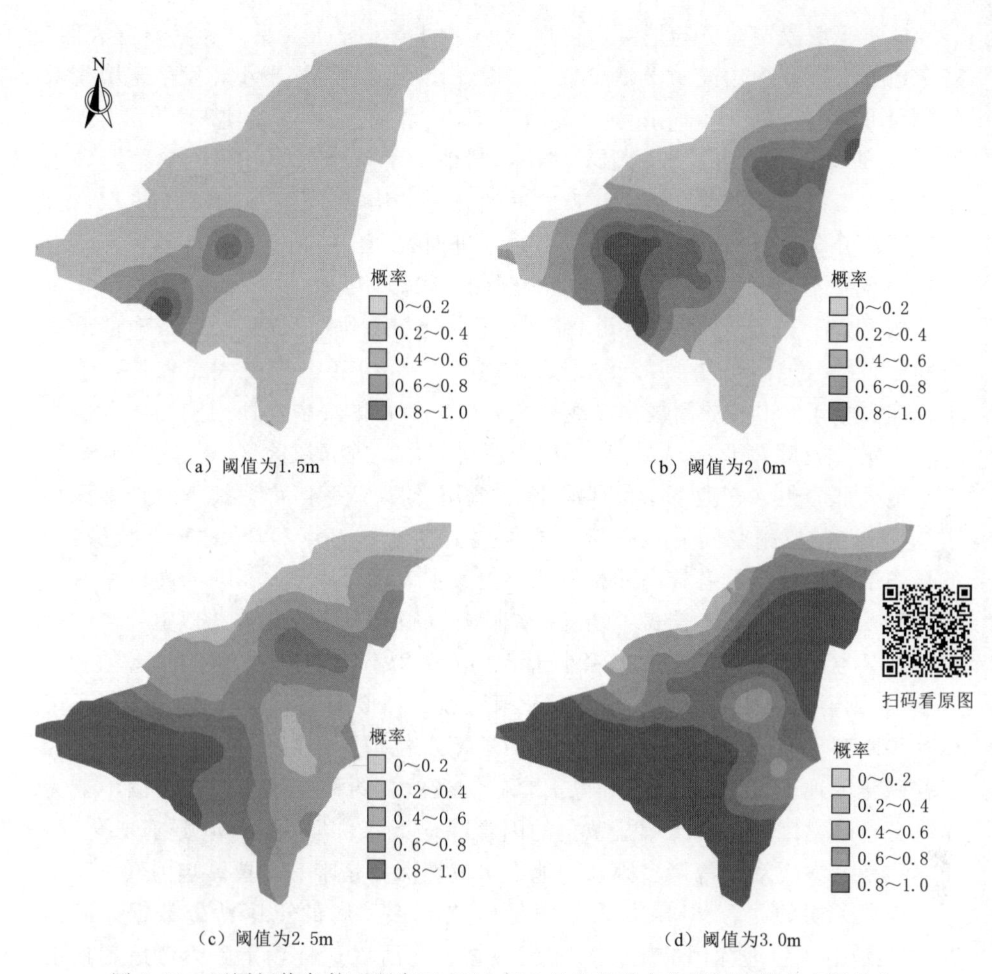


(a) 阈值为1.5m　(b) 阈值为2.0m

(c) 阈值为2.5m　(d) 阈值为3.0m

图 3.23　不同阈值条件下研究区 2012 年 3 月底地下水位埋深的概率空间分布

处地下水位埋深小于等于该阈值的概率越大，反之则越小。不同阈值概率分布图的共同特点是：西南部是高概率（概率在 0.4 以上）集中分布区，低概率区主要集中在东北至西北边缘部和南腹部。当地下水位埋深阈值为 1.5m 时，研究区地下水位埋深概率分布区间主要在 0～0.2 低概率之间，除了西南部其他都是低概率分布区；当地下水位埋深的阈值为 2.0m 时，西南部高概率区面积变大，中东部出现高概率区；当地下水位埋深阈值为 2.5m 时，西南部及中东部的高概率区面积变大，大部分在 0.8～1.0 高概率区间内；随着阈值的增加，高概率风险区继续增加，在地下水位埋深阈值为 3.0m 时，整个西南部和中东部都是 0.8～1.0 高概率分布区。分析不同阈值下地下水位埋深概率图，发现小阈值的高概率区包含在大阈值的高概率区，其分布区域随阈值的增大而逐渐增大和扩散。

(3) 土壤表层盐分与地下水位埋深的空间概率分布关系。大量研究表明，对于地下水位埋深较浅的干旱或半干旱区，地下水位埋深越小，发生土壤盐碱化的可能性越大（Ibrahimi et al.，2014；管孝艳等，2012；夏江宝等，2015），那么，就存在这样的临界埋深，当地下水位埋深小于该临界值时，土壤表层发生盐碱化的风险就大，反之亦然。为了从空间分布格局的角度探讨土壤表层盐分含量与地下水位埋深的关系，进而找到这一地下水位临界埋深，本书将不同阈值下的盐分概率分布图（图 3.22）和地下水位埋深概率分布图（图 3.23）进行了对比分析。对比发现，地下水位埋深小于 2.0m 时的概率空间分布图与土壤含盐量大于 3g/kg 的概率空间分布图有较大相似性，地下水位埋深小于 2.0m 的高概率（概率在 0.4 以上）区集中在西南侧和中东部边缘，土壤含盐量大于 3g/kg（以下称中度盐碱化）的高风险区（概率在 0.4 以上）绝大部分包含在地下水位埋深小于 2.0m 的高概率区内。地下水位埋深小于 2.5m 时的概率空间分布图与土壤含盐量大于 2g/kg（以下称轻度盐碱化）的概率空间分布图具有较高的相似度，地下水位埋深小于 2.5m 的高概率（概率在 0.4 以上）区基本覆盖了轻度盐碱化的高概率（概率在 0.4 以上）区。可见，若某空间点上地下水位埋深小于 2.0m 或 2.5m 的概率较高（概率在 0.4 以上），则通常发生轻度或中度盐碱化风险就大（概率在 0.4 以上），因而，可以初步断定土壤表层发生中度盐碱化的地下水位埋深临界值是 2.0m，发生轻度盐碱化的地下水位埋深临界值是 2.5m。当然，两种概率空间分布图不能完全吻合，这是因为影响土壤盐碱化的因素除地下水位埋深之外，还有矿化度、土壤质地、人类活动等诸多因素，地下水位埋深不是唯一主要影响因素。

需要说明的是，图 3.22 采用的是研究区 4 月底的土壤盐分数据，而图 3.23 中地下水位埋深用的是 3 月底的数据，之所以这样，是因为考虑到地下水位埋深对土壤表层返盐的影响具有“滞后”作用。为了证明此“滞后”作用是确实存在的，下面对与土壤盐分同时期的 4 月底地下水位埋深数据进行指示 Kriging 插值，得到地下水位埋深分别小于 2.0m 和 2.5m 时的概率空间分布图（图 3.24）。3 月底［图 3.23（b）和图 3.23（c）］和 4 月底［图 3.24（a）和图 3.24（b）］相同阈值的地下水位埋深概率空间分布图对比显示，两个时期概率空间分布图仍存在很高的相似性，高概率区大致均分布在西南侧的中间部分和东侧靠北一带，只是高概率区面积灌水后比灌水前有所增加；大致呈三角形的研究区，其南侧一角基本均处于低概率区。图 3.23、图 3.24 和图 3.22 对比分析表明：

1）3 月底和 4 月底地下水位埋深小于阈值（2.0m 和 3.0m）的高概率区，基本与土壤表层返盐的高风险区相对应，说明西南及中东部区域是地下水位浅埋区，地下水位埋深小于返盐临界埋深概率较大，土壤返盐风险大；研究区南

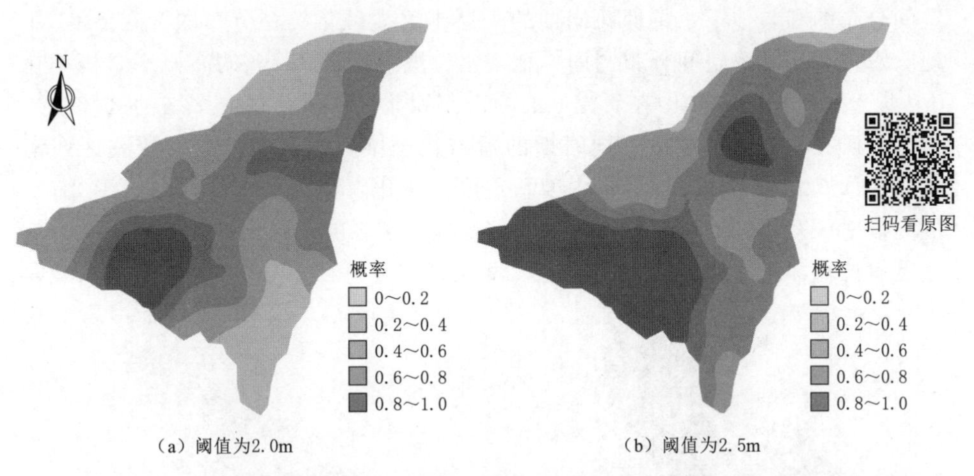


（a）阈值为2.0m （b）阈值为2.5m

图 3.24 不同阈值条件下研究区 2012 年 4 月底地下水位埋深的概率空间分布

侧一角是地下水位埋深的低概率区，同时也是土壤返盐的低风险区；这一结论也充分说明上述从空间分布格局角度确定的地下水位临界埋深是合理的。

2）在西北边缘零星分布着土壤盐分高概率区，但是对应的地下水位埋深并不属于高概率区，原因可能有二：一是大量盐分随水冲到下游，致使其土壤积盐，但总排干却降低了这些区域的地下水位；二是这些返盐高风险区附近基本都存在地下水位埋深小于临界值的高概率区，地下水位浅埋的高概率区通常是由于灌水量较大造成的，大量灌水会将盐分淋洗或压入附近区域。

3）3 月底地下水位埋深概率空间分布图与土壤表层含盐量概率分布图的相似程度要略高于 4 月底的概率分布图，特别是高概率区吻合度较高，这证明了地下水位埋深对土壤返盐的影响具有一定滞后效应，前期地下水位埋深对土壤返盐的作用更大一些，原因是盐分随水分迁移至地表需要一定时间。但不能忽略的是 3 月底和 4 月底相同阈值的地下水位埋深概率分布图相似度是较高的，这说明土壤返盐是一个过程，只有地下水位埋深小于临界深度的状态维持一段时间，才会造成土壤中度或轻度盐碱化。

（4）不同时期地表盐分空间分布与地下水位埋深的关系。为进一步验证上述关于防止土壤盐碱化的地下水位埋深临界值的结论，考虑用 2001 年、2006 年和 2012 年地下水位埋深数据，应用指示 Kriging 法进行插值，将所得概率空间分布图（以阈值 2.0m 为例）与苏涛在 2013 年用遥感数据反演的解放闸灌域（仅为该灌域的一部分，即北以总排干为界，南以总干渠为界的部分灌域）盐碱化土壤类型分布图进行逐年对比（关于盐分数据的反演过程参见本书 5.4 节）。

图 3.25 和图 3.26 分别是不同时期研究区地下水位埋深小于 2.0m 的概率

空间分布图和与地下水位埋深同期的表层土壤盐碱化类型分布图。在2001年地下水位埋深概率空间分布图内，地下水位埋深小于2.0m的高概率（概率在0.4以上）区域主要集中在研究区的西南部和北部一带，低概率区的区域主要占据着研究区的中部地区；同时期的盐碱化土壤类型分布图中，研究区西南部、中部以北和北部区域处于中度和重度盐碱化，与地下水位埋深小于2.0m的高概率区有较好的对应关系；而中部地区处于轻度盐碱化的范围也较大，与地下水位埋深的低概率区也在一定程度上相吻合。在2006年，地下水位埋深

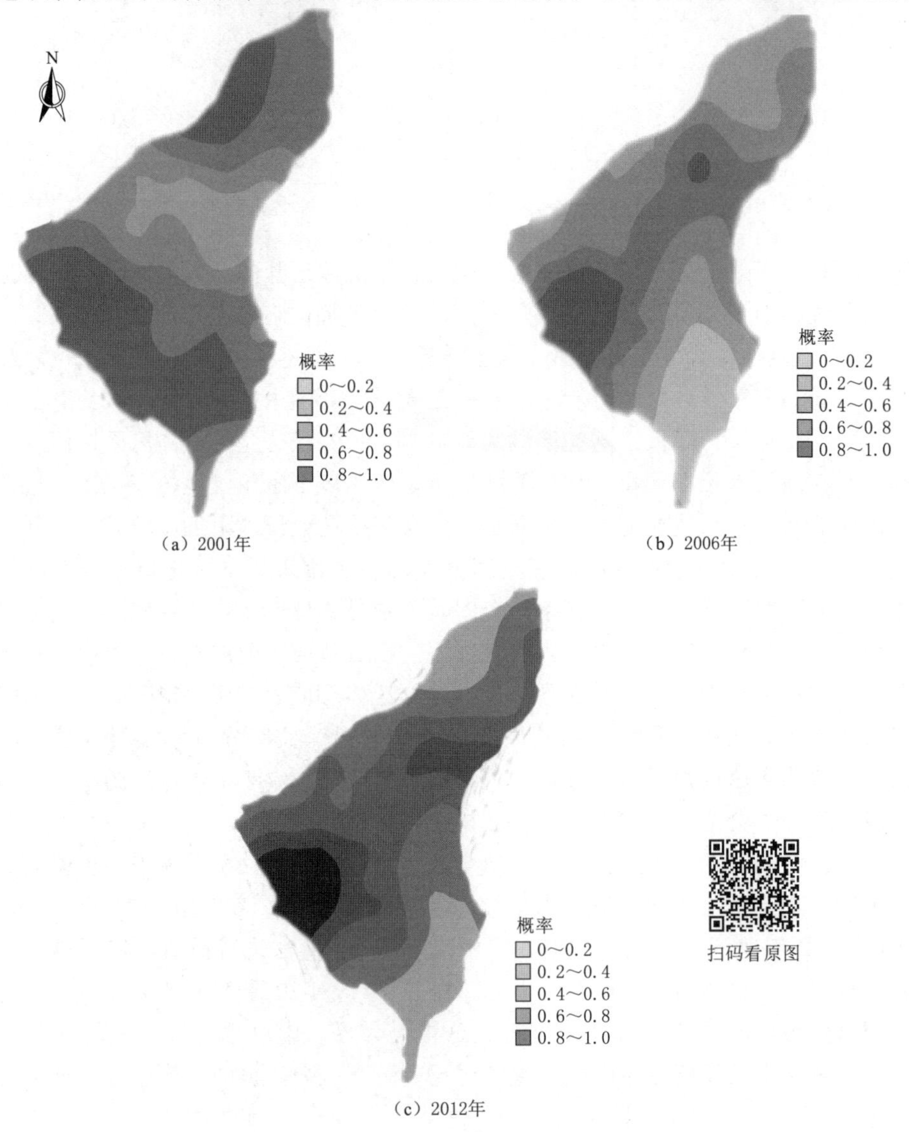


图3.25 不同时期研究区地下水位埋深小于2.0m的概率空间分布

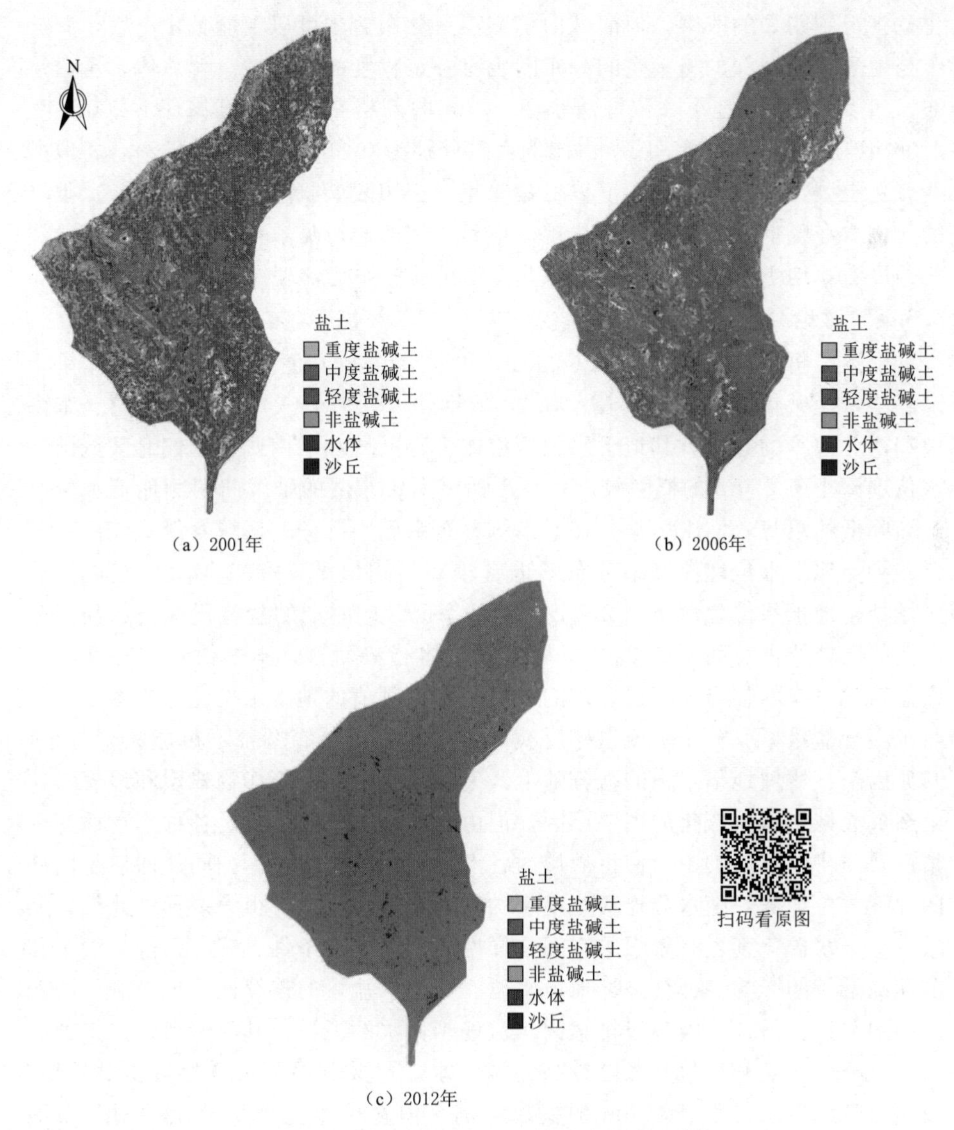


图 3.26　不同时期研究区土壤盐碱化类型分布

概率空间分布图内，高概率区（概率在 0.4 以上）的面积相对于 2001 年有所减小，低概率区的范围逐渐扩大，高概率区主要分布于西南和西北一带；地下水位埋深的高、低概率区空间分布与同期土壤盐碱化程度的空间分布吻合较好，如西南与西北的高概率区盐渍化程度也比较严重，而东北角和南部一角的低概率区盐碱化程度也比较轻。在 2012 年地下水位埋深概率空间分布图内，高概率所占比例进一步缩小，主要以 0.6 以下的概率区为主，0.6 以上的仅在研究区西南部和东部残存有小部分；而同期的盐碱化土壤类型分布图中，盐碱化危害得到明显的改善，但灌域内仍旧零星分布着中度以上盐碱化土壤，其分布与地下水位埋深的概率空间分布图也有一定程度的相似性。就总体来看，从2001年到2012年地下水位埋深小于2.0m的高概率比例逐渐减小（2001年、2006年与2012年高概率区所占比例大致分别为0.89、0.64和0.52），相应的盐碱化土壤类型分布图中中度以上盐碱化（土壤表层含盐量大于3g/kg）土壤的比例也在降低，二者动态变化规律也是一致的。可见，从发生土壤中度盐渍化角度看，地下水位埋深临界值取为2.0m具有一定合理性。

### 3.3.4 讨论

上述分析及有关文献表明，2001—2012年解放闸灌域地下水位总体呈下降趋势，盐碱化程度逐渐减轻；除2001年外，近似于三角形（西南边、东南边和西北边）的灌域，其地下水位西南侧中部区域和东南侧中部偏北区域地下水位埋深小于2.0m的概率较大，且沿西南至中东部的轴线向两侧地下水位有逐渐降低的趋势，而土壤盐分在西南侧、东南侧中部偏北区域含量也较高，变化趋势与地下水位埋深概率分布图也有较高的相似度；2000年4月底大部分区域处于地下水位埋深小于2.0m的高概率区，同时期的盐碱化程度达到轻度以上的区域约占总面积的65%以上。就总体趋势而言，本书得到的轻度和中度盐碱化对应的临界埋深是合理的，但是相应阈值的地下水位埋深概率分布图与土壤含盐量概率分布图或遥感反演的盐渍化类型分布图都不可能完全吻合，其原因是：浅埋地下水中的盐分随上升毛管水不断迁移至作物根层和地表，这是造成灌域土壤盐碱化的主要原因，但由于土壤的空间变异、各种作物插花种植以及非耕地点缀其中，使得灌域内各点的蒸发蒸腾量各不相同，即使是同样的地下水位埋深，随水分迁移至地表的盐分数量也可能有很大差异；此外，灌域内地下水矿化度也有较强的空间变异性，加之地形条件、气象条件、灌水和前期冻融等的影响，都会破坏地下水位、土壤含盐量的连续性，也影响了两者之间的关系；另外，因各级排水沟相对处于排水的下游，其附近地下水接纳的通常是降雨或灌溉后盐分浓度较高的淋洗水，造成其地下水含盐量相对较高，故而尽管地下水位低于2.0m的概率不高，但在历年土壤盐碱化类型分布图上，各级排水沟附近，特别是总排干两侧积盐却较严重。

尽管有诸多结构性和随机性因素的影响，本书得出的关于灌域尺度上防治土壤盐碱化的地下水临界埋深，与前人从定点试验、数值模拟等方法得到的结论是相协调的。如孔繁瑞等（2009）的坑测法试验表明，从盐碱化控制角度看，河套灌区地下水位埋深宜控制在2.0m左右为宜；张义强等（2013）通过野外试验对内蒙古河套灌区葵花进行盐碱化与地下水的规律研究，得出葵花以控制地下水位埋深2.0～2.5m最佳；杨会峰等（2011）利用HYDRUS软件模拟了河套灌区荒地不同时段的不同地下水位埋深条件下包气带水盐变化规律，确定了4月防治盐碱化的地下水位埋深临界值大于2.4～2.7m。这些研究成果说明本书提出的灌域尺度上防治土壤盐碱化的地下水临界埋深是可靠的，用指示Kriging法研究灌区或区域尺度上地下水临界埋深是合理的。

土壤盐分的空间分布与采样尺度关系密切，本次解放闸灌域取样面积较大，采样间距也较大，加之灌域土壤变异、地形条件、气象条件、灌溉排水、种植结构等的影响，要真正探明整个灌域不同尺度上的盐碱化形成规律，仍需在不同尺度上进一步开展研究。另外，对于河套灌区这种干旱地区来说，过度控制地下水位很可能打破其脆弱的生态平衡，如何从灌区的可持续发展角度，将地下水位的调控与各影响因素集成考虑，从而同时达到协同控制土壤盐碱化和荒漠化的目的，仍有待进一步研究。

## 3.4 本章小结

（1）河套灌区典型研究区耕荒地地下水与土壤水盐观测结果表明：耕地土壤含水率的主要影响因素是灌溉及降雨、作物生长、地下水位埋深和土壤质地；盐荒地土壤含水率的主要影响因素是耕地灌溉和地下水位埋深。总体上，耕地土壤含水率比盐荒地土壤含水率变化更剧烈。耕地土壤含盐量的主要影响因素是灌溉、土壤质地、地下水位埋深和作物生长，盐荒地土壤含盐量的主要影响因素是地形地貌和地下水位埋深。耕地土壤含盐量在3.5g/kg以下，为轻度盐碱化土壤，盐荒地中心区域的土壤含盐量为4.0～10.0g/kg，为重度盐碱化土壤。耕地地下水位埋深主要受灌溉和作物生长的影响，在春灌和秋浇时期埋深最浅，在秋浇前埋深最大；盐荒地地下水位埋深受耕地灌溉的影响较大。地下水矿化度主要受灌溉及地形地貌的影响，耕地地下水矿化度较低，一般在3.0g/L以下；盐荒地地下水矿化度较高，其中心区域地下水矿化度平均在7.5g/L左右。耕地地下水流向盐荒地，地下水盐分随着地下水的流动而运移，盐荒地为耕地重要的排水排盐区域。

（2）利用经典统计与地统计相结合的方法分析永济灌域合济渠研究区周年内（2018年秋浇前到2019年秋浇前）耕层土壤盐分的空间变异规律，并基于环境因素构建了土壤盐碱化综合指标，得出以下结论：

1）各时期土壤盐分随着土层深度的增加而减小，表聚现象明显；耕地各土层在整个灌溉季节均处于积盐状态，荒地则在三水前变化很小，之后迅速积盐；无论是荒地还是耕地，自下而上各土层积盐速度是逐渐增大的，且荒地积盐速度均明显大于耕地，荒地旱排盐效果显著；各时期0～10cm土层土壤盐分几乎均为强变异，10～20cm和20～40cm则属于中等变异性，且荒地的土壤盐分变异系数几乎都大于耕地。

2）各时期0～40cm土层土壤盐分的变异函数均可用球状模型拟合，变程在1104～1994m之间，且均属于中等空间自相关性，秋浇前土壤的空间结构性略好于其他时期。研究区一水前到五水前土壤盐分的空间结构性变化不大，这对优化采样点的布置非常有利。

3）同年一水前到秋浇前，各时期土壤盐碱化风险分布格局类似，但盐碱化高风险区面积逐渐增大，且一水前到二水前和三水前到五水前高风险区面积增速较快；无论是积盐程度还是盐碱化面积都随时间动态增加，说明节水灌溉制度下灌溉洗盐（特别是秋浇压盐）措施尤为重要。

4）研究区地下水位埋深、矿化度、土壤质地、地面高程、距沟道最短距离、距荒地最短距离等因素对土壤盐碱化时空变异有显著的影响。

5）利用地下水位埋深、矿化度、土壤质地、地面高程、距沟道最短距离、距荒地最短距离等因素构建的综合指标可以有效地预测研究区土壤空间分布，而不依赖于土壤盐分监测数据。该模型的参数不随采样时间和采样点位的变化而变化，其运行条件和精度比较稳定，可作为土壤盐碱化风险评价指标。

（3）分析解放闸灌域地下水位埋深与土壤盐分空间变异特征，比较地下水位埋深和土壤盐分概率分布图，得出以下结论：

1）土壤盐分和地下水位埋深均属中等变异，其指示变异函数理论模型均为球状模型，且不同阈值下，两变量均呈中等强度的空间自相关性。与地下水位埋深相比，土壤盐分的空间自相关程度较弱，自相关范围也较小，说明土壤盐分空间变异受随机因素的影响较大。

2）从地下水位埋深和土壤表层含盐量的空间分布格局分析，4月底土壤表层发生中度盐碱化（土壤表层含盐量大于3g/kg）时地下水位临界埋深为2.0m，发生轻度盐碱化（土壤表层含盐量大于2g/kg）时地下水位临界埋深为2.5m，这一结论可为解放闸灌域大范围内调控地下水位埋深，防治土壤盐碱化提供理论依据。

3）解放闸灌域的西南侧中部区域和东南侧中部偏北区域是地下水位浅埋区，地下水位埋深小于临界埋深的概率较大，土壤返盐风险大。地下水位埋深对土壤返盐的影响具有一定滞后效应，前期地下水位埋深对土壤返盐的作用更大一些；土壤返盐是一个过程，只有地下水位埋深小于临界深度的状态维持一段时间，才会造成土壤中度或轻度盐渍化。

# 第4章

# 地下水与土壤水盐数值模拟

河套灌区是我国一个典型的盐碱化灌区，全灌区受盐碱化影响土地面积达 $3.9\times10^6$ $hm^2$，占总土地面积的69%。土壤盐碱化严重影响了灌区农作物的生长。近年来，随着河套灌区续建配套与节水改造工程的实施，灌区引黄水量由年均52亿 $m^3$ 左右下降到40亿 $m^3$。河套灌区引黄水量的减少会改变灌区农田土壤水盐运移过程。野外田间试验是研究农田土壤水盐运移常用的方法，但由于野外田间试验条件的局限性和影响因素较复杂，研究结果往往具有特定性。在野外田间试验的基础上，利用数值模拟技术是研究农田土壤水盐运移的一种可行的科学研究方法。目前，国内外广泛利用由荷兰 Wageningen 大学开发的 SWAP（soil - water - atmosphere - plant）模型来模拟干旱与半干旱地区农田土壤水盐运动及作物生长过程，并取得了较好的应用效果。同时，Visual MODFLOW 是目前世界上应用广泛的地下水流数值模拟软件之一，是由加拿大 Waterloo 水文地质公司在 MODFLOW 软件的基础上，综合已有的 MODPATH、MT3D、RT3D 和 Win PEST 等模型，应用现代可视化技术开发研制而成的地下水模拟综合软件。本章基于野外水盐观测试验数据，利用 SWAP 模型和 MODFLOW 软件分别对研究区暗管排水条件下土壤水盐运移及耕荒地地下水流运动进行模拟，为河套灌区防治土壤盐碱化提供理论依据。

## 4.1 暗管排水条件下土壤水盐运移 SWAP 模型模拟

### 4.1.1 SWAP 模型简介

SWAP 模型中的计算内容主要包括土壤水通量计算、土壤溶质运移计算、简单作物生长过程、排水过程、土壤热传输、作物蒸散发、冠层截留、地表径流等。

#### 4.1.1.1 土壤水分运动模拟

土壤水势梯度是土壤水分运动的驱动力。农田土壤中水分运动主要发生在垂直方向，一维垂向的Darcy定律可以表示如下：

$$q=-K(h)\frac{\partial(h+z)}{\partial z} \tag{4.1}$$

式中：$q$ 为土壤水通量，向上为正，cm/d；$K$ 为土壤导水率，cm/d；$h$ 为土壤压力水头，cm；$z$ 为垂向坐标，向上为正。

考虑无限小的土壤单元内的水平衡，得到如式（4.2）所示的连续方程：

$$\frac{\partial\theta}{\partial t}=-\frac{\partial q}{\partial z}-S_a(h)-S_d(h)-S_m(h) \tag{4.2}$$

式中：$\theta$ 为土壤体积含水率，$cm^3/cm^3$；$t$ 为时间，d；$S_a(h)$ 为作物根系吸水速率，$cm^3/(cm^3\cdot d)$；$S_d(h)$ 为排水速率，$cm^3/(cm^3\cdot d)$；$S_m(h)$ 为与大孔隙的交换速率，$cm^3/(cm^3\cdot d)$。

联立式（4.1）与式（4.2），得到Richards方程，如式（4.3）所示：

$$\frac{\partial\theta}{\partial t}=\frac{\partial}{\partial z}\left[K(h)\left(\frac{\partial h}{\partial z}+1\right)\right]-S_a(h)-S_d(h)-S_m(h) \tag{4.3}$$

Richards方程有一个明确的物理基础，在这个尺度上，土壤可以被认为是土壤、空气和水的连续体。SWAP根据给定的初始条件和边界条件以及 $q$、$h$ 和 $K$ 之间的已知关系，数值求解式（4.3）。由于SWAP的通用性，SWAP将Richards方程应用于非饱和-饱和带土壤，并允许瞬时和滞水水位的存在。

Brooks和Corey（1964）提出了关于 $\theta(h)$ 的解析函数，Mualem（1976）基于保留函数推导出了关于 $K(\theta)$ 的预测模型，van Genuchten（1980）提出了比Brooks和Corey关系更灵活的 $\theta(h)$ 函数，并将其与Mualem的预测模型结合起来得出 $K(\theta)$，并应用于SWAP模型。

van Genuchten（1980）提出的土壤含水率与土壤水头之间的关系如式（4.4）所示：

$$\theta=\theta_r+\frac{\theta_s-\theta_r}{(1+|\alpha h|^n)^m} \tag{4.4}$$

式中：$\theta_s$为饱和土壤含水率，$cm^3/cm^3$；$\theta_r$为残余含水率或风干含水率，$cm^3/cm^3$；$\alpha$、$n$ 和 $m$ 为经验系数。

$m$ 和 $n$ 之间的关系可以用式（4.5）表示：

$$m=1-\frac{1}{n} \tag{4.5}$$

应用式（4.4）和式（4.5）所描述的土壤含水率与土壤水头之间的关系以及Mualem（1976）提出的非饱和导水率理论，$K(\theta)$ 可表示为

$$K(\theta)=K_sS_e^{\lambda}\left[1-(1-S_e^{\frac{1}{m}})^m\right]^2 \tag{4.6}$$

$$S_e=\frac{\theta-\theta_r}{\theta_s-\theta_r} \tag{4.7}$$

式中：$K_s$为饱和导水率，cm/d；$\lambda$ 为形状系数；$S_e$ 为有效饱和度。

#### 4.1.1.2 土壤溶质运移计算

SWAP考虑了溶质迁移的基本过程——扩散、对流、弥散。

扩散是由溶质浓度梯度引起的溶质运移。溶质扩散通量用Fick第一定律描述，如式（4.8）所示：

$$J_{dif}=-\theta D_{dif}\frac{\partial c}{\partial z} \tag{4.8}$$

式中：$J_{dif}$为溶质扩散通量，g/(cm$^2$ · d)；$D_{dif}$为溶质扩散系数，cm$^2$/d；$c$ 为土壤水中的溶质浓度，g/cm$^3$。

溶质对流通量指溶质随着运动的土壤水运移所产生的通量，可以根据平均土壤水通量进行计算，如式（4.9）所示：

$$J_{con}=-qc \tag{4.9}$$

式中：$J_{con}$为溶质对流通量，g/(cm$^2$ · d)。

在描述土壤水流时，通常使用Darcy水流通量，即某一横截面的平均水通量，来描述土壤水通量。但是当考虑到溶质运移时，就必须要考虑不同大小和几何形状的孔隙间以及孔隙内部的土壤水流速的差异，这些差异将产生弥散通量。Bear（1972）给出了弥散通量与溶质梯度之间的关系，如式（4.10）所示：

$$J_{dis}=-\theta D_{dis}\frac{\partial c}{\partial z} \tag{4.10}$$

式中：$J_{dis}$为溶质弥散通量，g/(cm$^2$ · d)；$D_{dis}$为溶质弥散系数，cm$^2$/d。

在层流条件下，$D_{dis}$与孔隙水流速度 $\nu=q/\theta$ 成正比，如式（4.11）所示：

$$D_{dis}=L_{dis}|\nu| \tag{4.11}$$

式中：$L_{dis}$为弥散度，m。

综上，土壤溶液中溶质总通量可以表示为

$$J=J_{con}+J_{dif}+J_{dis}=qc-\theta(D_{dif}+D_{dis})\frac{\partial c}{\partial z} \tag{4.12}$$

#### 4.1.1.3 作物生长模块

SWAP模型包含3个作物生长模块，一是详细作物生长模块（WOFOST），二是针对模拟草生长的模块，三是简单作物生长模块。本书采用简单作物生长模块，其应用各生育阶段相对产量连乘的数学模型表示整个生育阶段的相对产量（作物的实际产量与潜在产量的比值），计算公式如下：

$$1-\frac{Y_{a,k}}{Y_{p,k}}=K_{y,k}\left(1-\frac{T_{a,k}}{T_{p,k}}\right) \tag{4.13}$$

式中：$Y_{a,k}$为各生育阶段作物实际产量，kg/hm$^2$；$Y_{p,k}$为各生育阶段作物最大产量，kg/hm$^2$；$T_{a,k}$、$T_{p,k}$分别为各生育阶段实际蒸腾量和最大蒸腾量，cm；

$K_{y,k}$ 为各生育阶段产量响应因子；$k$ 为作物不同生育阶段。

$$\frac{Y_a}{Y_p}=\sum_{k=1}^{n}\left(\frac{Y_{a,k}}{Y_{p,k}}\right) \tag{4.14}$$

式中：$Y_a$ 为整个生育期累积实际产量，kg/hm$^2$；$Y_p$ 为整个生育期累积最大产量，kg/hm$^2$；$n$ 为定义的生长阶段数量。

#### 4.1.1.4 排水模块

SWAP模型排水模块分为基本排水和扩展排水，基本排水程序适用于大多数田间尺度的情况，而扩展排水程序适用于区域一级的排水模拟和地表水管理，本书采用的是基本排水程序。基本排水程序在计算排水量的时候，引入了排水阻力 $\gamma_{drain}$ 的概念，如式（4.15）所示：

$$q_{drain}=\frac{\Phi_{gwl}-\Phi_{drain}}{\gamma_{drain}} \tag{4.15}$$

式中：$q_{drain}$ 为排水流量，cm/d；$\Phi_{gwl}$ 为暗管之间的地下水位，cm；$\Phi_{drain}$ 为排水压力水头，cm；$\gamma_{drain}$ 为排水阻力，d。

模型采用 Hooghoudt 或 Ernst 排水公式来评估排水设计，因为试验区土壤基本为砂壤土，所以假设此时不透水层上方为均质土壤且在不透水层上方排水，此时

$$\gamma_{drain}=\frac{L_{drain}^2}{8K_{prof}D_{eq}+4K_{prof}(\Phi_{gwl}-\Phi_{drain})}+\gamma_{entr} \tag{4.16}$$

式中：$L_{drain}$ 为暗管间距，cm；$K_{prof}$ 为水平饱和导水率，cm/d；$D_{eq}$ 为等效深度，cm；$\gamma_{entr}$ 为进入排水管的入口阻力，d。

Hooghoudt 引入了等效深度 $D_{eq}$，以考虑由汇流管线引起的排水管附近额外水头的损失。SWAP 模型中采用 van der Molen 和 Wesseling（1991）的数值解来计算等效深度，使用典型的长度变量 $x$：

$$x=\frac{2\pi(\Phi_{drain}-z_{imp})}{L_{drain}} \tag{4.17}$$

当 $x<10^{-6}$ 时：

$$D_{eq}=\Phi_{drain}-z_{imp} \tag{4.18}$$

式中：$z_{imp}$ 为不透水层深度，cm。

当 $10^{-6}<x<0.5$ 时：

$$F(x)=\frac{\pi^2}{4x}+\ln\frac{x}{2\pi} \tag{4.19}$$

此时等效深度为

$$D_{eq}=\frac{\pi L_{drain}}{8\left[\ln\frac{L_{drain}}{\pi r_{drain}}+F(x)\right]} \tag{4.20}$$

式中：$r_{drain}$为排水管的半径。

当$0.5<x$时：

$$F(x)=\sum_{j=1,3,5}^{\infty}\frac{4e^{-2jx}}{j(1-e^{-2jx})} \tag{4.21}$$

等效公式再次从式（4.20）得出。

### 4.1.2 SWAP模型参数的率定与验证

#### 4.1.2.1 SWAP模型参数的输入

1. 气象数据

采用永济试验基地自动气象站的日实测资料，其中包括辐射量、湿度、风速、降雨量、最低温度以及最高温度。

2. 土壤数据

将土壤按质地分为三层，自上至下分别为0～20cm、20～60cm、60～100cm。SWAP模型在模拟土壤水分运动时，还会把土层划分若干单元，单元越多，计算精度越高，同时相应计算耗时也会增大。考虑到表层土壤水分波动性较大，因此表层土壤每1.0cm厚度便划分一个单元格，第二层土壤每2.5cm厚度划分一个单元格，第三层土壤每5.0cm厚度划分一个单元格，共划分44个单元格。初始的土壤水力特征参数通过实测的土壤机械组成和干体积质量，利用HYDRUS-1D软件的Rosetta神经网络模型模拟得到，结果见表4.1。

表4.1 土壤水力特性参数的初始值

| 土层深度/cm | 残余含水率或风干含水率$\theta_r$/(cm³/cm³) | 饱和含水率$\theta_s$/(cm³/cm³) | 饱和导水率$K_s$/(cm/d) | $\alpha$ | $n$ | $\lambda$ |
|---|---|---|---|---|---|---|
| 0～20 | 0.0288 | 0.4223 | 68.79 | 0.0117 | 1.5114 | 0.5 |
| 20～60 | 0.0394 | 0.4687 | 77.65 | 0.0050 | 1.7188 | 0.5 |
| 60～100 | 0.0272 | 0.4252 | 75.94 | 0.0131 | 1.4969 | 0.5 |

3. 作物参数

SWAP模型中作物生长阶段（DVS）定义为作物生长日期的线性函数，范围为0～2，作物出苗前一天定义为0，收获日期定义为2，中间日期在0～2内线性插值，然后根据实际观测资料分别建立其与作物叶面积指数、作物株高、作物根长之间的关系。2019年和2020年葵花全生育期叶面积指数、株高变化见表4.2。由于本次试验中未对根系发育状况进行观测，所以葵花最大根深按Doorenbos et al.（1979）的建议值取100cm，并假设葵花开花期时根深达到85cm，且从出苗至开花和从开花至收获随时间呈线性变化。然后根据Wesseling et al.（1991）的推荐值，选取用于计算水分胁迫折减系数的压力水头，并采用2019年C处理试验观测数据对模型参数进行率定，其结果见表4.3。

表 4.2 2019年和2020年葵花全生育期叶面积指数和株高

| 2019年 | | | 2020年 | | |
|---|---|---|---|---|---|
| 作物生长阶段DVS | 叶面积指数 | 株高/cm | 作物生长阶段DVS | 叶面积指数 | 株高/cm |
| 0.00 | 0.01 | 5.00 | 0.00 | 0.01 | 5.00 |
| 0.77 | 2.21 | 151.8 | 0.40 | 0.13 | 18.30 |
| 0.92 | 2.73 | 219.1 | 0.53 | 0.42 | 38.7 |
| 1.04 | 3.47 | 236.4 | 0.77 | 1.63 | 105.5 |
| 1.19 | 3.69 | 239.2 | 0.97 | 2.40 | 171.1 |
| 1.32 | 3.65 | 241.5 | 1.19 | 3.58 | 187.3 |
| 1.47 | 3.27 | 241.5 | 1.58 | 4.26 | 206.1 |
| 1.81 | 2.21 | 241.1 | 1.96 | 1.83 | 206.5 |
| 2.00 | 1.39 | 241.7 | 2.00 | 0.54 | 206.5 |

表 4.3 SWAP模型作物模块中葵花输入的相关参数(率定值)

| 模型参数 | 葵花 |
|---|---|
| 根系可以从土壤中吸水的土壤水势上限/cm | −25 |
| 土壤上层根系吸水项不受水应力影响的土壤水压上限/cm | −15 |
| 所有上层根系吸水项不受水应力影响的土壤水压上限/cm | −15 |
| 高大气下根系吸水项不受盈利影响的土壤水压下限/cm | −200 |
| 低气压下根系吸水项不受应力影响的土壤水压下限/cm | −1500 |
| 根系不再吸水的土壤水压/cm | −10000 |
| 作物冠层阻力/(s/m) | 80 |

4. 灌溉数据

参照表2.1按实际灌溉制度给出。

5. 溶质运移参数

溶质运移模块需要给定每一个划分单元的初始土壤含盐量，初始值采用播种前实测的土壤盐分数据。由于降雨一般为淡水，所以假设矿化度近似为0。初始的地下水矿化度采用播种前实测值，为1.5mg/cm$^3$。模型溶质运移参数的初始值及率定值见表4.4。

表 4.4 SWAP模型土壤初始和率定的溶质运移参数

| 项目 | 初始值 | 率定值 |
|---|---|---|
| 分子扩散系数/(cm$^2$/d) | 20 | 27.5 |
| 弥散度 | 0.5 | 2 |
| 自由水和吸附水的溶质交换率 | 0.01 | 0.01 |

6. 排水参数

SWAP模型的排水模块采用Hooghoudt或Ernst排水公式计算，其中有5种典型的排水情况可供选择：①暗管位于均质土壤中，靠近不透水层；②暗管位于均质土壤中，在不透水层上方；③暗管位于上层为细粒土、下层为粗粒土交界处；④暗管位于下层粗粒土壤中（假定不透水层上方土壤分为粗细两层）；⑤暗管位于上层细粒土壤中（假定不透水层上方土壤分为粗细两层）。本书中将饱和-非饱和带土壤剖面概化为均质，排水管的位置在不透水层上方（查阅有关文献，可知河套灌区距地表36.2m存在致密的不透水层），暗管埋深为1.5m，暗管间距为45m，管道湿周为22cm，进入阻力为20d。

7. 初始和边界条件

土壤剖面的上边界条件为气象因素决定的降雨、蒸发、植物蒸腾以及灌溉等。由于当地地下水平均埋深较浅，所以采用研究区实测地下水位埋深作为下边界条件，初始压力水头利用土壤初始含水量和水分特征曲线资料反算求得。

#### 4.1.2.2 模型率定准则

2019年试验观测数据用于模型参数的率定，2020年试验观测数据用于模型参数的验证。在模型率定与验证过程中，采用模拟值和实测值的均方误差（RMSE）和平均相对误差（MRE）两个指标来评价模型的模拟精度。

$$\mathrm{RMSE}=\sqrt{\frac{1}{N}\sum_{i=1}^{N}(P_i-O_i)^2} \tag{4.22}$$

$$\mathrm{MRE}=\frac{1}{N}\sum_{i=1}^{N}\frac{P_i-O_i}{O_i}\times 100\% \tag{4.23}$$

式中：$N$为观测值的个数，$O_i$为第$i$个观测值；$P_i$为相应的模拟值。

#### 4.1.2.3 土壤水分参数率定与验证

根据土壤各层含水率观测值与模拟值的比较分析，相应地调整各层土壤的水力特性参数，使模拟值和观测值尽可能吻合，模型率定结果如图4.1和图4.2所示。从图中可以看出，土壤含水率的模拟值与实测值吻合较好，模拟值较好地反映了实测值的变化趋势。表4.5为率定和验证过程中不同深度土壤含水率模拟值与实测值的均方误差（RMSE）和平均相对误差（MRE）。由表4.5可以看出，土壤含水率率定与验证过程中土壤含水率RMSE值均在0.05$cm^3/cm^3$以下，MRE值在10%以下，判定指标均在合理的误差范围内，说明经过率定和验证后的SWAP模型能够较好地模拟土壤水分动态变化规律。率定后得到的土壤水力特性参数见表4.6。

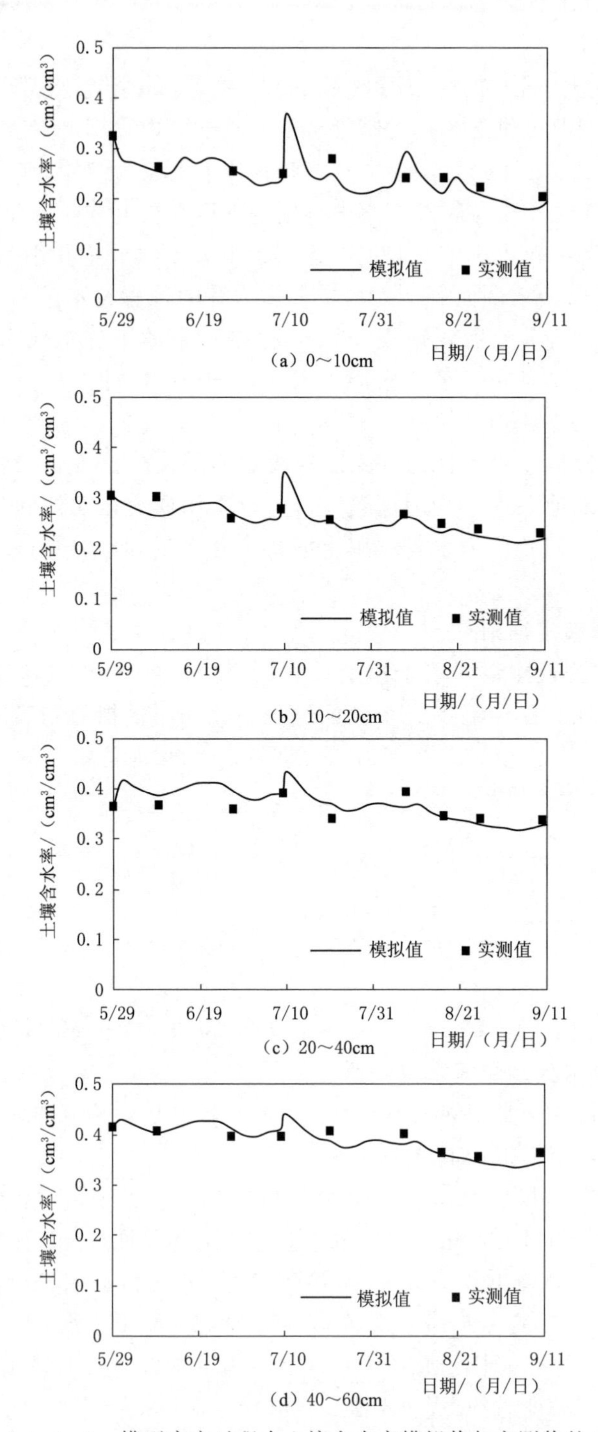


（a）0～10cm

（b）10～20cm

（c）20～40cm

（d）40～60cm

图4.1（一） 模型率定过程中土壤含水率模拟值与实测值的比较

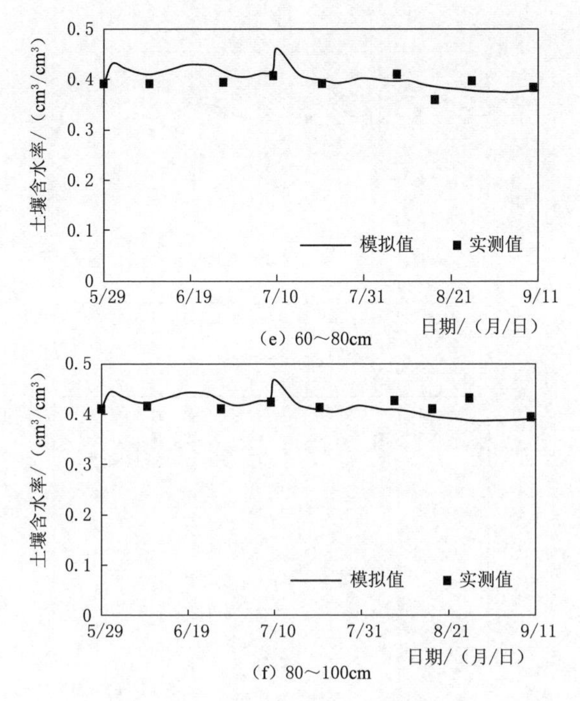


图 4.1（二） 模型率定过程中土壤含水率模拟值与实测值的比较

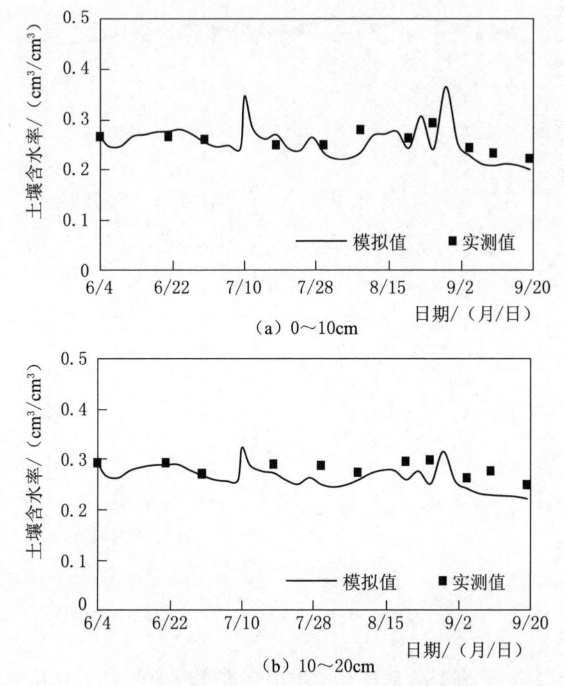


图 4.2（一） 模型验证过程中土壤含水率模拟值与实测值的比较

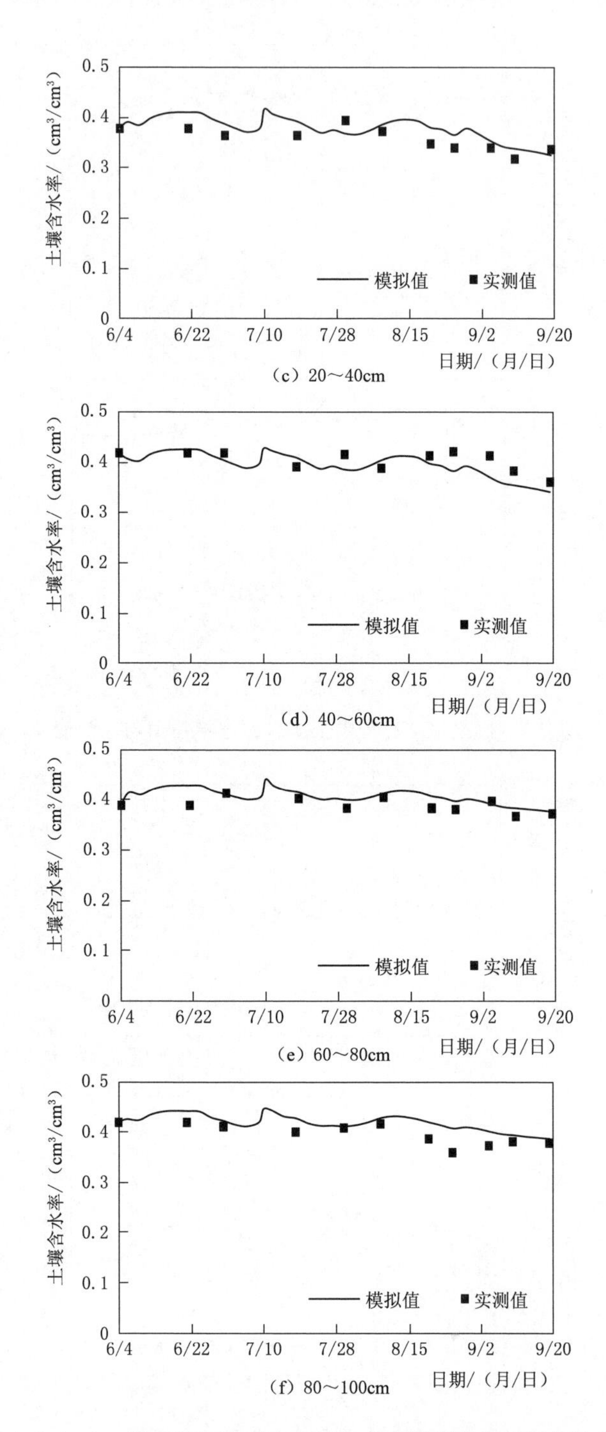


图4.2（二） 模型验证过程中土壤含水率模拟值与实测值的比较

表 4.5　　土壤含水率模拟值与实测值的 RMSE 和 MRE

| 土层深度/cm | 率定阶段 | | 验证阶段 | |
|---|---|---|---|---|
| | RMSE/($cm^3/cm^3$) | MRE/% | RMSE/($cm^3/cm^3$) | MRE/% |
| 0～10 | 0.02 | 7.50 | 0.02 | 7.80 |
| 10～20 | 0.02 | 5.02 | 0.03 | 8.43 |
| 20～40 | 0.02 | 4.41 | 0.02 | 5.97 |
| 40～60 | 0.01 | 2.93 | 0.02 | 5.05 |
| 60～80 | 0.02 | 3.44 | 0.02 | 3.09 |
| 80～100 | 0.02 | 3.00 | 0.02 | 4.71 |

表 4.6　　土壤水力特性参数的率定值

| 土层深度/cm | 残余含水率或风干含水率 $\theta_r$/($cm^3/cm^3$) | 饱和含水率 $\theta_s$/($cm^3/cm^3$) | 饱和导水率 $K_s$/(cm/d) | 形状参数 $\alpha$ | 形状参数 $n$ | 形状参数 $\lambda$ |
|---|---|---|---|---|---|---|
| 0～20 | 0.0288 | 0.4250 | 35.79 | 0.0185 | 1.4920 | 0.5 |
| 20～60 | 0.0394 | 0.4491 | 33.65 | 0.0055 | 2.0495 | 0.5 |
| 60～100 | 0.0252 | 0.4553 | 55.94 | 0.0095 | 1.2965 | 0.5 |

#### 4.1.2.4　土壤溶质运移参数率定与验证

图 4.3 和图 4.4 为 SWAP 模型率定和验证过程中不同时期土壤含盐量模拟值与实测值的比较。由图可以看出，盐分随土层深度增加而不断减少，其中模拟值基本反映了剖面土壤盐分的分布趋势。表 4.7 为土壤含盐量模拟值与实测值的 RMSE 和 MRE。土壤含盐量率定与验证过程中，RMSE 值在 3.0mg/$cm^3$ 以下，MRE 值均在 25%以下，在允许的误差精度范围之内，模拟结果基本可行。率定后得到的溶质运移参数见表 4.4。

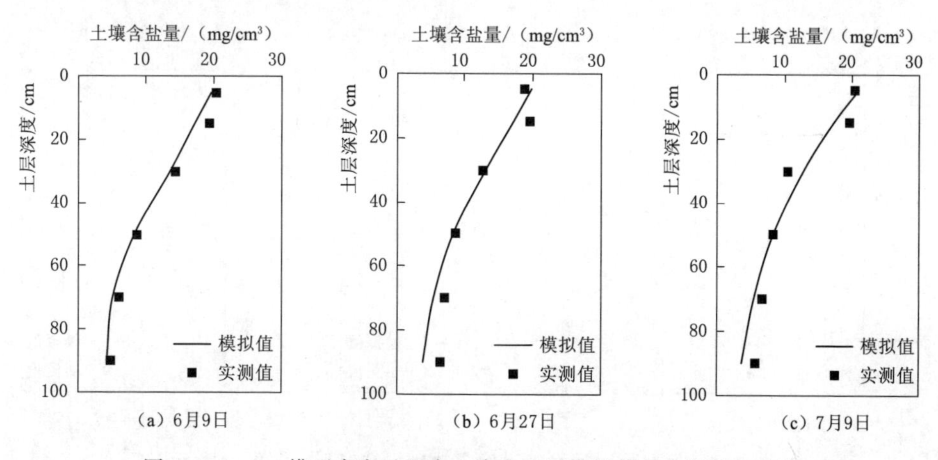


图 4.3（一）　模型率定过程中土壤含盐量模拟值与实测值的比较

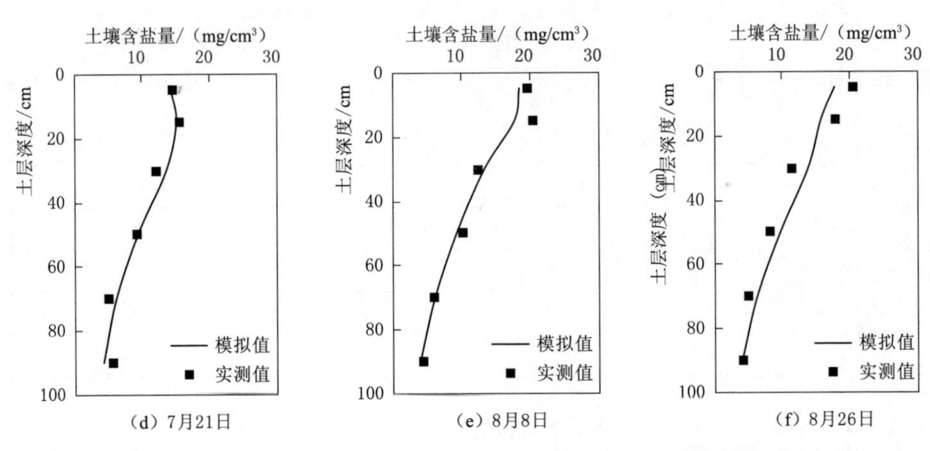


图 4.3（二） 模型率定过程中土壤含盐量模拟值与实测值的比较

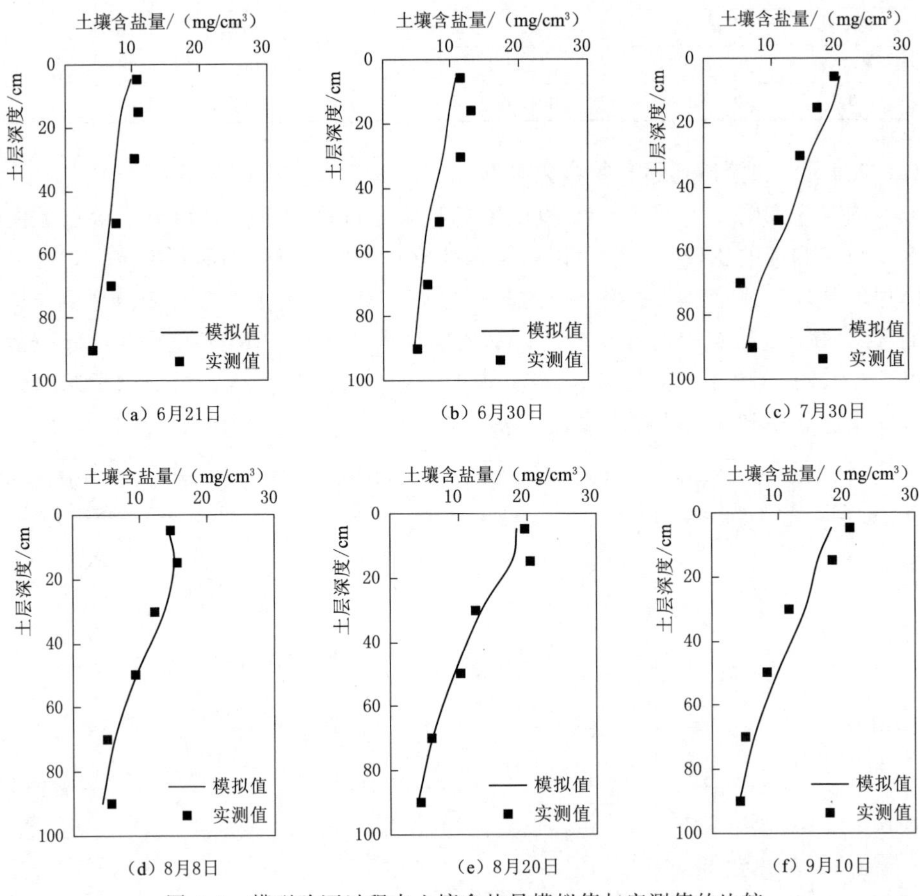


图 4.4 模型验证过程中土壤含盐量模拟值与实测值的比较

表 4.7　　土壤含盐量模拟值与实测值的 RMSE 和 MRE

| 日　期 | 率　定　阶　段 | | 日　期 | 验　证　阶　段 | |
|---|---|---|---|---|---|
| | RMSE/(mg/cm³) | MRE/% | | RMSE/(mg/cm³) | MRE/% |
| 2019-06-09 | 1.08 | 7.25 | 2020-06-21 | 1.62 | 14.95 |
| 2019-06-27 | 1.60 | 13.96 | 2020-06-30 | 1.81 | 16.42 |
| 2019-07-09 | 1.56 | 13.25 | 2020-07-30 | 1.79 | 18.33 |
| 2019-07-21 | 0.92 | 9.91 | 2020-08-08 | 1.44 | 11.49 |
| 2019-08-08 | 1.26 | 6.79 | 2020-08-20 | 1.37 | 10.54 |
| 2019-08-26 | 1.93 | 16.38 | 2020-09-10 | 1.30 | 14.71 |

#### 4.1.2.5　作物参数率定与验证

作物生长模块采用简单作物生长模块，SWAP 模型模拟得出的产量为相对产量。据调查，近年来河套灌区葵花的平均产量为 5450kg/hm²，假定河套灌区葵花平均产量为可获得的最大产量，根据 SWAP 模型模拟的相对产量与最大产量进行换算，可得到模拟产量。其中以 2019 年 C 处理的产量观测数据用于模型的率定，以 2020 年 C 处理的产量观测数据用于模型的验证。图 4.5 为模型率定与验证时葵花产量实测值与模拟值的比较，由图可以看出，2019 年模拟出来的葵花产量为 4142kg/hm²，实际测产 4228kg/hm²，2020 年模拟出来的葵花产量为 4959kg/km²，实际测产 4737kg/hm²，产量模拟值与实测值基本一致。模型率定与验证时葵花产量的均方误差 RMSE 在 500kg/hm² 以内，相对误差 MRE 均低于 15%，在合理的误差范围内，上述模拟结果表明，率定和验证后的 SWAP 模型可用于该地区葵花产量的模拟。

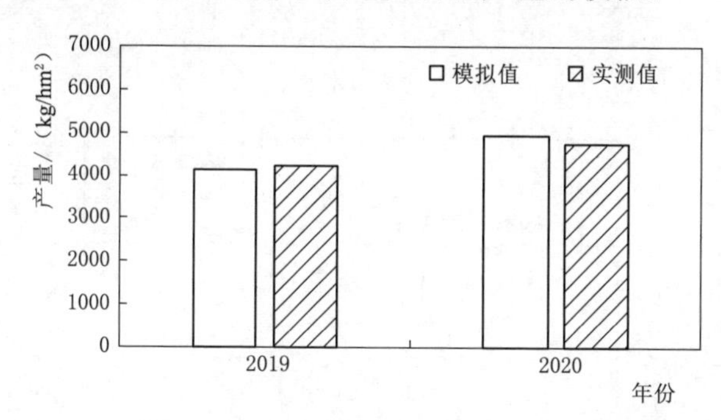


图 4.5　模型率定和验证时葵花产量模拟值与实测值比较

### 4.1.3　模拟结果与分析

#### 4.1.3.1　土壤水分通量模拟

由于试验区暗管布置规格一样，若要增设不同暗管埋深和间距的布置需要耗费大量人力物力，而利用率定和验证后的模型可对不同埋深和间距下的情景进行定量分析。所以本书以2019年的C处理为基础，对不同暗管布置条件下土壤水分通量、盐分通量以及产量进行模拟，不同情景设计见表4.8。

**表4.8　　不同情景设计**

| 项　目 | 基本情景 | 情景一 | 情景二 | 情景三 |
|---|---|---|---|---|
| 暗管间距/m | 45 | 30 | 30 | 45 |
| 暗管埋深/m | 1.5 | 1.5 | 2.0 | 2.0 |

由于葵花品种根系主要分布在0～40cm土壤剖面内，所以对不同暗管埋深和间距条件下40cm剖面处的土壤水分通量进行分析。图4.6是不同暗管埋深和间距条件下40cm剖面处的土壤水分通量变化趋势图，其中水分通量向上为正（0刻度线以上为正），向下为负，箭头代表灌水时间。由图4.6可以看出：

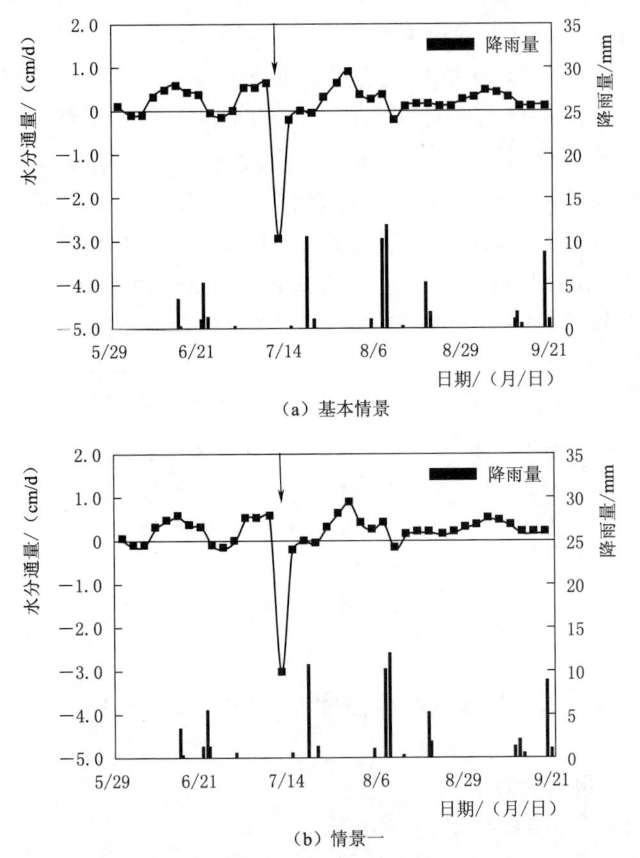


图4.6（一）　不同暗管埋深和间距条件下40cm剖面处土壤水分通量模拟结果

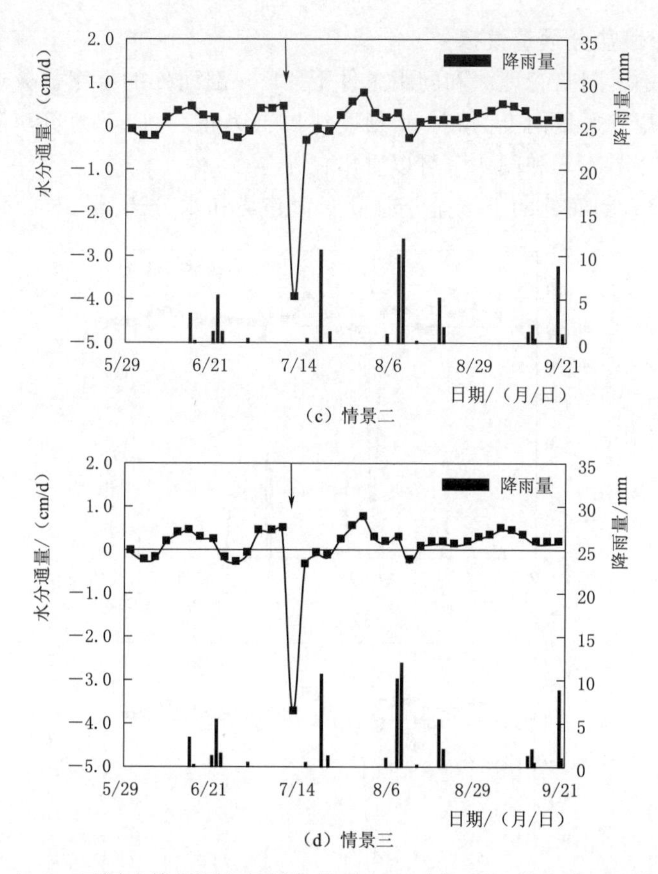


（c）情景二

（d）情景三

图 4.6（二） 不同暗管埋深和间距条件下 40cm 剖面处土壤水分通量模拟结果

（1）不同暗管埋深、间距条件下，40cm 剖面处的土壤水分通量总体变化趋势基本相同，且与灌水和降雨关系密切。无灌水和降雨时土壤水分以向上运动为主，存在灌水和较大降雨时，土壤水分以向下运动为主。

（2）在灌水当天，不同暗管埋深、间距条件下水分通量变化尤其明显，其中基本情景、情景一、情景二和情景三的向下水分通量分别为 2.91cm/d、3.07cm/d、3.98cm/d、3.77cm/d，由此可以看出，埋深越大，间距越小，40cm 剖面处向下的土壤水分通量就越大，说明增加暗管埋深、减小暗管间距可以有效排除灌溉时根系层多余的水分。

（3）整个生育期间，基本情景、情景一、情景二和情景三的 40cm 剖面处向下水分通量累积量分别为 4.41cm、4.64cm、6.24cm、5.89cm，当基本情景的间距减小 15m 时，向下的水分通量累积量增加 5.2%，当基本情景的埋深增加 0.5m 时，向下的水分通量累积量增加 33.6%，说明暗管埋深对水分影响更加敏感。

#### 4.1.3.2 土壤盐分通量模拟

图4.7是不同暗管埋深和间距条件下40cm剖面处的土壤盐分通量变化趋势图，其中盐分通量向上为正（0刻度线以上为正），向下为负，箭头代表灌水时间。结合图4.6和图4.7可以看出：

(1) 40cm剖面处的土壤盐分通量变化趋势和水分通量一样，无灌水和降

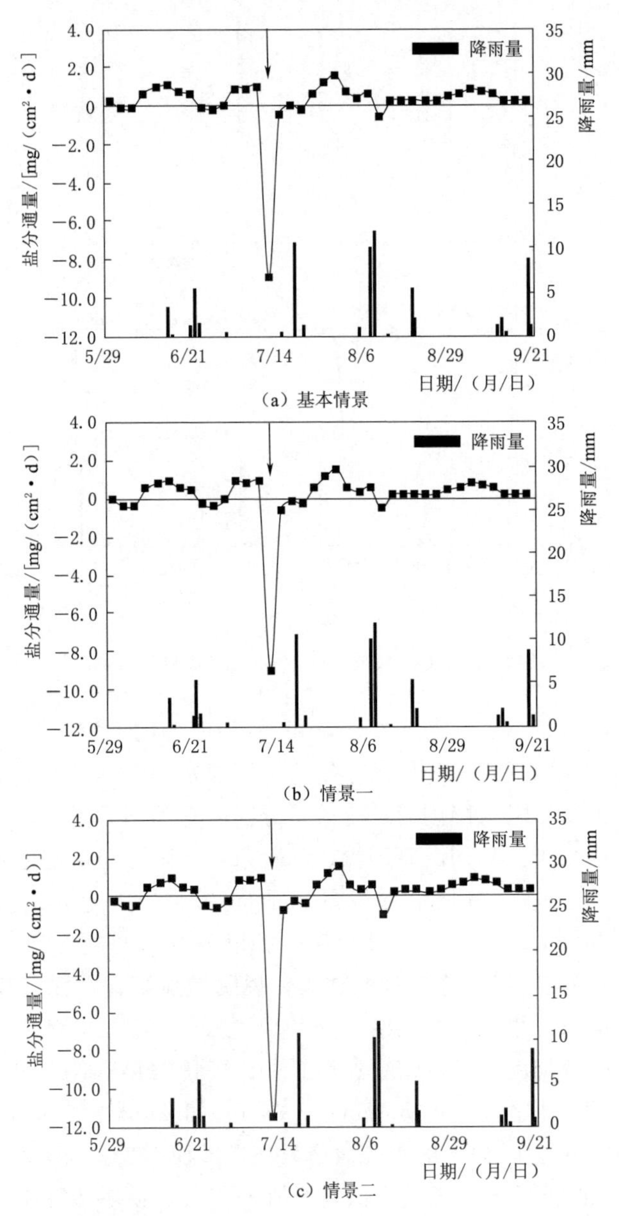


图4.7（一） 不同暗管埋深和间距条件下40cm剖面处土壤盐分通量模拟结果

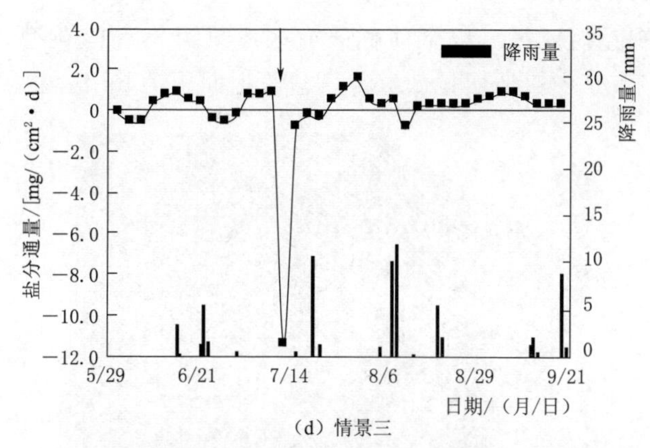


(d) 情景三

图 4.7(二) 不同暗管埋深和间距条件下 40cm 剖面处土壤盐分通量模拟结果

雨时土壤盐分以向上运移为主，存在灌水和降雨时，土壤盐分以向下运移为主，充分说明了“盐随水来，盐随水走”的土壤盐分的运移特性。

(2) 土壤盐分向下通量在灌溉当天达到最大，其中基本情景、情景一、情景二和情景三的向下盐分通量分别为 8.60mg/($cm^2$·d)、9.02mg/($cm^2$·d)、11.53mg/($cm^2$·d)、11.31mg/($cm^2$·d)，说明暗管埋深越大，间距越小，40cm 剖面处向下的盐分通量也就越大。

(3) 整个生育期间，不同情景下 40cm 剖面处盐分通量的累积量也存在差异，基本情景、情景一、情景二和情景三的向下盐分通量累积量分别为 10.86mg/$cm^2$、11.79mg/$cm^2$、16.77mg/$cm^2$、15.06mg/$cm^2$，当基本情景的暗管间距减小 15m 时，向下盐分通量累积量增加 8.5%，当基本情景的暗管埋深增加 0.5m 时，向下盐分通量累积量增加 38.7%，说明暗管排水可以有效排除根系层中的盐分，而且暗管埋深对排盐的影响要比间距更为敏感。

#### 4.1.3.3 葵花产量模拟

利用 SWAP 模型模拟得到基本情景、情景一、情景二和情景三葵花的产量分别为 4142kg/$hm^2$、4197kg/$hm^2$、4414kg/$hm^2$、4360kg/$hm^2$，情景二和情景三的产量较高且相差不大。在暗管间距为 45m，埋深为 1.5m 的基础上，暗管间距减小 15m，产量增加 1.3%，暗管埋深增加 0.5m 时，产量增加 5.3%，合适的暗管布设埋深与间距，可以有效降低根系层的水盐胁迫，从而使产量得到提高。

## 4.2 典型研究区耕荒地地下水流数值模拟

### 4.2.1 典型研究区地下水流数值模型构建

1. 典型研究区模拟范围

在研究区(图 3.1)选择一个周界由观测井控制的区域作为耕荒地地下水

流数值模拟的典型研究区（以下简称研究区，图4.8），该典型研究区域面积大致为150hm$^2$，其中耕地面积80hm$^2$，盐荒地面积70hm$^2$。

图4.8 典型研究区地下水流数值模拟范围

2. 典型研究区边界条件及含水层概化

研究区灌溉渠道主要是农渠，由于农渠灌水时间短且不连续，测流难以代表研究区的客观边界情况，根据观测井的实测地下水位，研究区东（BC）、东南（AB）、西南（AE）、西北（DE）边界均采用已知水头的一类边界进行处理，即东边界（BC段）采用Z5号观测井的实测地下水位作为边界、东南边界（AB段）采用Z2号观测井的实测地下水位作为边界、西南边界（AE段）采用Z4号观测井的实测地下水位作为边界、西北边界（DE段）采用7号、8号和Z3号观测井的实测平均地下水位作为边界；北边界（CD段）设为地下水流的二类边界，由北边耕地灌溉后单位时间内、单位面积上侧向流入研究区含水层的水量表示。根据内蒙古自治区地质局水文地质大队的河套灌区水文地质综合图表资料（1981），研究区系第四系全新统含水层（Q4）下部砂层与上更新系统含水层（Q3）连续沉积，未见明显的隔水层存在，且地层岩性不变、结构单一，研究区内水文地质参数没有明显的空间变异性，因此研究区含水层概化为平面均质各向同性的潜水层，下部的中更新统含水层（Q2）以淤泥质黏土沉积为主，渗透性差、埋藏深，可作为潜水层的底部隔水边界。本研究区地表上边界主要补给来源为田间灌溉入渗、渠系入渗和降雨入渗，地下水排泄主要为潜水蒸发和侧向径流。

根据以上研究区水文地质条件的概化，研究区地下水流运动可近似概化为潜水平面二维非稳定流运动，其数学模型为

$$
\left.\begin{array}{ll}
\dfrac{\partial}{\partial x}\left(K\dfrac{\partial h}{\partial x}\right)+\dfrac{\partial}{\partial y}\left(K\dfrac{\partial h}{\partial y}\right)-\omega=S_{s}\dfrac{\partial h}{\partial t} & [(x,y)\in\Omega,t\geqslant 0] \\
h|_{t=0}=h_{0}(x,y,0) & [(x,y)\in\Omega,t=0] \\
h|_{B_1}=h_{b}(x,y,t) & [(x,y)\in B_1,t\geqslant 0] \\
T\dfrac{\partial h}{\partial n}\bigg|_{B_2}=q(x,y,t) & [(x,y)\in B_2,t\geqslant 0]
\end{array}\right\} \tag{4.24}
$$

式中：$h$ 为潜水含水层水头，m；$\omega$ 为源汇项，1/d；$K$ 为含水层沿水平方向的渗透系数，m/d；$S_s$ 为含水层单位释水系数，1/m；$t$ 为时间，d；$\partial h/\partial t$ 为水头随时间变化率，m/d；$B_1$ 为第一类边界；$B_2$ 为第二类边界；$h_0$ 为初始水头，m；$h_b$ 为随时间变化的已知水头，m；$n$ 为边界线上的法线方向；$q$ 为二类边界的流量，m/d；$\Omega$ 为研究区范围。

3. 研究区数值计算网格剖分

采用 Visual MODFLOW 4.1 版本软件对研究区的地下水流运动进行模拟。研究区实际东西长度为 1420m，南北宽度 1350m。对模拟区域的含水层采用等距或不等距正交的矩形网格剖分，共分为 60 行、50 列，网格总数 3000 个。网格剖分如图 4.9 所示，其中白色区域为有效单元格，纳入计算范围，深色为无效单元格，不纳入计算范围。垂直剖面分为一层，隔水底板高程取为 878.05m，地表最大高程为 1043.05m。

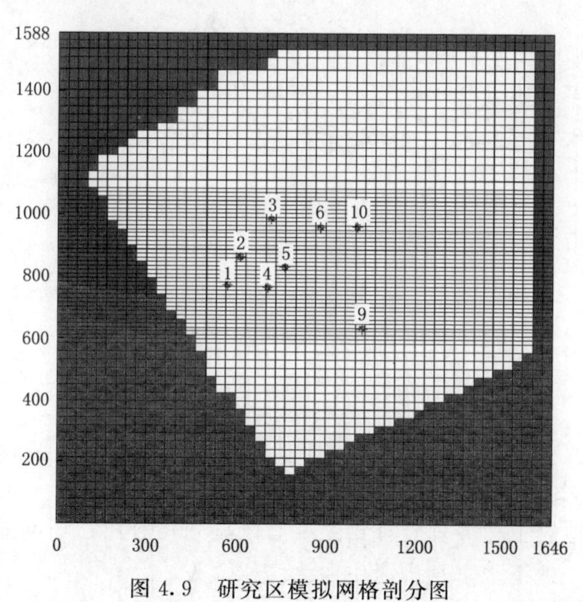


图 4.9 研究区模拟网格剖分图

4. 时间离散

根据研究区观测井的实测地下水位资料，选取 2019 年 5 月 9 日—9 月 28

日（作物生育期阶段）作为模型率定阶段，用于模型参数的率定；2020 年 5 月 9 日—9 月 28 日作为模型的验证阶段，用于模型参数的验证。模型率定和验证阶段均划分为 143 个应力期，即每天为一个应力期。在每个应力期内，模型的源汇项近似为是恒定的。

5. 初始条件

将各观测井 2019 年 5 月 9 日实测的地下水位高程作为模型的初始水位条件（表 4.9）。

**表 4.9　　初始地下水位**

| 观测井编号 | 1号 | 2号 | 3号 | 4号 | 5号 | 6号 | 9号 | 10号 |
| --- | --- | --- | --- | --- | --- | --- | --- | --- |
| 地下水位/m | 1040.83 | 1040.87 | 1040.61 | 1040.66 | 1040.40 | 1040.32 | 1040.48 | 1040.03 |

6. 边界条件

研究区的东、东南、西南、西北方向布设有地下水位观测井，相应地，将 2019 年各观测井的地下水位实测数据作为相应一类边界的已知水头，如图 4.10 所示。北边界为地下水流的二类边界，由北边耕地灌溉后单位时间内、单位面积上侧向流入研究区含水层的水量表示，根据达西定律推求得到的平均流量为 0.002m/d。

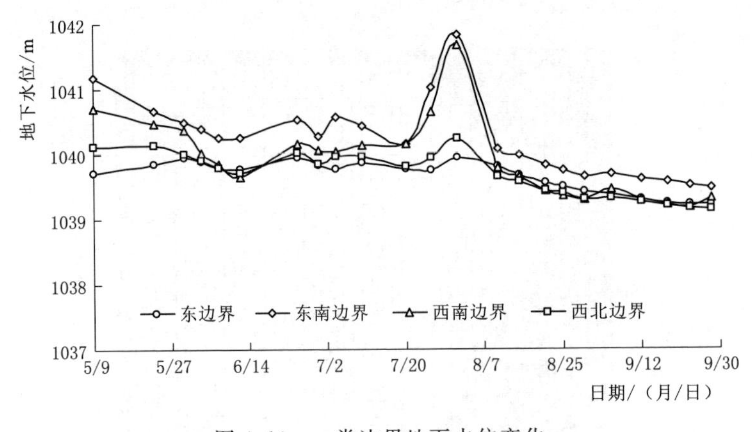


图 4.10　一类边界地下水位变化

7. 源汇项处理

研究区的地表上边界垂直补给主要有降雨入渗补给、田间灌溉入渗补给和渠道入渗补给，地下水垂直排泄主要为潜水蒸发。

（1）降雨入渗补给量。降雨入渗补给量采用降雨入渗补给系数法进行计算，计算公式为

$$Q_{降}=\alpha P\times10^{-3} \tag{4.25}$$

式中：$Q_{降}$为降雨入渗补给量，m/d；$\alpha$ 为降雨入渗补给系数，根据相关文献，河套地区降雨入渗补给系数取为 0.12；$P$ 为日降雨量，mm/d，由中国农业大学河套灌区研究院永济试验基地的气象站下载获得。

（2）田间灌溉入渗补给量。田间灌溉入渗补给量主要指渠道灌溉水进入农田后，向下垂直入渗补给地下水的水量。研究区主要采用地面畦灌的方式。本书将农渠以下的渠道渗漏补给量作为田间灌溉入渗补给量，田间灌溉入渗补给量的计算公式为

$$Q_{田}=\beta_{田}\frac{\sum m_i A_i}{667\sum A_i \Delta t_1} \tag{4.26}$$

式中：$Q_{田}$为田间灌溉入渗补给量，m/d；$\beta_{田}$为灌溉入渗补给系数，根据相关文献，取为 0.30；$m_i$ 为耕地灌溉定额，$m^3/hm^2$，见表 4.10；$A_i$ 为作物种植面积，$hm^2$；$\Delta t_1$ 为模拟时期内田间灌溉的天数，d。

**表 4.10　研究区作物灌溉制度**

| 灌水阶段 | 作物名称 | 灌溉定额/($m^3/hm^2$) | 种植面积/$hm^2$ |
|---|---|---|---|
| 夏秋灌 | 葵花 | 1999.5 | 47.34 |
| | 春玉米 | 3000 | 24.13 |
| | 瓜菜类 | 1650 | 8.57 |

（3）渠道入渗补给量。渠道引水灌溉时，渠系水位一般高于其岸边的地下水位，且研究区内支渠以下渠道多为土渠，存在一定的渗漏量。研究区西南侧边界的新利支渠由于测流较困难，可利用田间灌溉水量反推求出渠道入渗补给量，计算公式为

$$Q_{渠}=\frac{\dfrac{\sum m_i A_i}{\eta_{渠}}(1-\eta_{渠})\beta_{渠}}{F\Delta t_2} \tag{4.27}$$

式中：$Q_{渠}$为渠道渗漏补给量，m/d；$\eta_{渠}$为支渠渠道水利用系数，根据相关文献，$\eta_{渠}$取为 0.80；$\beta_{渠}$为渠道渗漏系数，根据相关文献，$\beta_{渠}$取为 0.70；$F$ 为研究区面积，$m^2$；$\Delta t_2$ 为模拟时期内渠道引水时间，d。

将上述降雨入渗补给量、田间灌溉入渗补给量和渠道入渗补给量三者相加，即为垂直补给量。2019 年的垂直补给量如图 4.11 所示。

（4）潜水蒸发量。研究区非冻融期潜水蒸发量按照下式计算：

$$Q_{蒸}=\varepsilon_0 C\times 10^{-3} \tag{4.28}$$

式中：$Q_{蒸}$为潜水蒸发量，m/d；$\varepsilon_0$ 为水面日蒸发量，mm/d；$C$ 为潜水蒸发系数，根据相关文献，$C$ 取为 0.12。

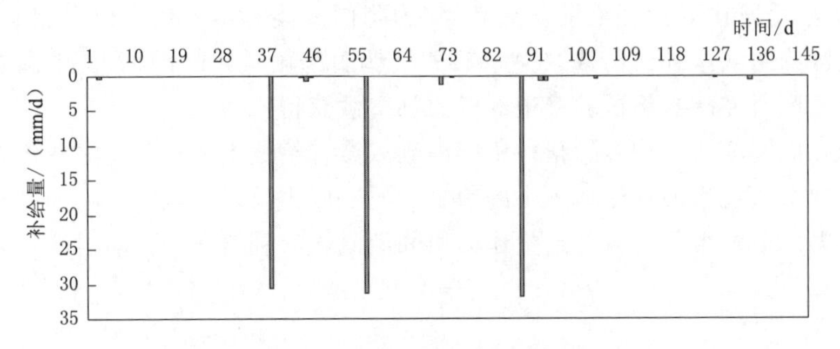


图 4.11　2019 年垂直补给量

2019 年模拟期内潜水蒸发量如图 4.12 所示。

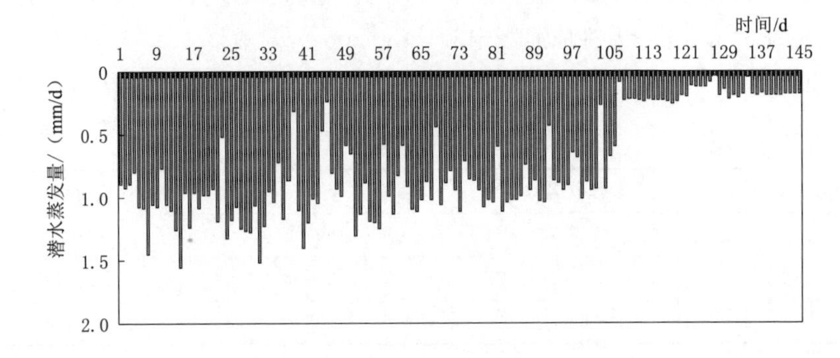


图 4.12　2019 年潜水蒸发量

8. 地下水观测井

选取研究区内数据具有代表性的 8 眼地下水观测井，分别为 1 号、2 号、3 号、4 号、5 号、6 号、9 号、10 号观测井，将 2019 年观测井的实测地下水位输入模型中，如图 4.13 所示。

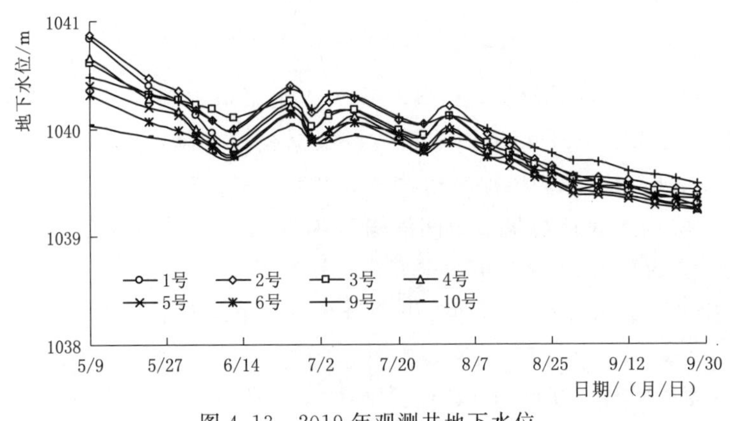


图 4.13　2019 年观测井地下水位

9. 水文地质参数初始值

根据研究区已有研究成果，取含水层水平方向渗透系数 $K=8.42\text{m/d}$、重力给水度为 0.044、有效空隙度为 0.15、总空隙度为 0.3、研究区地下水位的极限埋深取为 3.0m，以上数据作为模型输入的初始值。

### 4.2.2 模型的率定与验证

1. 率定准则

在模型率定与验证过程中，采用计算水位和实测水位的平均相对误差（MRE）和判定系数（$R^2$）来评价模型的模拟精度，其计算公式如下：

$$\text{MRE}=\frac{1}{N}\sum_{i=1}^{N}\left|\frac{P_i-O_i}{D}\right|\times 100\% \tag{4.29}$$

$$R^2=\left\{\frac{\sum_{i=1}^{N}(P_i-\overline{P})(O_i-\overline{O})}{\left[\sum_{i=1}^{N}(P_i-\overline{P})^2\right]^{0.5}\left[\sum_{i=1}^{N}(O_i-\overline{O})^2\right]^{0.5}}\right\}^2 \tag{4.30}$$

式中：$N$ 为地下水位观测值的个数；$O_i$ 为第 $i$ 个实测水位，m；$P_i$ 为相应的计算水位，m；$D$ 为潜水含水层厚度，m，根据相关文献，取值为 22.5m；$\overline{P}$、$\overline{O}$分别为计算水位和实测水位的平均值。

2. 模型率定

将以上确定的初始条件、边界条件、垂直补给与排泄以及初始水文地质参数按 MODFLOW 的格式要求输入模型中，计算各观测井的地下水位，与实测地下水位进行比较，根据两者的吻合情况适当调整模型的相关参数，直到计算水位与实测水位的误差在允许的范围之内，即得到最终的模型参数。计算时间为 2019 年 5 月 9 日—9 月 28 日，时间步长取 1d，共 143 个步长。图 4.14 为模型率定时耕荒地不同地下水位观测井中地下水位计算值与实测值的对比图。由图可以看出，各观测井计算水位与实测水位吻合较好。图 4.15 为实测水位与计算水位散点图。从图中可以看出，地下水位大部分点都集中在 45°线附近，拟合效果较好。表 4.11 为观测井地下水位计算值与实测值的误差统计表。从表中可知，耕荒地各观测井计算水位与实测水位的 MRE 值均在 0.4%以下，$R^2$ 均在 0.90 以上，在合理的误差范围之内。由此可见，耕荒地地下水位的计算值与实测值吻合程度较好。

模型率定阶段，选取第 39 个应力期，即第 2 次灌溉后（2019 年 6 月 17 日）为典型应力期，此时由于耕地灌溉后地下水位上升，耕荒地间地下水形成

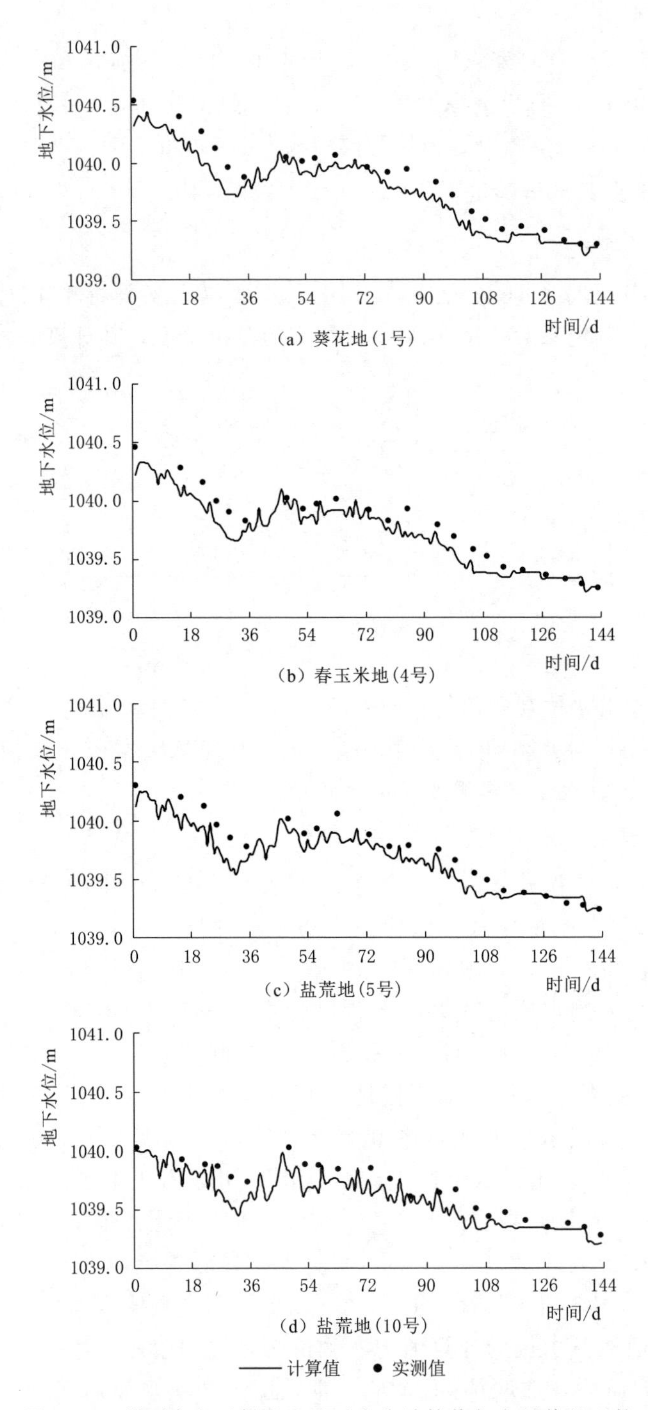


图 4.14 模型率定时耕荒地地下水位计算值与实测值的比较

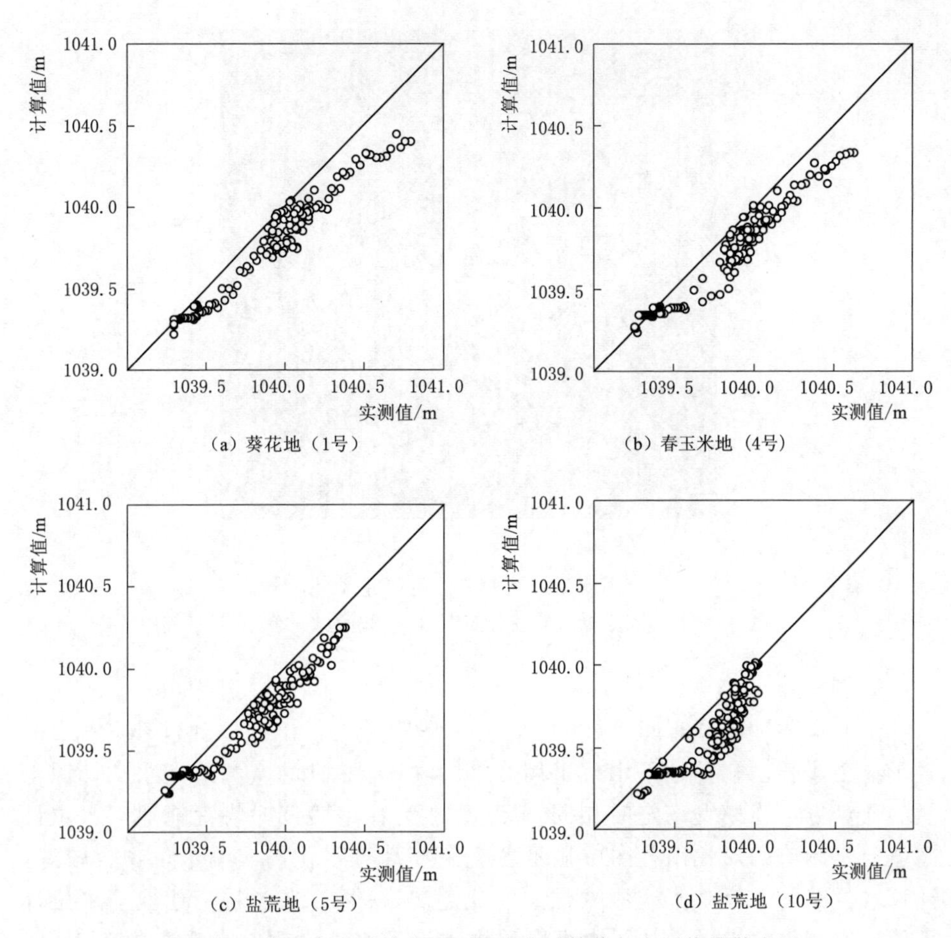


图 4.15　模型率定时耕荒地地下水位计算值与实测值的散点图

**表 4.11　　模型率定时耕荒地地下水位计算值与实测值的误差统计表**

| 观测井 | 相对误差最大值/% | 相对误差最小值/% | 平均相对误差值 MRE/% | 相关系数 $R^2$ |
|---|---|---|---|---|
| 1 号 | 1.82 | 0.001 | 0.33 | 0.98 |
| 4 号 | 1.54 | 0.001 | 0.34 | 0.97 |
| 5 号 | 1.34 | 0.004 | 0.29 | 0.96 |
| 10 号 | 1.76 | 0.002 | 0.37 | 0.92 |

较大的水力梯度，地下水交换明显，绘制研究区地下水流场分布图（图4.16）。从图中可以看出，地下水总体由四周耕地流向中间地势低洼的盐荒地，基本上与地势起伏相一致，地下水位在1039.2～1040.6m之间变化。

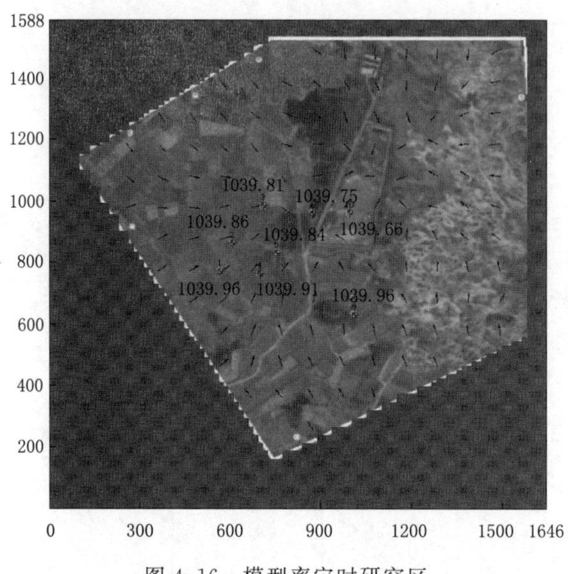


图 4.16 模型率定时研究区
地下水流场分布图（$t$=39d）

3. 模型验证

模型验证时计算时间为 2020 年 5 月 9 日—9 月 28 日，时间步长取 1d，共 143 个步长。初始地下水位采用 2020 年 5 月 9 日的实测地下水位，源汇项的计算方法与模型率定时相同。图 4.17 为模型验证时耕荒地地下水位计算值与实测值的对比图，图中显示各观测井计算水位与实测水位吻合较好，计算水位基本上反映了实测水位的变化趋势。图 4.18 为耕荒地地下水位计算值与实测值散点图。从图中可以看出，地下水位大部分点都集中在 45°线附近，拟合效果较好。表 4.12 为模型验证时耕荒地地下水位计算值与实测值的误差统计表。从表中可知，耕地与盐荒地各观测井计算水位与实测水位的 MRE 值均在 0.6%以下，$R^2$ 均在 0.85 以上，在合理的误差范围之内。由此可见，模型验证阶段耕荒地地下水位的计算值与实测值吻合程度较好。

模型验证阶段，选取第 39 个应力期，即第 2 次灌溉后（2020 年 6 月 17 日）为典型应力期，此时耕地灌溉后地下水位上升，耕荒地间地下水交换明显，绘制研究区地下水流场分布图（图 4.19）。从图中可以看出，模型验证阶段研究区地下水流场基本与模型率定阶段地下水流场相似，地下水总体均由四周耕地流向中间地势低洼的盐荒地，地下水位在 1039.2～1040.6m 之间变化。

由此可见，所构建的地下水流数值模型可以用于模拟研究区耕荒地地下水流动状态。经过模型率定和验证后得到的有关水文地质参数见表 4.13。

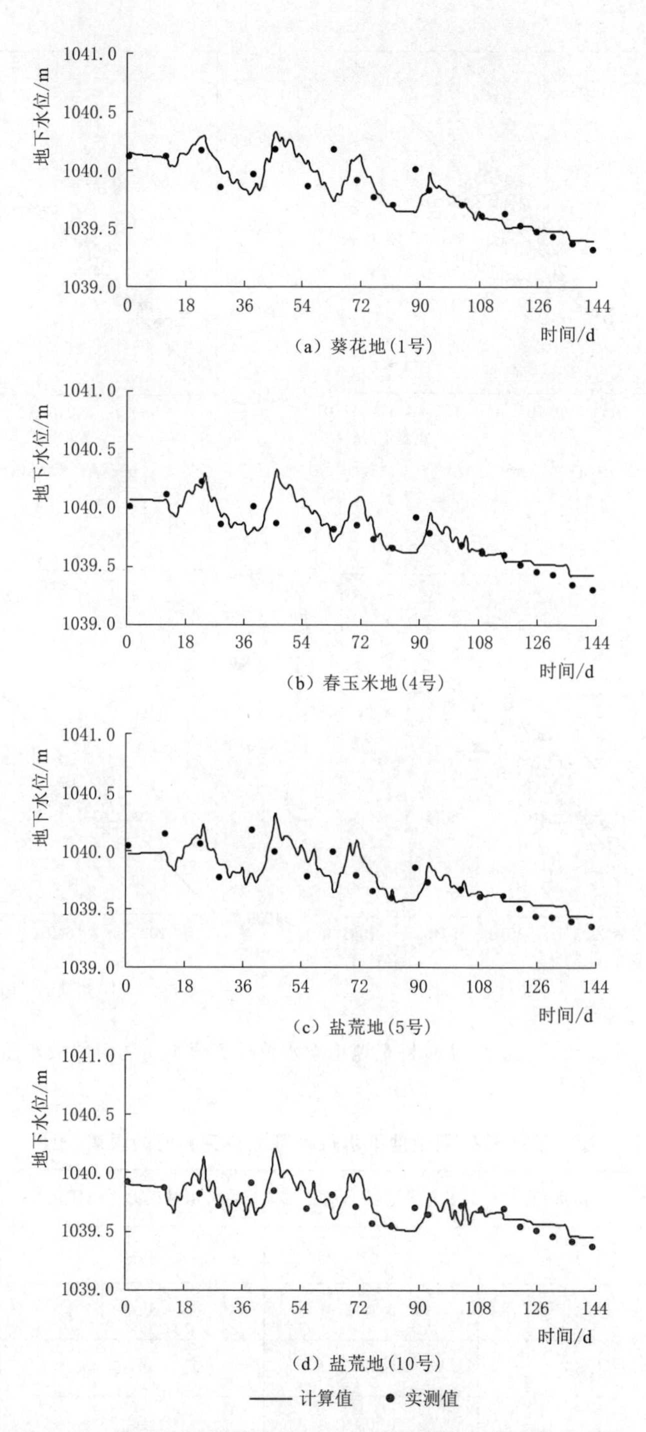


图 4.17 模型验证时耕荒地地下水位计算值与实测值的比较

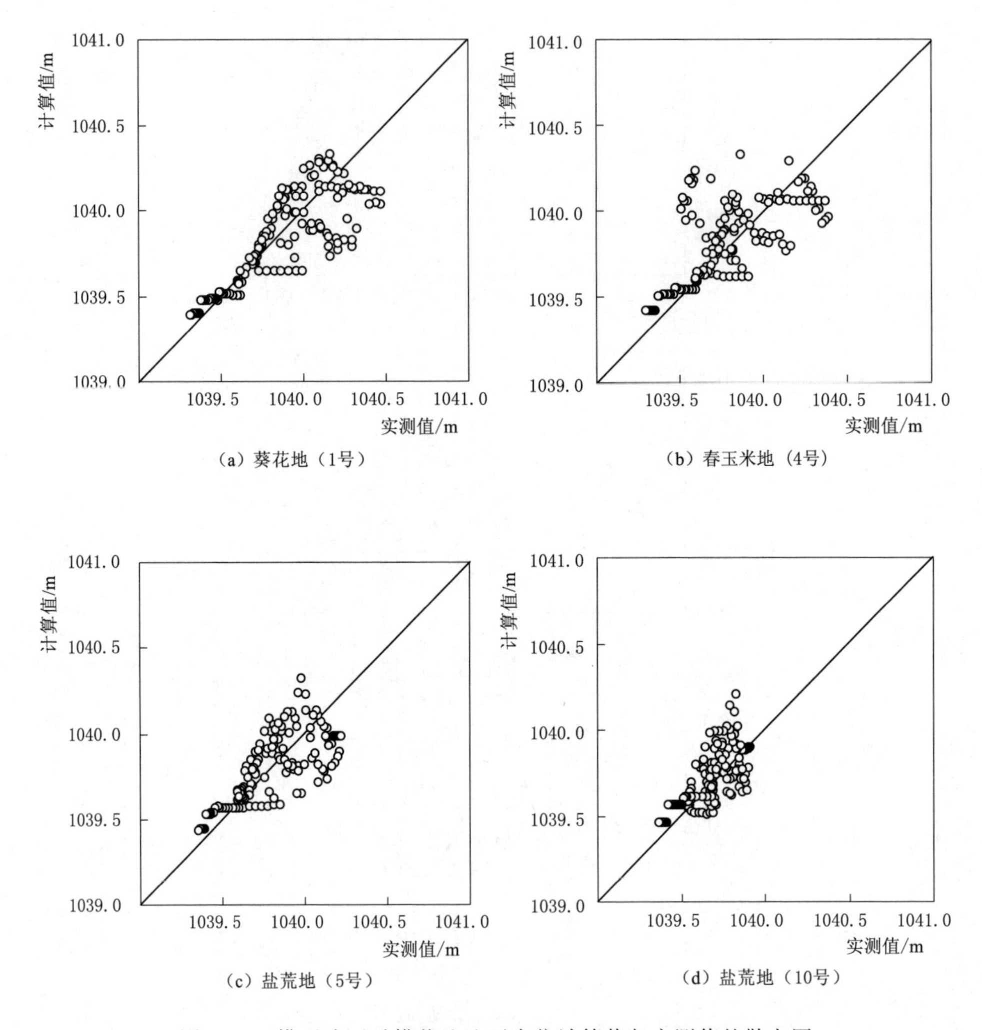


(a) 葵花地（1号） (b) 春玉米地（4号）

(c) 盐荒地（5号） (d) 盐荒地（10号）

图 4.18 模型验证时耕荒地地下水位计算值与实测值的散点图

**表 4.12 模型验证时耕荒地地下水位计算值与实测值的误差统计**

| 观测井 | 相对误差最大值/% | 相对误差最小值/% | 平均相对误差值 MRE/% | 相关系数 $R^2$ |
|---|---|---|---|---|
| 1号 | 2.32 | 0.009 | 0.44 | 0.86 |
| 4号 | 2.84 | 0.001 | 0.53 | 0.85 |
| 5号 | 1.86 | 0.004 | 0.35 | 0.88 |
| 10号 | 1.62 | 0.001 | 0.27 | 0.90 |

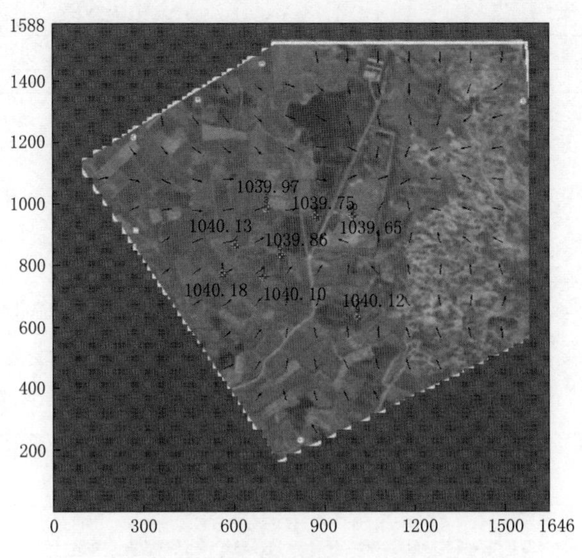


图 4.19 模型验证时研究区
地下水流场分布图（$t$=39d）

表 4.13 研究区数值模型参数的初始值和率定值

| 参 数 | 初始值 | 率定值 | 参 数 | 初始值 | 率定值 |
|---|---|---|---|---|---|
| 渗透系数 $K$/(m/d) | 8.42 | 6.26 | 重力给水度 $\mu$ | 0.044 | 0.064 |
| 潜水蒸发系数 $C$ | 0.12 | 0.10 | 降雨入渗补给系数 $\alpha$ | 0.12 | 0.10 |
| 灌溉入渗补给系数 $\beta_{田}$ | 0.30 | 0.32 | 支渠渠道水利用系数 $\eta_{渠}$ | 0.80 | 0.82 |
| 渠道渗漏系数 $\beta_{田}$ | 0.70 | 0.70 | | | |

### 4.2.3 耕荒地间地下水盐运移量的估算

#### 4.2.3.1 耕荒地间地下水运移量的估算

图 4.20 为耕地与盐荒地地下水盐运移示意图。研究区耕地（葵花地、春玉米地）上边界水分输入主要是灌溉和降雨量，水分输出主要是作物蒸发蒸腾量、潜水蒸发量和耕地水平侧向渗透量。盐荒地忽略稀疏的植被且无灌溉量，水分输入主要是耕地地下水与土壤水侧向渗入和降雨，水分输出主要是土（水）面蒸发量。由于研究区地下水位埋深较浅，耕地非饱和带水平侧渗量较少，本书不考虑非饱和带耕荒地间的水盐运移量。耕地与盐荒地由于地势存在差异，耕地灌溉后地下水位上升，耕荒地之间形成地下水位差，在水力梯度的作用下，耕地地下水流向盐荒地，且地下水流动的同时也会携带地下水中的盐分运移，盐荒地在强烈的土（水）面蒸发的作用下，地下水向上运移，水去

盐留，盐分则在盐荒地土壤中逐渐累积，此过程即为“旱排盐”过程。

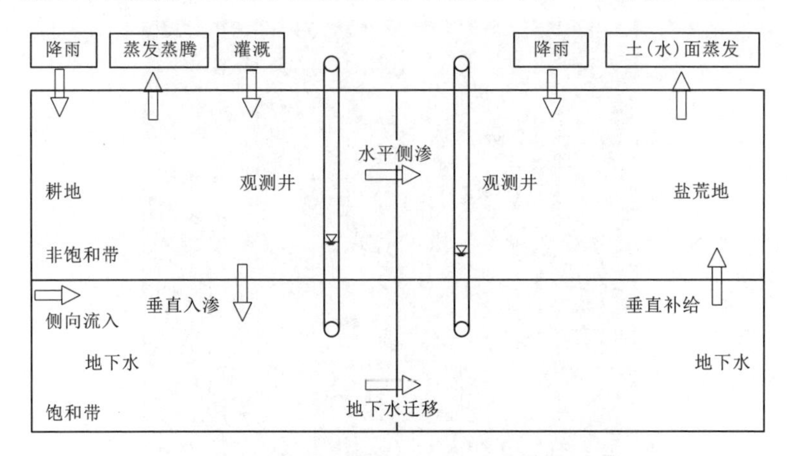


图 4.20　研究区耕荒地地下水盐运移示意图

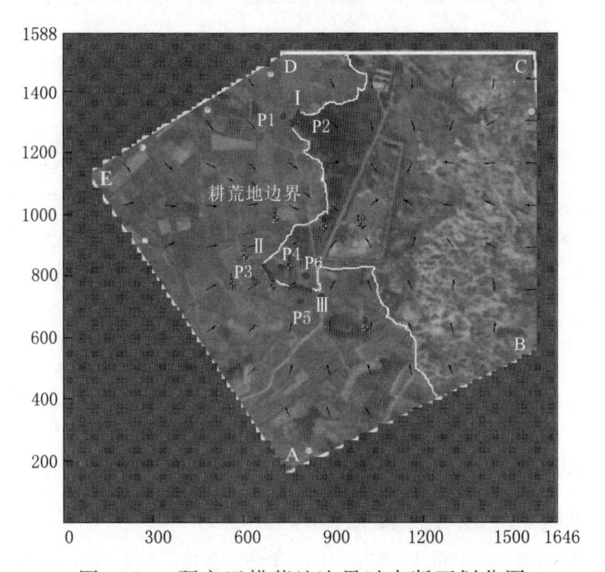


图 4.21　研究区耕荒地边界过水断面划分图

由图 4.16 和图 4.19 可知，耕荒地边界处地下水流动较为均匀，由于存在水位差，故可以在耕荒地边界处设置过水断面进行地下水单宽流量的推求。如图 4.21 所示，通过在谷歌地球测量，可知研究区耕地与盐荒地的边界总长约为 2200m，在耕荒地边界处找 3 个与地下水流线垂直的过水断面，分别表示为第Ⅰ、Ⅱ、Ⅲ过水断面。第Ⅰ过水断面选取 P1 为耕地观测点，P2 为盐荒地观测点，两者之间的距离为 80m，过水断面的长度为 75m；第Ⅱ过水断面选取 P3 为耕地观测点，P4 为盐荒地观测点，两者之间的距离为 80m，过水断面的长度为 90m；第Ⅲ过水断面选取 P5 为耕地观测点，P6 为盐荒地观测点，两者之间的距离为 80m，过水断面的长度为 90m。

根据建立的地下水流数值模型，可得到各观测点 2019 年和 2020 年 143 个应力期的计算地下水位。耕荒地各过水断面的水力梯度计算公式为

$$J_i = \frac{h_{耕i} - h_{荒i}}{L} \tag{4.31}$$

式中：$J_i$ 为水力梯度；$i$ 为第 $i$ 个应力期；$h_{耕i}$ 为耕地观测点计算地下水位，m；$h_{荒i}$ 为盐荒地观测点计算地下水位，m；$L$ 为各过水断面耕荒地观测点之间的距离，m。

根据裘布依基本微分方程，可得到耕荒地各过水断面的单宽流量公式：

$$q_i = KDJ_i = KD\frac{h_{耕i} - h_{荒i}}{L} \tag{4.32}$$

式中：$q_i$ 为每天地下水的单宽流量，$m^2/d$；$K$ 为水平方向的渗透系数，取值为 6.26m/d；$D$ 为研究区潜水含水层厚度，根据相关文献，取值为 22.5m。

根据上述公式可分别计算 2019 年和 2020 年模拟期内三个过水断面各应力期对应的单宽流量。图 4.22 和图 4.23 分别为两年模拟期内第Ⅰ～Ⅲ个过水断面的单宽流量随时间变化的过程图。由图可以看出，两年模拟期内各过水断面处的单宽流量变化过程基本类似，各过水断面处地下水流动较为均匀。经计算，2019 年耕荒地边界处的平均单宽流量为 $0.095m^2/d$；2020 年耕荒地边界处的平均单宽流量为 $0.098m^2/d$，两年模拟时间内耕荒地边界处的平均单宽流量基本接近。

耕地地下水运移至盐荒地的水量计算公式为

$$Q_{g-h} = \sum_{i=1}^{143} q_i B \tag{4.33}$$

式中：$Q_{g-h}$ 为耕地地下水运移至盐荒地的水量，$m^3$；$q_i$ 为耕荒地边界处地下水每天的平均单宽流量，$m^2/d$；$B$ 为耕荒地边界的总长度，m。

经计算，2019 年模拟期内耕地地下水运移至盐荒地的水量为 2.98 万 $m^3$；2020 年模拟期内耕地地下水运移至盐荒地的水量为 3.08 万 $m^3$。

#### 4.2.3.2 耕荒地间地下水盐分运移量的估算

耕地地下水运移至盐荒地的盐量计算公式为

$$S_{g-h} = \sum_{i=1}^{143} q_i B C_i \times 10^{-3} \tag{4.34}$$

式中：$S_{g-h}$ 为耕地地下水运移至盐荒地的盐量，t；$C_i$ 为第 $i$ 个应力期耕荒地边界处各观测井的平均地下水矿化度，g/L。

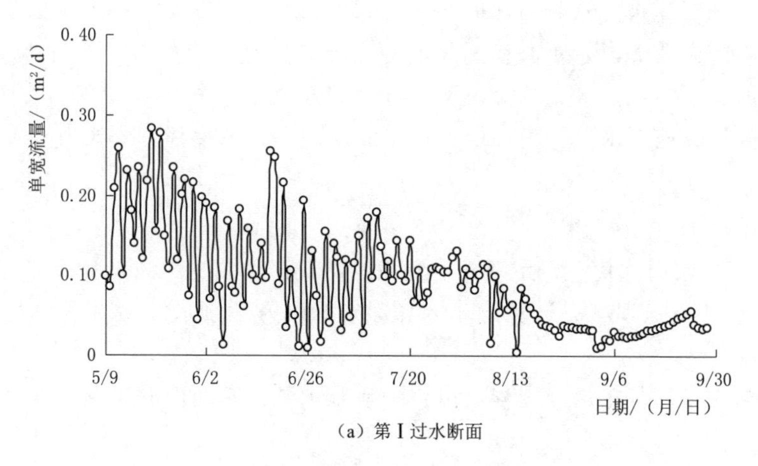


（a）第Ⅰ过水断面

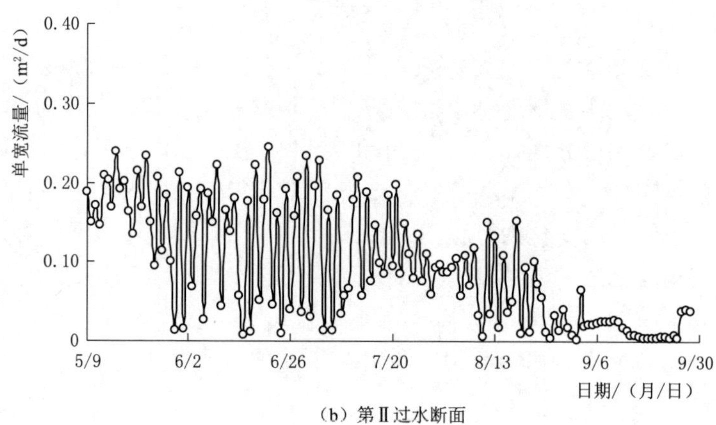


（b）第Ⅱ过水断面

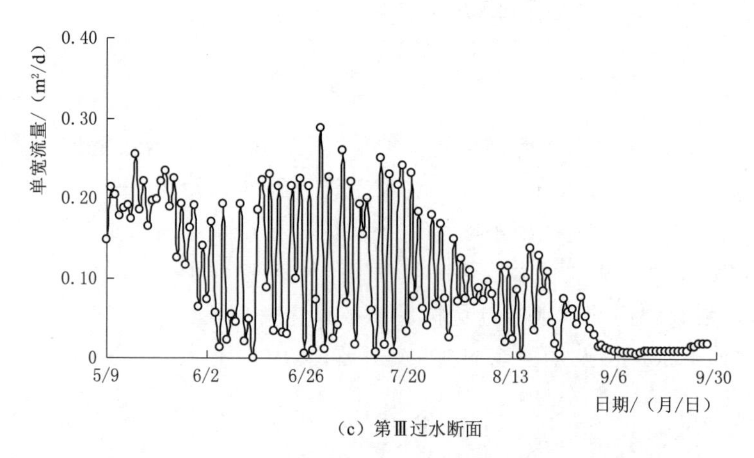


（c）第Ⅲ过水断面

图4.22　2019年耕荒地边界处过水断面单宽流量变化图

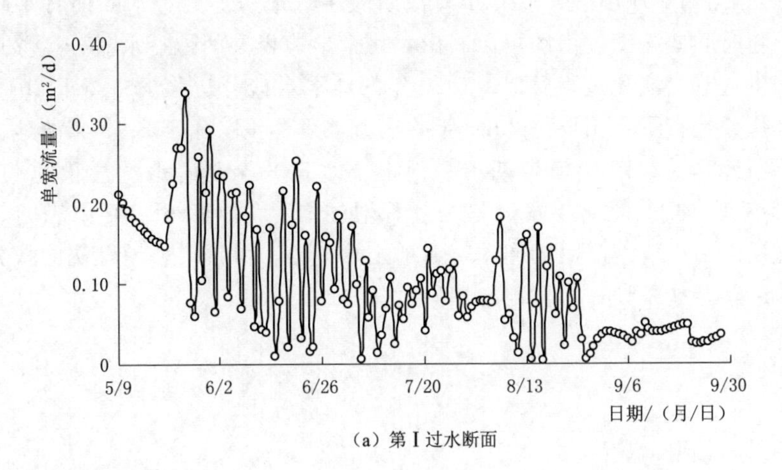

(a) 第Ⅰ过水断面

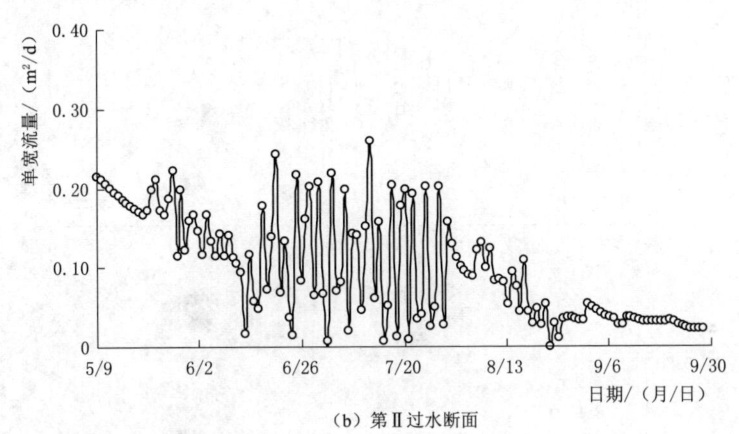

(b) 第Ⅱ过水断面

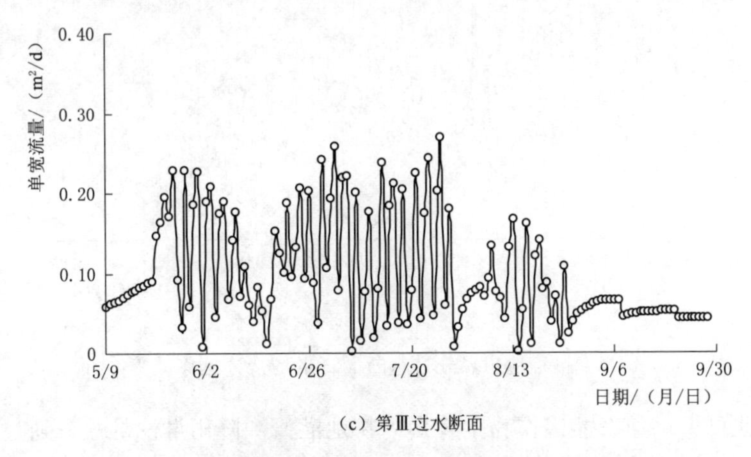

(c) 第Ⅲ过水断面

图 4.23 2020 年耕荒地边界处过水断面单宽流量变化图

图 4.24 为 2019 年和 2020 年模拟期内耕荒地边界处过水断面日平均盐分运移量随时间变化图。由图可以看出，耕荒地边界处的地下水盐分运移过程与地下水单宽流量变化过程类似，2020 年的地下水盐分运移量略高于 2019 年的地下水盐分运移量，主要是 2020 年的地下水运移量略大于 2019 年的地下水运移量。经计算，2019 年模拟期内耕地地下水运移至盐荒地的盐量为 40.55t；2020 年模拟期内耕地地下水运移至盐荒地的盐量为 41.86t。结果表明，在作物生育期内由于耕地灌溉的作用，耕地土壤盐分被淋洗，耕地淋洗的盐分通过地下水运移至盐荒地，盐荒地土壤则积盐。

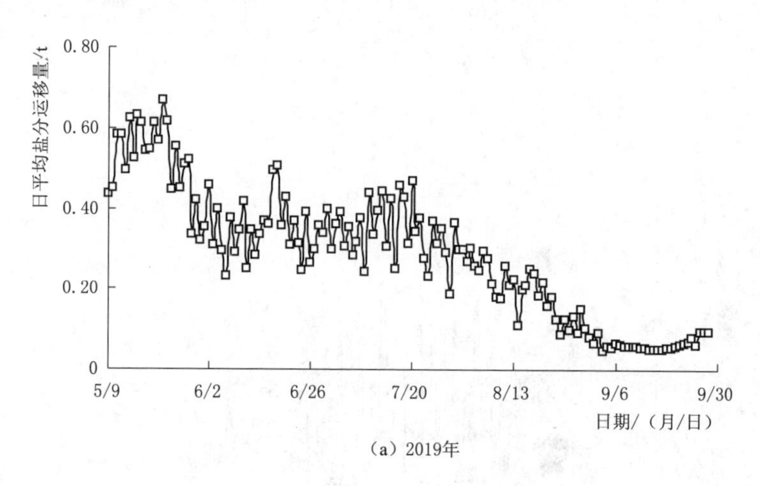


(a) 2019年

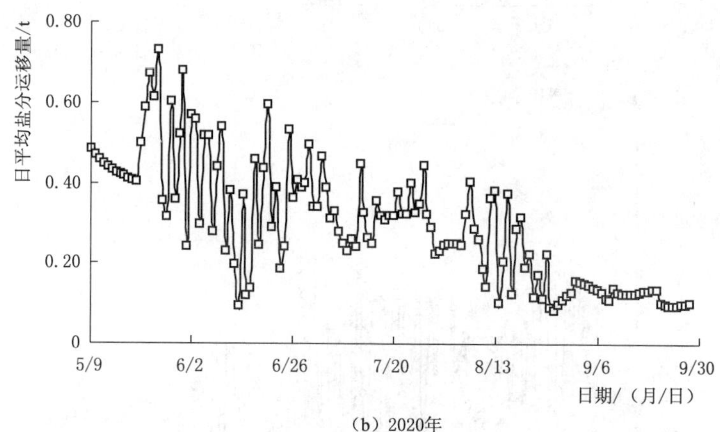


(b) 2020年

图 4.24 耕荒地边界处过水断面日平均盐分运移量变化图

由此可见，河套灌区作物生育期内耕地灌溉和降雨淋洗的盐分通过地下水运移至盐荒地，盐荒地是耕地的排泄区域，具有明显的调节水盐平衡的作用，是河套灌区不可缺少的土地类型。

#### 4.2.3.3 研究区耕荒地盐分均衡分析

研究区现状灌溉条件下耕地总引水量计算公式为

$$Q_{总}=\frac{\sum m_i A_i}{\eta_{渠}} \tag{4.35}$$

式中：$Q_{总}$为耕地灌溉的总引水量，万 $m^3$；$m_i$ 为第 $i$ 种作物生育期内的灌溉定额，mm；$A_i$ 为第 $i$ 种作物的种植面积，$m^2$，两年模拟期内各种作物的种植面积近似一致，见表 4.10；$\eta_{渠}$为渠道水利用系数，研究区灌溉渠道主要是农渠，取为 0.85。

研究区耕地地下水运移至低洼盐荒地的过程称为“干排水”，根据上述估算作物生育期内耕荒地间的地下水运移量与总引水量，可以推求干排水比，计算公式为

$$\eta_{干排水}=\frac{Q_{g-h}}{Q_{总}} \tag{4.36}$$

式中：$\eta_{干排水}$为干排水比，%；$Q_{g-h}$为耕地地下水运移至盐荒地的水量，万 $m^3$。

由耕地灌溉引水带入到研究区的总盐量可采用下式计算：

$$S_{总}=Q_{总}C_{渠} \tag{4.37}$$

式中：$S_{总}$为总引盐量，t；$C_{渠}$为渠道水的矿化度，实测值约为 0.5g/L。

研究区耕地地下水的盐分运移至盐荒地的过程称为“干排盐”，根据上述估算作物生育期内耕荒地间的地下水盐分运移量与总引盐量，可以推求干排盐比，计算公式为

$$\eta_{干排盐}=\frac{S_{g-h}}{S_{总}} \tag{4.38}$$

式中：$\eta_{干排盐}$为干排盐比，%；$S_{g-h}$为耕地地下水运移至盐荒地的盐量，t。

盐荒地的积盐量可采用下式计算：

$$\Delta S_{荒}=S_{g-h}-S_{hd} \tag{4.39}$$

式中：$\Delta S_{荒}$为盐荒地的积盐量，t；$S_{hd}$为盐荒地的人工排水排盐量，由于研究区没有人工排水系统，$S_{hd}$近似为 0。

耕地的积盐量可采用下式计算：

$$\Delta S_{耕}=S_{总}-(S_{g-h}+S_{gd}) \tag{4.40}$$

式中：$\Delta S_{耕}$为耕地的积盐量，t；$S_{gd}$为耕地的人工排水排盐量，由于研究区没有人工排水系统，$S_{gd}$近似为 0。

以上各式的计算结果见表 4.14，由表可以看出，研究区现状灌溉条件下，耕地作物种类、种植面积及灌溉定额近似一致，两年模拟期内的总引水量和总引盐量近似相同，研究区耕地和盐荒地的面积近似不变，耕荒比均为 1.14∶1。两年作物生育期内降雨量不同，2019 年降雨量较小，为枯水年份，2020 年降

雨量较大，为丰水年份。由表可知，随着降雨量的增加，干排水量、干排水比、干排盐量和干排盐比具有逐渐增大的趋势。两年模拟期内的平均干排水量为3.03万$m^3$，平均干排水比为14.22%，平均干排盐量为41.21t，平均干排盐比为38.68%。由于研究区没有人工排水系统，耕地运移至盐荒地的干排盐量全部累积在盐荒地，在作物生育期内盐荒地的盐分逐渐增加，模拟期内盐荒地年平均积盐量为41.21t。在作物生育期内耕地灌溉引水带入的总盐量减去通过干排水排泄到盐荒地的盐分后，剩余的盐分累积在耕地中，模拟期内耕地年平均积盐量为65.35t。由于作物生育期内耕地的积盐量逐渐增大，在作物生育期结束后耕地需要进行秋浇淋洗盐分来维持河套灌区的盐分平衡。

**表4.14　两年模拟期内研究区耕荒地盐分均衡分析**

| 年　份 | 2019年 | 2020年 | 2019—2020年平均 |
|---|---|---|---|
| 耕荒比 | 1.14∶1 | 1.14∶1 | 1.14∶1 |
| 总引水量/万$m^3$ | 21.31 | 21.31 | 21.31 |
| 降雨量/mm | 48.80 | 123.20 | 86.00 |
| 干排水量/万$m^3$ | 2.98 | 3.08 | 3.03 |
| 干排水比/% | 13.98 | 14.45 | 14.22 |
| 总引盐量/t | 106.55 | 106.55 | 106.55 |
| 干排盐量/t | 40.55 | 41.86 | 41.21 |
| 干排盐比/% | 38.06 | 39.29 | 38.68 |
| 盐荒地积盐量/t | 40.55 | 41.86 | 41.21 |
| 耕地积盐量/t | 66.00 | 64.69 | 65.35 |

## 4.3 本章小结

通过对SWAP模型参数进行率定和验证，并利用率定后的SWAP模型模拟了4种暗管布置条件下的土壤剖面40cm处的水分通量、盐分通量及葵花产量情况；在典型研究区耕荒地水盐观测和资料收集的基础上，对研究区MODFLOW模型中的水文地质参数进行了率定和验证，并利用率定后的地下水流数值模型对研究区耕荒地地下水流运动进行了模拟。主要结论如下：

（1）土壤水分通量模拟结果表明：发生灌水和降雨时，40cm剖面处土壤水分通量以向下为主，在暗管间距为45m，埋深为1.5m的基础上，就2019年整个生育期而言，暗管间距减小15m，向下的水分通量累积量增加5.2%，暗管埋深增加0.5m时，向下的水分通量累积量增加33.6%。在没有灌水和降雨时期，40cm 剖面处土壤水分通量以向上为主，向上的水分通量在 0～0.13cm/d 之间变动。

(2) 土壤盐分通量模拟结果表明：土壤剖面盐分运移表现出与水分运动特性相似的规律性。在暗管间距为 45m，埋深为 1.5m 的基础上，就 2019 年整个生育期而言，暗管间距减小 15m，向下盐分通量累积量增加 8.5%，暗管埋深增加 0.5m 时，向下盐分通量累积量增加 38.7%，增幅与向下水分通量累积量基本一致。

(3) 合适的暗管布设埋深和间距有助于根系层的排盐，提高作物产量。暗管埋深对排除土壤盐分的影响更为明显，通过模拟分析不同暗管布局对排盐、产量的影响并考虑到工程量，认为研究区暗管埋深取 2.0m，暗管间距取 45m 较为适宜。

(4) 估算了 2019 年和 2020 年作物生育期内（5 月 9 日—9 月 28 日）耕荒地间的地下水盐运移量：2019 年、2020 年耕地地下水运移至盐荒地的水量分别为 2.98 万 $m^3$、3.08 万 $m^3$；2019 年、2020 年耕地地下水运移至盐荒地的盐量分别为 40.55t、41.86t。

(5) 两年模拟期内研究区耕荒地盐分均衡分析结果表明：研究区现状灌溉条件下，耕荒比为 1.14∶1，作物生育期内耕地面积为 80$hm^2$ 的平均干排水量为 3.03 万 $m^3$，平均干排水比为 14.22%，平均干排盐量为 41.21t，平均干排盐比为 38.68%，平均积盐量为 65.35t。盐荒地面积为 70$hm^2$ 的平均积盐量为 41.21t。由于作物生育期内耕地的积盐量逐渐增大，在作物生育期结束后耕地需要进行秋浇淋洗盐分来维持河套灌区的盐分平衡。

# 第5章

# 基于遥感的作物产量与土壤水盐分布反演方法

内蒙古河套灌区地处干旱、半荒漠草原地带，其灌区土壤盐碱化具有相当长的历史，开渠引水灌溉以后，进一步加剧了灌区土壤盐碱化程度的发展。河套灌区盐碱化土壤约占内蒙古盐碱化土地面积的70%，约占耕地面积的65%，灌区土壤的盐碱化问题相当突出。遥感技术已成为研究盐碱地土壤水盐运移的重要手段。遥感的优势在于能从不同的时空尺度不断地提供多种地表特征信息。随着卫星遥感技术的迅速发展和完善，为快速、大范围、多时相地监测干旱、土壤盐碱化，尤其是土壤水分、土壤含盐量提供了可能。但是由于土壤盐碱化的复杂性，定量监测土壤盐碱化仍然是目前遥感技术应用的前沿领域。本章以节水增效和农田生态环境安全为目标，建立区域土壤含水率监测模型和区域土壤含盐量分布模型，为研究区提供及时、全面、快速、高效的土壤含水量和土壤盐碱化发展趋势等的预测预报方法，进而为研究区水资源可持续利用和信息化发展提供科学依据和技术支持。

## 5.1 研究区概况与数据处理

### 5.1.1 研究区域概况

研究区域位于内蒙古河套灌区的解放闸灌域、永济灌域和义长灌域境内，其位置如图5.1所示。解放闸灌域位于河套灌区西部，南临黄河，北靠阴山，东与永济灌域毗邻，西与乌兰布和灌域接壤；永济灌域位于河套灌区中部；义长灌域是河套灌区最大的灌域，位于河套灌区的中下游，土壤盐碱化程度严重。

### 5.1.2 地面数据获取

根据研究计划安排，地面试验分两年进行，每年的地面试验时间安排由试验内容和卫星过境时间确定。

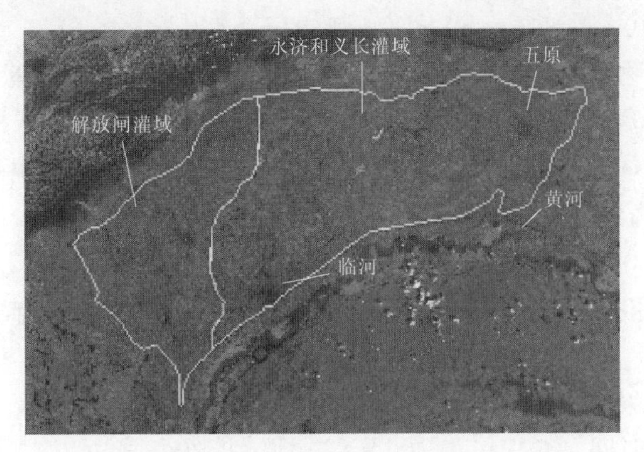


图 5.1 研究区位置示意图

#### 5.1.2.1 2011 年地面试验

根据遥感卫星的过境时间和地面试验的综合考虑，2011 年共进行 1 次地面试验。

（1）地面试验时间。地面试验时间为 2011 年 8 月 27 日—9 月 26 日。

（2）试验地点。解放闸灌域和义长灌域永联试验区。首先进行玉米、葵花的生物量试验，随后进行玉米和葵花的测产试验。

（3）试验目的。对研究区域的土壤类型、土壤含盐量、土壤含水量和产量进行监测，作为次年试验监测结果的参照；进一步了解研究区，为次年试验采样点的选取和试验内容做好基础工作。

（4）地面试验内容。在研究区域内，进行观测和采样试验的农田应具有一定的代表性，选择同类较大地块的农田，以均匀分布、交通便利为原则，在整个解放闸灌域选取 26 个采样点，每一个采样点割取 $3m^2$ 的作物地上部分植株，记录数量同时用 GPS 定位。收割后进行烘干、称重，获得地上干物质量，若时间允许进行晾晒，不需烘干。

在每个样地割取作物植株的同时，进行土壤含水量、盐分和土壤结构的试验。在每个样地的垄中和垄上各打 1 钻孔，分别获得 0～10cm、10～20cm、20～40cm、40～60cm、60～80cm 和 80～100cm 的土壤颗粒组成和 EC，以及 0～10cm 和 10～20cm 的土壤表层含水量。

测产时间为 9 月 15—26 日，此时玉米、葵花已经成熟，即将收割，是测产的良好时机。测产的样地尽量与生物量试验地保持一致，若作物已经收割，重新选择田块较大、交通方便、包括各种长势的玉米或葵花地。

在每个样地随机选取 $3m^2$ 的玉米棒和葵花，记录数量和用 GPS 定位，晒干、脱粒，称重，获得亩产量。用土钻分别在每个样地的垄中和垄上各打1钻，获得0～10cm和10～20cm的土壤表层含水量。

在进行生物量测量试验的同时，进行作物叶面积指数的测量试验。选用仪器型号为STLP-80。STLP-80能够用于分析作物叶面积指数及PAR（光合有效辐射）。该仪器根据计算天顶角，通过设置叶角分布参数和测量作物上下冠层PAR的比率，计算出冠层的LAI。

#### 5.1.2.2 2012年地面试验

根据遥感卫星的过境时间和地面试验的综合考虑，2012年共进行3次地面试验。

1. 第一次地面试验

（1）试验时间。2012年4月11—30日，共20d。

（2）试验地点。义长灌域、永济灌域盐碱化较为严重的区域以及永联试验区和解放闸灌域。

（3）试验目的。3—4月的河套灌区返盐现象较为严重，是监测盐碱化土壤的最佳时期。在分析土壤盐分、土壤含水量、地下水位等参数和种植结构的基础上，依据遥感影像产品，研究区域盐碱地空间分布情况，建立遥感反演模型，探求区域历年盐碱地空间演变规律。

（4）试验采样点（样地）布置。根据研究区域的不同特点，分别在解放闸灌域、义长灌域和永济灌域共选取100个样地（图5.2），样地分别覆盖有盐土、重度盐碱化土壤、中度盐碱化土壤、轻度盐碱化土壤和非盐碱化土壤等类型，而且包括各种土地类型：非耕地（荒地）、耕地（玉米、小麦、葵花等）。在解放闸灌域内，样地较均匀地分布在全灌域；在义长、永济灌域内，样地偏重于盐碱化土壤。

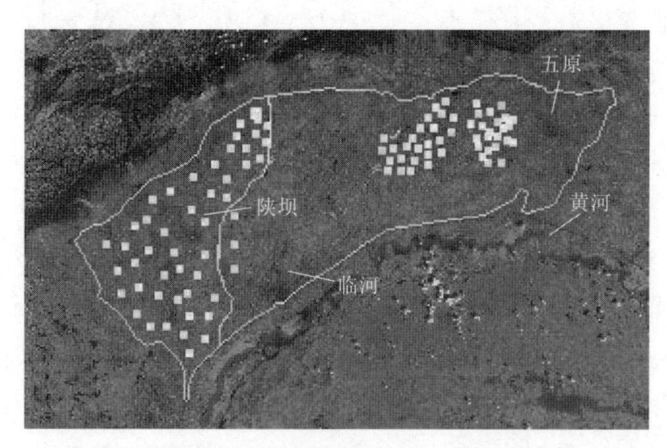


图5.2 样地空间位置示意图
（□是样地）

(5) 试验内容。每一样地选取3个采样点，各相距10m左右。每一个采样点获取0～5cm、5～15cm两层土样，测试土壤含盐量；获取0～10cm、10～20cm的土壤含水量。在不同种植结构下，获取0～200cm的剖面，取得0～10cm、10～20cm、20～40cm、40～80cm、80～120cm、120～160cm、160～200cm等7层的土壤含水量。共600个全盐土壤和600个含水量土样。

2. 第二次地面试验

(1) 试验时间。2012年7月11日—8月1日，共22d。

(2) 试验地点。义长灌域、永济灌域盐碱化较为严重的区域以及永联试验区和解放闸灌域。

(3) 试验目的。土壤环境对作物各生长期的影响情况。

(4) 试验采样点（样地）布置。在第一次地面试验确定样地的基础上，根据作物种植的具体情况进行适当调整。

(5) 试验内容。在保留第一次地面试验内容的基础上，增加对作物的地面试验。其中增加的试验如下：对作物的株高、株距、行距、3m的株数等项目进行记录，每块样地测量3次取其平均值；获取3株具有能代表该样地平均水平的地上部分植株进行干物质量试验；每块样地随机选取3株，获得玉米、葵花的叶面积指数。作物地上部分物质量自然晒干，称重获得地上部分作物干物质量。整个试验共获得600个全盐土壤、600个含水量土样以及210棵植株的干物质量和LAI。

3. 第三次地面试验

(1) 试验时间。2012年9月11—27日，共17d。

(2) 试验地点。义长灌域、永济灌域盐碱化较为严重的区域以及永联试验区和解放闸灌域。

(3) 试验目的。土壤环境对作物各生长期的影响情况。

(4) 试验采样点（样地）布置。在第一次地面试验确定样地的基础上，根据作物种植的具体情况进行适当调整。

(5) 试验内容。在保留第一次地面试验内容的基础上，增加对作物的地面试验。其中增加的试验如下：对作物的株高、株距、行距、3m的株数等项目进行记录，每块样地测量3次取其平均值；获取5株能代表该样地平均水平的作物产量（玉米棒或葵花花盘）；玉米棒或葵花花盘脱粒，晒干剔除杂质，获得产量。整个试验共获得600个全盐土壤、600个含水量土样以及350个葵花花盘或玉米棒。

### 5.1.3 遥感影像数据获取与预处理

1. 遥感影像数据获取

根据研究区域的实际情况和试验内容的需要，本书选取 Landsat TM/ETM＋遥感影像，数据来源自美国地质调查局（United States Geological Survey，USGS）的 L2 级别数据产品，需要进一步加工才能使用。

2. 遥感影像预处理

遥感影像产品在应用前必须对数据进行预处理，然后才能使用。遥感图像的预处理称为影像恢复，就是设法去除大气干扰、系统噪声、传感器的姿态等因素对影像造成的影响。影像预处理一般是根据对各种影响因素的认识，估算其量值大小，去除或最小化其对影像的影响。通常影像预处理包括辐射校正、几何校正和大气校正三个方面。

（1）辐射校正。本书选用日照差异校正模型进行辐射校正。

日照差异校正模型（illumination correction model，ICM）是 Markham 等提出的方法，它是将影像的 DN 值转化为辐亮度和表观发射率。

转化公式如下：

$$L_\lambda = \mathrm{GAIN}_\lambda \times \mathrm{DN}_\lambda \times \mathrm{BLAS}_\lambda \tag{5.1}$$

$$\rho_\lambda = \frac{\pi L_\lambda d^2}{\mathrm{ESUN}_\lambda \cos\theta} \tag{5.2}$$

式中：$L_\lambda$ 为波段 $\lambda$ 的辐亮度；$\mathrm{DN}_\lambda$ 为波段 $\lambda$ 的像元灰度值；$\mathrm{GAIN}_\lambda$ 为校正增益系数；$\mathrm{BLAS}_\lambda$ 为校正偏差值，可以从影像的头文件中获得；$\rho_\lambda$ 为表观反射率；$d$ 为日地距离；$\mathrm{ESUN}_\lambda$ 为大气层顶的平均太阳光谱辐照度；$\theta$ 为太阳天顶角。

对于参数 $d$，一般参照 USGS 给出的日地距离参数，根据日期算出儒略历日数，然后进行日地距离查询就可以获得，见表 5.1。对于参数 $\mathrm{ESUN}_\lambda$，可通过 TM 各波段对应的大气层顶的平均太阳光谱辐照度值获得，见表 5.2。

**表 5.1　　日地距离表**

| 日数/天 | 距离/天文单位 | 日数/天 | 距离/天文单位 | 日数/天 | 距离/天文单位 |
|---|---|---|---|---|---|
| 1 | 0.9832 | 135 | 1.0109 | 274 | 1.0011 |
| 15 | 0.9836 | 152 | 1.014 | 288 | 0.9972 |
| 32 | 0.9853 | 166 | 1.0158 | 305 | 0.9925 |
| 46 | 0.9878 | 182 | 1.0167 | 319 | 0.9892 |
| 60 | 0.9909 | 196 | 1.0165 | 335 | 0.986 |
| 74 | 0.9945 | 213 | 1.0149 | 349 | 0.9843 |
| 91 | 0.9993 | 227 | 1.0128 | 365 | 0.9833 |
| 106 | 1.0033 | 242 | 1.0092 | | |
| 121 | 1.0076 | 258 | 1.0057 | | |

注　一个天文单位约为 14960 万 $km^2$。

表 5.2 大气层顶的平均太阳光谱辐照度

| 波段 | 1 | 2 | 3 | 4 | 5 | 7 |
|---|---|---|---|---|---|---|
| ESUN | 1957 | 1826 | 1554 | 1036 | 215 | 80.67 |

（2）几何校正。遥感影像一般存在内部和外部两种几何误差。内部几何误差通常是系统性的，具有一定规律性和预测性，可以采用有关数学公式或模型来预测。外部几何误差通常是非系统性的，其变形是不规律的，一般很难预测。几何校正的目的就是纠正这些来自内部和外部因素所引起的图像变形，实现与标准图像或地图的整合。

本书以已经校正好的影像为参考来校正未处理的影像，采用ENVI软件进行校正处理，其步骤如下：

1）打开参考影像（影像A）和需处理的影像（影像B），分别在影像A和影像B上选取GCPs，GCPs最好选取在研究区内或附近，且具有明显的、清晰的定位识别标识的地方，例如道路的交叉点。选择的GCPs尽量呈均匀分布，一般为20个点。

2）选择GCPs后，运行一次多项式校正，查看RMSE值。通过反复调整GCPs的位置并运行多项式校正，使RMSE值达到允许的范围内。

3）当RMSE值达到允许的范围后，进行重采样过程，利用亮度值的插值计算，建立新的图像矩阵，本书采用双线性重采样方法。

通过以上步骤，影像B就校正完成。几何校正精度控制在0.5个像素之内，这样就为最大限度地保证土壤含水量、生物量、分摊系数等参数定量反演工作的顺利进行提供了必要条件。

（3）大气校正。由于空中遥感器在获取信息过程中受到大气分子、气溶胶和云粒子等大气成分吸收与散射的影响，使得获取的遥感信息中带有一定的非目标地物的信息，导致数据预处理的精度达不到定量分析的要求。因此，大气校正是遥感信息定量化过程中不可缺少的一个重要环节。

大气参数获取手段的日益完善和遥感信息定量化研究的进一步深化，推动着大气校正方法的发展。大气校正有很多方法，主要有绝对大气校正和相对大气校正两大类。绝对大气校正具有清晰的物理意义，可分为物理校正模型和基于影像的校正模型，常用于植被遥感研究，而相对大气校正不具有清晰的物理意义。由于大气校正相当复杂，在一些遥感应用中，往往采用相对大气校正的方法，这种方法能够满足遥感信息定量化研究要求。

由于大气校正方法的复杂程度和实际应用的综合考量，本书采用黑暗像元法进行大气校正。该方法是依靠本身的图像信息，所需要的参数较少，均能够直接从图像或文献资料中获得，是一种直接、简单、精度较好的校正方法，具有一定的实用性。

## 5.2 基于遥感的研究区作物估产方法

### 5.2.1 材料与方法

#### 5.2.1.1 遥感影像获取

本书选用解放闸灌域 10 景 TM/ETM+遥感影像（整个研究区域需 2 景合成），时相分别是 2011 年 5 月 25 日（苗期）、2011 年 6 月 18 日（拔节期）、2011 年 7 月 12 日（抽雄期）、2011 年 8 月 29 日（乳熟期）和 2011 年 9 月 22 日（收获期）遥感影像，影像产品质量良好，轨道号分别为 129/31 和 129/32。

#### 5.2.1.2 理论与方法

1. 基于 RUE 模型的估产模型

基于 RUE 模型进行作物估产，其模型描述如下（Monteith，1972）：

$$\text{Yield}=\frac{B\times \text{HI}}{1-\theta_{\text{grain}}} \tag{5.3}$$

$$B=K\times \text{APAR}\times \varepsilon \tag{5.4}$$

$$\text{APAR}=\sum_{i=t_a}^{t_b}(f_{\text{APAR}i}\times \text{PAR}_i) \tag{5.5}$$

式中：Yield 为作物产量，$kg/hm^2$；$B$ 为作物地面上干物质量，$kg/hm^2$；HI 为收获指数（harvest index，HI），是作物干物质量转换为产量（籽粒）的一个指标；$\theta_{\text{grain}}$为作物籽粒的含水量；$\varepsilon$ 为光能转化为干物质的效率，即光能利用效率，g/MJ；APAR 为植被在生育期内总吸收光合有效辐射量，$MJ/m^2$；$K$ 为单位转换系数；$f_{\text{APAR}i}$为光合有效辐射分量，表示作物光合作用吸收有效辐射的比例；$\text{PAR}_i$ 为光合有效辐射，表示作物利用的太阳可见光部分（0.4～0.7$\mu$m）的能量；$t_a$和 $t_b$分别为作物播种期和收获期时间；$i$ 为作物生长天数，$i\in[t_a,t_b]$。

2. 有关参数的计算

（1）光合有效辐射分量。光合有效辐射分量（$f_{\text{APAR}i}$）可以用归一化植被指数（$\text{NDVI}_i$）的线性方程表示，描述（Bastiaanssen et al.，2003）为

$$f_{\text{APAR}i}=a\times \text{NDVI}_i+b \tag{5.6}$$

式中：$\text{NDVI}_i$ 为作物第 $i$ 天的归一化植被指数；$a$ 和 $b$ 为经验值，在本书中，$a$ 取 1.257，$b$ 取−0.161。

通过式（5.6）可获得作物不同时期的 $f_{\text{APAR}i}$。

（2）生育期内总吸收光合有效辐射量。生育期内总吸收光合有效辐射

量（APAR）根据式（5.5）获得，表示作物在生育期内每一天的吸收光合有效辐射量的总和。在实际计算中，本书充分考虑遥感影像产品质量、时相和作物生育期等方面因素，把玉米整个生育期划分为苗期、拔节期、抽雄期、乳熟期和收获期5个生育期阶段，每个生育期均有一景影像产品。为了计算方便，在本书中，认为相同生育期内每一天的光合有效辐射分量数值相同，则APAR描述为

$$\mathrm{APAR}=\mathrm{APAR}_1+\mathrm{APAR}_2+\mathrm{APAR}_3+\mathrm{APAR}_4+\mathrm{APAR}_5 \tag{5.7}$$

$$\mathrm{APAR}_j=N_j\times f_{\mathrm{APAR}j}\times \mathrm{PAR}_j \tag{5.8}$$

式中：$\mathrm{APAR}_1$、$\mathrm{APAR}_2$、$\mathrm{APAR}_3$、$\mathrm{APAR}_4$ 和 $\mathrm{APAR}_5$ 分别为玉米苗期、拔节期、抽雄期、乳熟期和收获期5个生育期阶段的吸收光合有效辐射量；$j$ 为作物位于生育期第 $j$ 阶段，$j\in[1，5]$，1、2、3、4和5分别表示5个生育期；$N_j$ 为第 $j$ 生育期的总天数；$f_{\mathrm{APAR}j}$ 为作物第 $j$ 生育期的吸收光合有效辐射量；$\mathrm{PAR}_j$ 为第 $j$ 生育期光合有效辐射平均值。

（3）光能利用效率。光能利用效率又称为光能转换干物质效率（$\varepsilon$），是研究植物光合作用的重要参数，是指植物某一生长时段内累积干物质量与该时段植物冠层吸收的光合有效辐射量的比值，常用来量化生物量和截获辐射之间的关系。Potter等（1993）认为在理想条件下植被具有最大光能利用率，而在现实情况下的光能利用率主要受到温度和水分的影响。通常光能利用效率描述为

$$\varepsilon=\varepsilon' T_1 T_2 W_{\mathrm{scalar}} \tag{5.9}$$

式中：$\varepsilon'$ 为最大光能利用率；$T_1$ 和 $T_2$ 为温度胁迫系数；$W_{\mathrm{scalar}}$ 为土壤水分胁迫系数。

$T_1$、$T_2$ 和 $W_{\mathrm{scalar}}$ 的取值范围为（0，1]，其值越小表示影响程度越大。

在VPM的光能利用效率子模型中还考虑到叶片物候期参数，光能利用效率又描述为

$$\varepsilon=\varepsilon' T_1 T_2 W_{\mathrm{scalar}}\times P_{\mathrm{scalar}} \tag{5.10}$$

式中：$P_{\mathrm{scalar}}$ 为叶片物候期参数，其数值范围为［0，1］。

$$T_1=0.8+0.02T_{\mathrm{opt}}-0.0005T_{\mathrm{opt}}^2 \tag{5.11}$$

$$T_2=\frac{1}{1+\mathrm{e}^{0.2T_{\mathrm{opt}}-10-T_{\mathrm{mon}}}}\times\frac{1}{1+\mathrm{e}^{0.3(-T_{\mathrm{opt}}-10+T_{\mathrm{mon}})}} \tag{5.12}$$

式中：$T_{\mathrm{opt}}$ 为作物的叶面积指数（LAI）或NDVI为最大值时月份的平均空气温度，℃；$T_{\mathrm{mon}}$ 为作物生长时期月平均空气温度，℃。

在本书中，$W_{\mathrm{scalar}}$ 通过地表水分指数（land surface water index，LSWI）计算获得，描述为

$$W_{\mathrm{scalar}}=\frac{1+\mathrm{LSWI}}{1+\mathrm{LSWI}_{\max}} \tag{5.13}$$

式中：$LSWI_{max}$为作物生长时期内最大的土壤表面水分指数，不同的年份有不同的$LSWI_{max}$；$W_{scalar}$取值范围为［0，1］。

LSWI是描述植被水分含水量的一个指标：

$$LSWI=\frac{\rho_{nir}-\rho_{swir}}{\rho_{nir}+\rho_{swir}} \tag{5.14}$$

式中，$\rho_{nir}$和$\rho_{swir}$分别为近红外（0.78～0.89μm）和短红外波段（1.58～1.75μm）的反射率，对于TM/ETM+分别指band4（0.76～0.90μm）和band5（1.55～1.75μm）的反射率；LSWI的数值范围为［−1，1］。

$P_{scalar}$的计算分为2个阶段，均通过LSWI计算获得。

第1阶段是从种子发芽开始到叶片完全展开阶段，$P_{scalar}$可描述为

$$P_{scalar}=\frac{1+LSWI}{2} \tag{5.15}$$

第2阶段是叶片完全展开后阶段，$P_{scalar}$可描述为

$$P_{scalar}=1 \tag{5.16}$$

（4）光合有效辐射。光合有效辐射（PAR）是形成生物量的基本能量，不仅是衡量生态系统光合作用变化的重要数据来源，而且也是全球气候变化的主要驱动因子之一。解放闸灌域总土地面积约2157km²，地势较为平坦，本书设定每天整个解放闸灌域的PAR数值一致，月平均PAR直方图如图5.3所示。

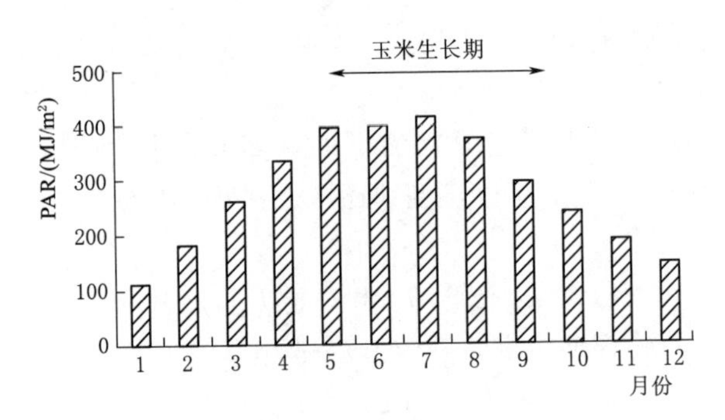


图5.3　解放闸灌域月平均PAR直方图

## 5.2.2　结果与分析

### 5.2.2.1　$f_{APAR}$的计算

根据遥感影像数据和式（5.6）可获得作物在各生育期的$f_{APARi}$空间分布。在作物的每一个生育期内，为了计算方便和考虑Landsat遥感影像的时相问题，本书设定每一个生育期的NDVI为定值，数值由该生育期内的影像产品计算获得。

#### 5.2.2.2 生育期内总吸收光合有效辐射量计算

生育期内总吸收光合有效辐射量是作物在各个生育期吸收光合有效辐射量的总和。本书结合遥感影像时相和玉米生育期，把玉米整个生育期划分为5个时期，各个时期每天光合有效辐射分量为定值。根据式（5.7）计算出生育期内总吸收光合有效辐射量（APAR）。

#### 5.2.2.3 作物干物质量计算

1. 玉米各生育期干物质积累量计算

根据式（5.4）和式（5.5）可获得各生育期干物质积累量，其空间分布及其统计直方图如图5.4所示。

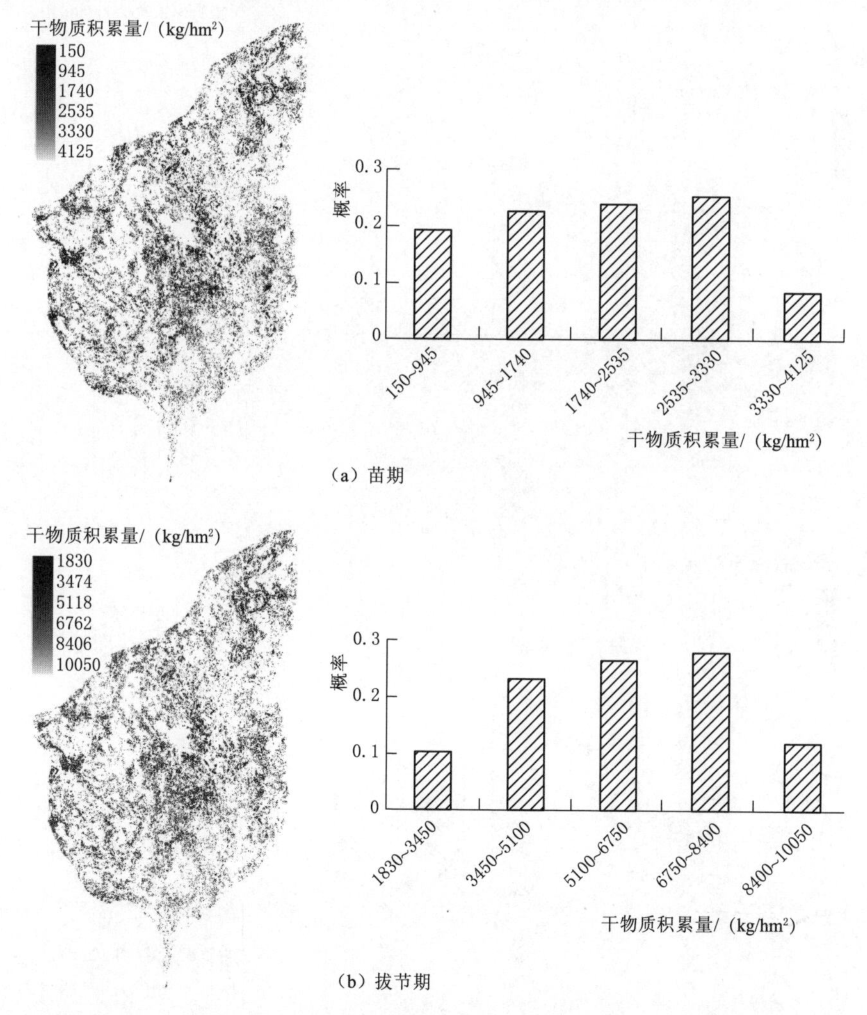


（a）苗期

（b）拔节期

图5.4（一） 玉米各生育期干物质积累量的空间分布及其统计直方图

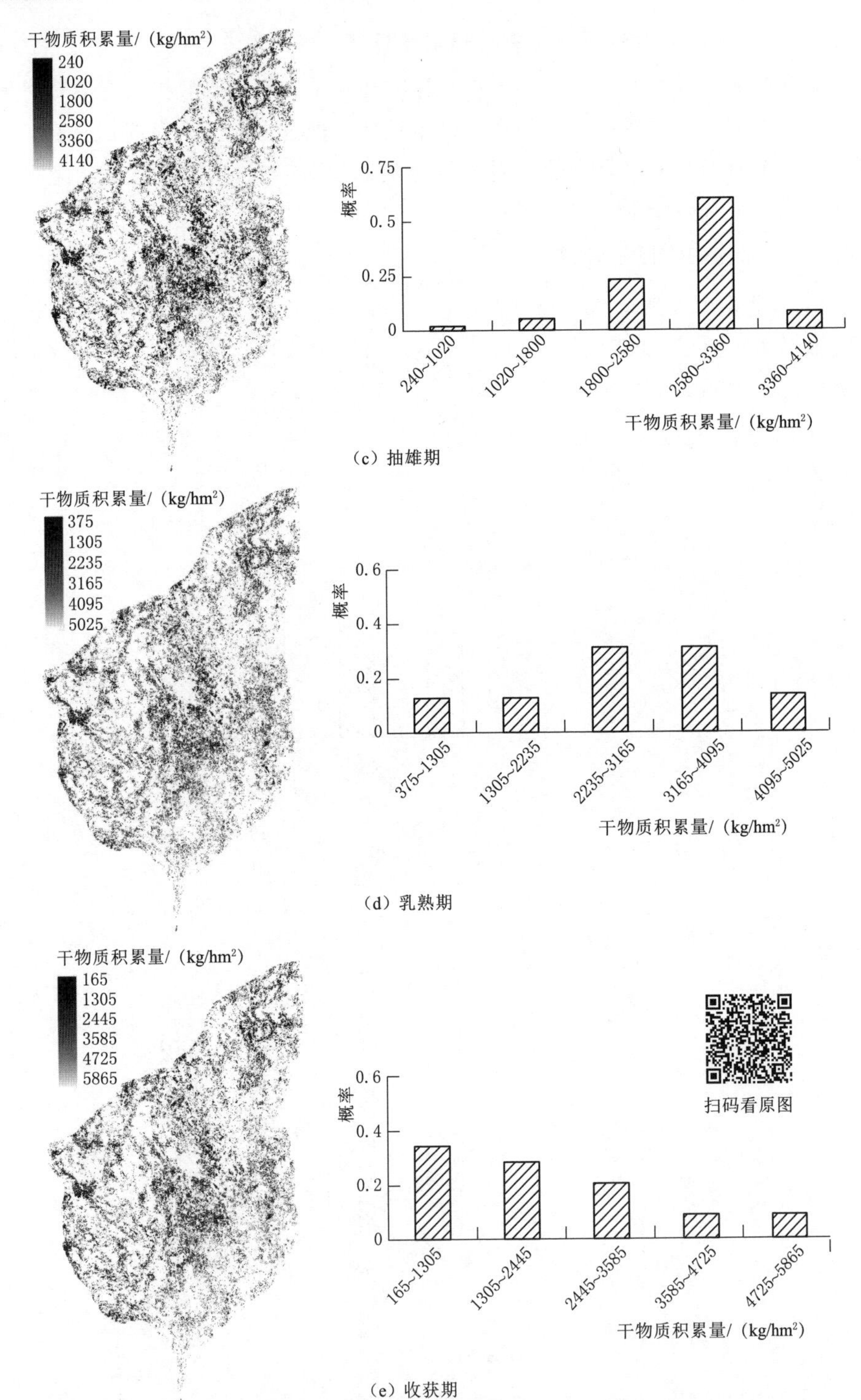


（c）抽雄期

（d）乳熟期

（e）收获期

图 5.4（二） 玉米各生育期干物质积累量的空间分布及其统计直方图

通过分析图 5.4 可知，玉米在整个生育期中积累干物质量的速度不一致。在玉米的苗期和成熟期干物质量的积累较小，拔节期干物质量的积累最大，抽雄期和乳熟期次之，玉米收获期的干物质积累量最小，符合玉米单株干物质量的积累呈前期增长缓慢、中期增长快速、后期又减缓的积累规律。玉米的全生育期可分为两个阶段，即播种至抽雄期的营养生长阶段和抽雄期至成熟期的生殖生长阶段。玉米的拔节期和抽雄期处于玉米从营养生长向生殖生长的中间过渡期，是玉米生长的重要阶段之一，该阶段玉米生长旺盛，是需水高峰期，能够迅速地积累干物质量。本书的结果也充分地证明了这一点。玉米拔节期干物质积累量为 3450～8400kg/hm$^2$，远远高于其他生育期的干物质积累量，如玉米在收获期时的干物质积累量仅为 165～2445kg/hm$^2$。

为了进一步说明玉米在整个生育期内各个阶段的干物质积累状况，把研究区分为 3 个区域，即北部、中部和南部，分别有 8 个、10 个和 8 个采样点位于相应区域，统计各个样本在每个生育期中干物质积累量占总干生物量的比值，并计算出 3 个区域的平均值，统计结果如图 5.5 所示。通过分析图 5.5 可知，在玉米的苗期、拔节期和抽雄期，3 个区域的干物质积累量占总干生物量的比例几乎一致，其比值分别约为 14%、40%和 15%，但是，在乳熟期和收获期，3 个区域的干物质积累量的比例系数有较大的差异，北部样地在乳熟期的比例系数为 15%，低于中部和南部的数值（约为 21%），南部样地在收获期的比例系数为 5%，低于北部和中部的数值（约为 13%）。

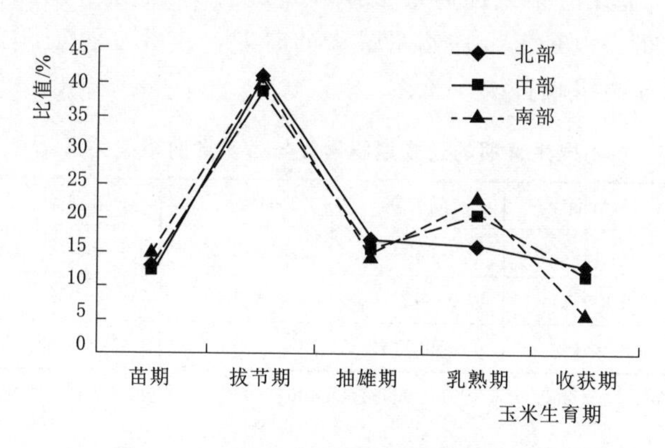


图 5.5　玉米各生育期中干物质积累量占总干生物量的比值折线图

2. 玉米不同生育期的干物质积累量与光合有效辐射分量、光能利用效率的关系

为了分析玉米各生育期干物质积累量的影响因子，通过估产模型选择可能的影响因子进行相关分析，获得影响各玉米生育期干物质量的主要因子，从而

为如何提高玉米产量制定施肥、灌溉等措施提供科学依据。通过式（5.6）获得的玉米各生育期的光合有效辐射分量（$f_{APARi}$），与对应生育期的NDVI关系密切。光能利用效率（ε）通过式（5.10）获得，其值与温度胁迫系数（$T_1$和$T_2$）、土壤水分胁迫系数（$W_{scalar}$）和叶片物候期参数（$P_{scalar}$）有关。由于资料有限，本书选用一个气象站的气象数据，认为整个解放闸灌域的气象数据一致，因此，在相关性分析中，只分析各生育期干物质积累量与$f_{APAR}$、$W_{scalar}$和$P_{scalar}$之间的关系，其有关线性回归的相关系数见表5.3。通过分析表5.3可知，在不同的玉米生长阶段，玉米干物质量的影响因子具有差异性。在苗期，干物质积累量与$f_{APAR}$、$W_{scalar}$的相关性较强，其中与$f_{APAR}$的相关系数达到0.933，通过了0.01信度检验，说明$f_{APAR}$是影响玉米干物质量的主要因子，NDVI越大玉米的长势越好，干物质的积累越快；在拔节期，干物质积累量与$f_{APAR}$、$W_{scalar}$和$P_{scalar}$的相关性较强，均通过了0.01信度检验，说明影响拔节期干物质积累量的因素较多，需要注重这时期的农田管理；在抽雄期，干物质积累量与$W_{scalar}$和$P_{scalar}$的相关性较强，均通过了0.01信度检验，说明在该生育期，土壤含水量是影响干物质积累量的主要因子；在乳熟期，干物质积累量与$f_{APAR}$的相关性较强，并通过了0.01信度检验，与$W_{scalar}$和$P_{scalar}$两参数呈不显著关系，说明该时期的土壤含水率较适宜，玉米的干物质积累量与NDVI有关；在收获期，干物质积累量与$W_{scalar}$和$f_{APAR}$的相关性较强，其中与$f_{APAR}$的相关性通过了0.01信度检验。拔节期和抽雄期是玉米生长的关键时期，也是玉米需水量最大的时期，表5.3也证实了土壤含水量对干物质积累量的影响最大。

**表5.3　　不同生育期的生物量积累量与各参数的相关关系**

| 参数 | 苗期 | 拔节期 | 抽雄期 | 乳熟期 | 收获期 |
|---|---|---|---|---|---|
| $W_{scalar}$ | 0.440* | 0.935** | 0.893** | 0.077 | 0.389* |
| $P_{scalar}$ | 0.367 | 0.893** | 0.884** | 0.032 | 0.148 |
| $f_{APAR}$ | 0.933** | 0.927** | 0.281 | 0.696** | 0.942** |

注　$r$（0.05，26）=0.388，$r$（0.01，26）=0.496；* 表示已通过0.05信度检验；** 表示已通过0.01信度检验。

在玉米的乳熟期和收获期阶段，不同区域的干物质积累量占总干物质量的比例系数有较大的差异（图5.5），其主要原因有以下几个方面：

（1）在玉米的乳熟期和收获期，干物质积累量与$f_{APAR}$的相关性较强，通过了0.01信度检验，而$f_{APAR}$与NDVI具有线性关系［式（5.6）］，说明了不同区域NDVI的较大差异性造成了干物质积累量的比例系数具有较大差异。由于NDVI能够较好地反映植被和土壤差异以及植被覆盖度，因此，研究区域内的玉米长势、覆盖度存在较大的差异，可能与该时期土壤盐分运移和地下水位等影响玉米长势的因素有关。

（2）在玉米收获期，干物质积累量不仅与 $f_{APAR}$ 有较强相关性，而且还与 $W_{scalar}$ 具有相关性，均通过了 0.05 信度检验，说明研究区域土壤含水量的差异性也是造成干物质积累量比例系数出现较大差异的另一个原因。

#### 5.2.2.4 玉米产量的估算

玉米整个生育期的干物质量是各个时期干物质量的总和。根据相关文献和地面试验结果，在本书中，收获指数（HI）取 0.49，通过式（5.3）可获得玉米产量的空间分布规律（图 5.6）。通过分析玉米产量空间分布图和统计直方图，可知研究区的南部玉米产量较高，北部、西北部的玉米产量较低；研究区域内约有 77% 的玉米产量集中在 5113～12703kg/hm² 之间，平均产量为 8900kg/hm²，而当地多年平均产量为 10025kg/hm²，模型估产数值偏小，两者相差 1125kg/hm²，差值占实际产量的 11.2%。造成差异的主要原因有以下几个方面：

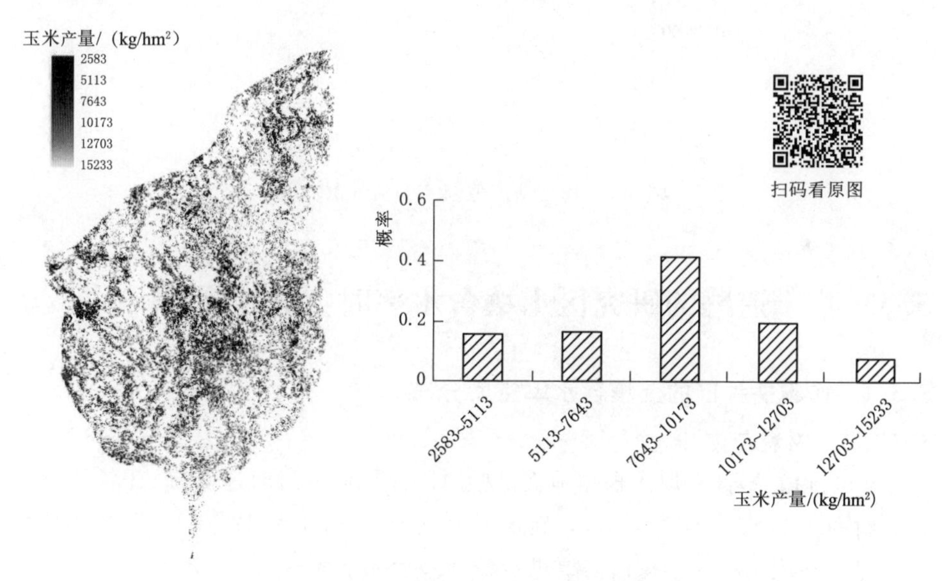


图 5.6 玉米产量的空间分布及其统计直方图

（1）为了与遥感数据相结合，本书在光合有效辐射分量（$f_{APAR}$）和土壤水分胁迫系数（$W_{scalar}$）的计算中引入了光谱指数（NDVI 和 LSWI）及其经验参数，根据影像数据获得的 NDVI 和 LSWI 值认为是对应玉米生育期的 NDVI 和 LSWI 的平均值，近似处理会造成一定误差。

（2）由于遥感影像产品的时间分辨率不高，导致玉米生育期的划分不细，影响了玉米产量的估产精度。

（3）本书选取的收获指数（HI）为定值，忽略了 HI 与环境之间的关系，没有考虑 HI 空间变异性，给估产结果带来一定的不确定性。

为了验证玉米估产模型的准确性，可将已经通过地面试验获得样地的玉米产量与估产模型获得的产量数据进行对比分析。通过分析模型估产值与实测值的散点图，可知两者具有较强的相关性，其相关系数为 0.853，通过了 0.01 信度检验（图 5.7）。

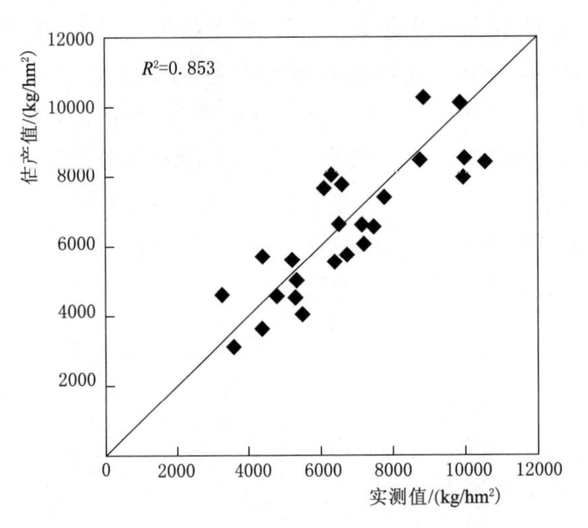


图 5.7 模型估产值与实测值的散点图

## 5.3 基于遥感的研究区土壤含水率时空分布规律

### 5.3.1 作物播种前的土壤含水率空间分布

#### 5.3.1.1 材料与方法

（1）遥感影像获取。根据地面试验时间获取同一时间过境的 ETM 遥感影像，时间为 2012 年 4 月 25 日，轨道号分别为 129/31 和 129/32，影像产品质量良好，在应用遥感影像前需要进行预处理后才能使用。

（2）理论与方法。土壤光谱常受到诸如土壤母质、有机质和水分等因素的影响，在土壤母质和有机质等因素固定的条件下，土壤光谱反射率通常随着土壤含水率的增加而降低（范文义，2000；喻素芳，2005）。两者的关系可表示为

$$R = a\,e^{bP} \tag{5.17}$$

式中：$R$ 为光谱反射率；$P$ 为土壤含水率；$a$、$b$ 为待定系数。

鉴于在 4 月研究区玉米和葵花等主要作物没有耕种，小麦刚刚出苗，本书

不考虑作物对土壤光谱反射率的影响。

#### 5.3.1.2 结果与分析

(1) 基于ETM数据的土壤含水率反演模型。ETM的7个波段光谱DN值与地表土壤含水率相关性分析结果(表5.4)表明,土壤含水率与ETM的$B_2$、$B_7$均呈极显著相关,且与第2波段DN值对数相关程度更高,故本书选用地表土壤含水率与影像第2波段DN值的对数回归模型作为土壤含水率反演模型,即

$$Y=103.512-20.241\ln X \tag{5.18}$$

式中:$Y$为土壤含水率,mm;$X$为ETM影像第2波段反射率(DN值)。

表5.4 各光谱反射率与土壤含水率相关性分析

| 决定系数($R^2$) | $B_1$ | $B_2$ | $B_3$ | $B_4$ | $B_5$ | $B_6$ | $B_7$ |
|---|---|---|---|---|---|---|---|
| 线性 | 0.153 | 0.192 | 0.184 | 0.123 | 0.143 | 0.003 | 0.192 |
| 对数 | 0.150 | 0.197 | 0.188 | 0.097 | 0.069 | 0.003 | 0.115 |

(2) 土壤含水率空间分布。利用ETM影像第2波段的DN值反演的研究区土壤含水率空间分布(剔除了城镇、水体)如图5.8所示。图5.8表明,研究区土壤含水率总体较高,具有较好的墒情,有利于作物播种,这可能是大面积春灌所致;中部部分区域土壤含水率异常高,经实地调查发现,这些区域表层土壤湿润,土壤含盐量高,返盐严重;中部土壤含水率极低处(黑色图斑区域),经调查为沙丘。

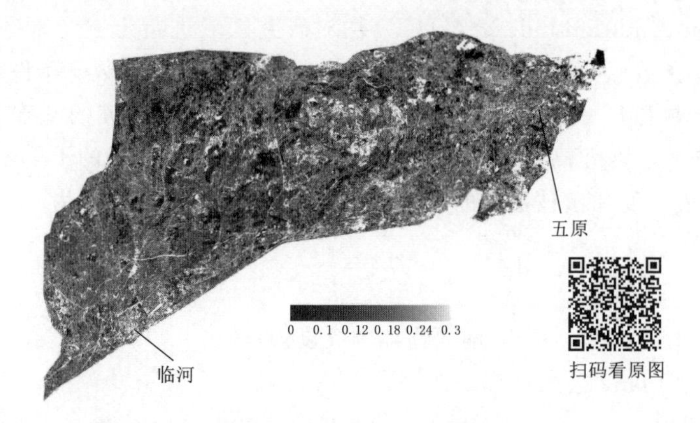


图5.8 研究区域作物播种前土壤含水率空间分布(单位:$cm^3/cm^3$)

利用反演模型估算地面试验实测点土壤含水率,估算值与实测值之间的相关系数$R^2=0.439$(图5.9),达到0.01显著水平,表明所建立的研究区裸地土壤含水率反演模型具有一定的精度,能够较好地反映研究区在播种初期的土

壤墒情。

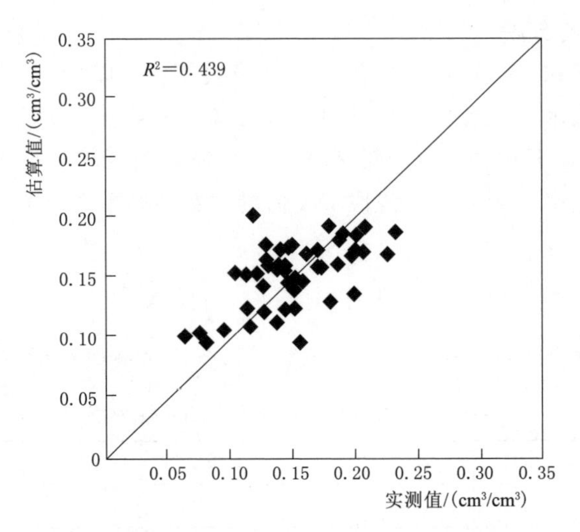


图 5.9 土壤含水率实测值与估算值的散点图

### 5.3.2 作物生长期的土壤含水率空间分布

#### 5.3.2.1 材料与方法

(1) 遥感影像获取。根据地面试验时间获取同一时间过境的 ETM 遥感影像，时间是 2012 年 6 月 12 日和 8 月 31 日，轨道号分别为 129/31 和 129/32，影像产品质量良好。

(2) 理论与方法。本书采用相对干旱指数（条件植被温度指数：vegetation temperation condition index，VTCI）法对研究区域进行土壤含水率监测。条件植被温度指数（VTCI）是王鹏新等在分析了距平植被指数、条件植被指数、条件温度指数和归一化温度指数等方法的优缺点和前人研究的基础上提出的，现已成功应用于西北高原、东北三江平原和华北平原等区域的干旱监测。

1) 地表温度和植被指数的计算。地表温度 $T_S$ 的计算公式为

$$T_S=\frac{T_0}{\varepsilon^{\frac{1}{4}}} \tag{5.19}$$

式中：$\varepsilon$ 为比辐射率；$T_0$ 为地面物体的亮度温度。

$T_0$ 选用 Plank 公式计算，即

$$T_0=\frac{K_2}{\ln\left(\frac{K_1}{L_6}+1\right)} \tag{5.20}$$

式中：$L_6$ 为 ETM 的第 6 波段的光谱辐射亮度；$K_1$ 和 $K_2$ 为常系数，分别取 607.76 和 1260.56。

$\varepsilon$ 用下式计算：

$$\varepsilon = 1.009 + 0.047\ln NDVI \tag{5.21}$$

$$NDVI = \frac{B_4 - B_3}{B_4 + B_3} \tag{5.22}$$

式中：$B_3$ 和 $B_4$ 分别为ETM第3和第4波段的反射率；NDVI为归一化植被指数。

2）条件植被温度指数的计算。条件温度植被指数（VTCI）是在NDVI与地表温度（land surface temperature，LST）的散点图呈三角形分布的基础上提出的，其计算公式可描述为

$$VTCI = \frac{T_{S \cdot NDVI_{i\max}} - T_{S \cdot NDVI_i}}{T_{S \cdot NDVI_{i\max}} - T_{S \cdot NDVI_{i\min}}} \tag{5.23}$$

其中

$$T_{S \cdot NDVI_{i\max}} = a + b \times NDVI_i \tag{5.24}$$

$$T_{S \cdot NDVI_{i\min}} = a' + b' \times NDVI_i \tag{5.25}$$

式中：$T_{S \cdot NDVI_{i\max}}$ 和 $T_{S \cdot NDVI_{i\min}}$ 分别为研究区内，当 $NDVI_i$ 等于某一特定值时的所有像素的地表温度的最大值和最小值；$T_{S \cdot NDVI_i}$ 为某一像素的NDVI值为 $NDVI_i$ 时的地表温度；$a$、$b$、$a'$ 和 $b'$ 分别为待定系数，其值可以通过NDVI和LST的散点图近似呈三角形而获得。

式（5.24）称为热边界，式（5.25）称为冷边界。

#### 5.3.2.2 结果与分析

（1）热边界与冷边界的确定。根据式（5.24）、式（5.25）及NDVI和LST的散点图（图5.10），可确定有关的冷边界和热边界。

2012年6月12日遥感影像的NDVI和LST散点图的冷边界和热边界为

$$T_{S \cdot NDVI_{i\min} - 20120612} = 20 + 0 \times NDVI_i \tag{5.26}$$

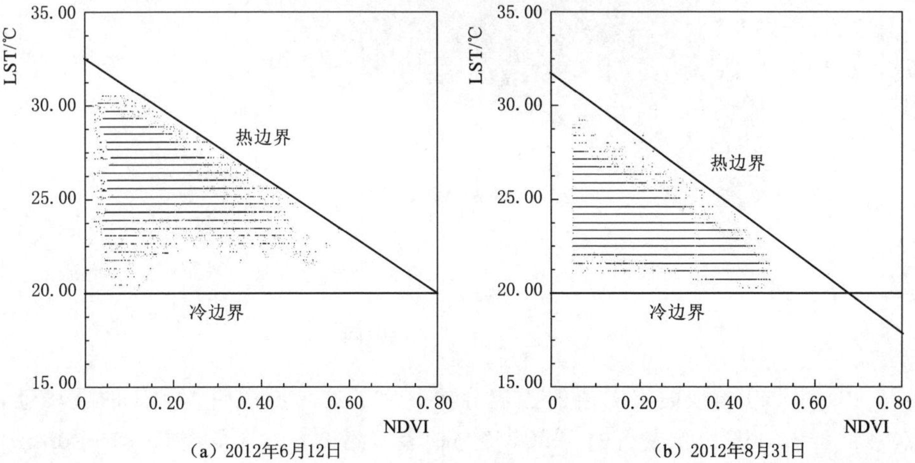

（a）2012年6月12日



（b）2012年8月31日

图5.10 NDVI与LST的散点图

$$T_{S \cdot NDVI_{i\max}-20120612}=32.5-15.625\times NDVI_i \tag{5.27}$$

2012年8月31日遥感影像的NDVI和LST散点图的冷边界和热边界为

$$T_{S \cdot NDVI_{i\min}-20120831}=19.375+0\times NDVI_i \tag{5.28}$$

$$T_{S \cdot NDVI_{i\max}-20120831}=31.25-17.19\times NDVI_i \tag{5.29}$$

(2) 研究区域VTCI的空间分布。把冷边界和热边界方程代入式(5.23),可获得区域VTCI空间分布,如图5.11所示。VTCI空间分布反映土壤墒情,VTCI值越大说明土壤含水量越大,即旱情越轻。由图5.11知,6月12日土壤含水量较大,尤其是研究区域的北部、中部区域,研究区的西南部(临河区附近)和东部(五原县城附近)土壤含水量较小;8月31日研究区域的土壤含水量总体偏低,东部地区土壤含水量较其他地区高。

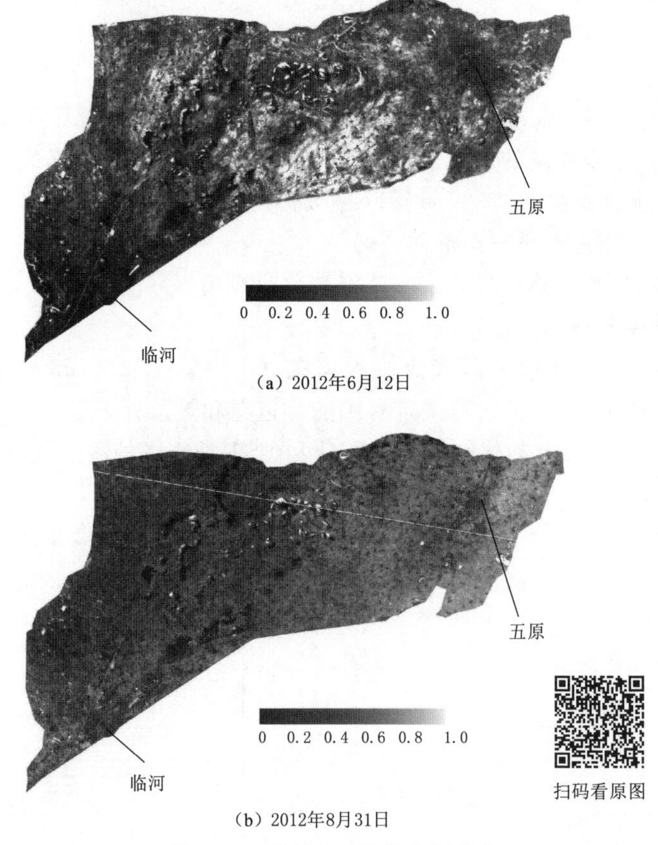


图5.11 区域VTCI的空间分布

(3) VTCI与地面实测值的比较分析。为了进一步说明VTCI的适用性,本书将8月31日影像获得的VTCI值与地表实测土壤含水量数据(0~20mm)进行相关分析,相关系数$R^2=0.693$(图5.12),达到极显著程度。这说明采

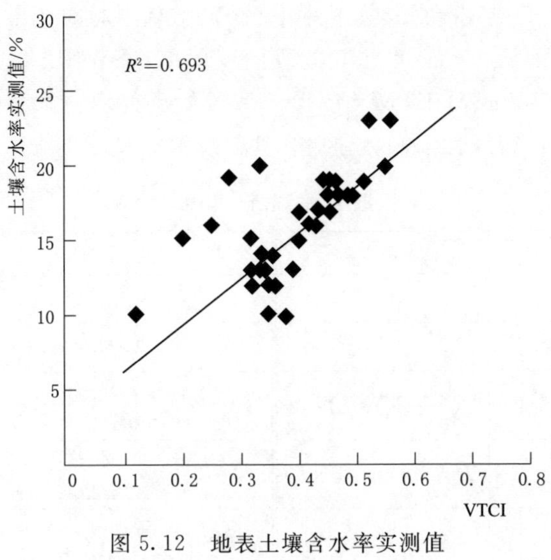


图 5.12 地表土壤含水率实测值
与 VTCI 的散点图

用 VTCI 相对干旱指数监测土壤含水率具有一定的精度，能够较好地反映研究区域的土壤含水率的空间分布。

综上所述，采用 VTCI 相对干旱指数监测作物生育期土壤含水率均具有一定的精度，能够较好地反映相应时期研究区的土壤含水率的空间分布。

## 5.4 基于遥感的研究区土壤含盐量时空分布规律

### 5.4.1 作物播种前的土壤含盐量空间分布

#### 5.4.1.1 材料与方法

河套灌区的 4 月中下旬气温回升、土壤冻层逐渐消融、地下水位较浅，是研究区域地表返盐情况严重之际，此时小麦刚刚返青，其他作物没有开始播种，研究区域地物种类较少，地物光谱相互影响程度较低，是理想的监测盐碱地的时期之一。

（1）遥感影像获取。根据地面试验时间获取同一时间过境的 ETM 遥感影像，时间为 2012 年 4 月 25 日，轨道号分别为 129/31 和 129/32，影像产品质量良好。

（2）理论与方法。不同类型和不同程度盐碱化的土壤光谱特征具有差异性，参考反演土壤盐碱化的有关研究成果，结合影像产品和研究区域的特点，本书初选 9 种对土壤含盐量具有敏感性的光谱指数（表 5.5）和 4 种与土壤含水量有关的光谱指数（表 5.5）进行分析。表 5.5 中，$G$、$R$、NIR 和 SWIR1

分别是绿、红、近红外和短波红外1的反射率，对应IRS－P6 LISS－Ⅲ/Landsat ETM＋的第2、3、4和5波段的反射率；SWIR2是短波红外2波段的反射率，对应Landsat ETM＋的第7波段的反射率。本书筛选敏感光谱指数与土壤含盐量进行线性回归，建立含盐量反演模型。

表5.5 选用的光谱指数

| 缩写 | 名称 | 计算公式 | 缩写 | 名称 | 计算公式 |
|---|---|---|---|---|---|
| $SI_1$ | 盐分指数1 | $\sqrt{GR}$ | $II_2$ | 敏感指数2 | $(G+R+NIR)/2$ |
| $SI_2$ | 盐分指数2 | $\sqrt{G^2+R^2}$ | $II_3$ | 敏感指数3 | $\sqrt{G^2+NIR^2}$ |
| $SI_3$ | 盐分指数3 | $\sqrt{G^2+R^2+NIR^2}$ | NDVI | 归一化植被指数 | — |
| NDSI－1 | 归一化盐分指数 | $(R-NIR)/(R+NIR)$ | NDWI | 归一化差异水分指数 | $(G-NIR)/(G+NIR)$ |
| $SI_4$ | 盐分指数4 | SWIR1/SWIR2 | MNDWI | 改进归一化差异水分指数 | $(G-SWIR1)/(G+SWIR1)$ |
| $SI_5$ | 盐分指数5 | $(SWIR1-SWIR2)/(SWIR1+SWIR2)$ | NDSI－2 | 归一化差值短波红外指数 | $(NIR-SWIR2)/(NIR+SWIR2)$ |
| $II_1$ | 敏感指数1 | $(G+R)/2$ | RSI | 比值短波红外指数 | NIR/SWIR1 |

#### 5.4.1.2 结果与分析

（1）相关性分析。由遥感影像计算的各光谱指数（计算公式见表5.5）、影像各波段与过境时间相同的地表土壤含盐量之间的相关系数见表5.6。由表5.6可知，$SI_4$、$SI_5$、NDWI、MNDWI、RSI和band5与含盐量达到显著相关。

表5.6 敏感光谱指数、影像各波段与土壤含盐量的相关系数（绝对值）

| 盐敏感光谱指数 | $SI_1$ | $SI_2$ | $SI_3$ | NDSI | $SI_4$ | $SI_5$ | $II_1$ | $II_2$ | $II_3$ |
|---|---|---|---|---|---|---|---|---|---|
| | 0.297 | 0.293 | 0.245 | 0.045 | 0.499# | 0.525# | 0.295 | 0.255 | 0.228 |
| 土壤水分敏感光谱指数 | NDWI | MNDWI | NDSI－2 | RSI | | | | | |
| | 0.512# | 0.472# | 0.366 | 0.422# | | | | | |
| 影像各波段 | band1 | band2 | band3 | band4 | band5 | band6 | band7 | | |
| | 0.378 | 0.308 | 0.283 | 0.192 | 0.499# | 0.266 | 0.223 | | |

注 #表示相关系数达到0.01显著水平。

（2）土壤含盐量反演模型的建立和验证。运用逐步回归方法提取Landsat ETM＋遥感影像的第5波段、$SI_5$和NDWI作为盐敏感指数，建立土壤含盐量反演模型如下：

$$S_{2012}=4.500-9.655B_5+11.009SI_5-3.695NDWI \quad (5.30)$$

式中：$S_{2012}$为2012年研究区域土壤含盐量；$B_5$ 为 Landsat ETM＋遥感影像的第5波段反射率；$SI_5$ 为 Landsat ETM＋遥感影像的盐分指数；NDWI 为 Landsat ETM＋遥感影像的归一化差异水分指数。

回归方程各变量与土壤含盐量的偏相关系数都达到0.01显著水平。用该模型估算实测点含盐量，估算值与实测值之间的相关系数 $R^2=0.616$（图5.13），达到0.01显著水平，说明利用地面试验数据和提取（对盐分含量影响显著）的盐敏感指数建立的反演模型具有一定的精度，能够较好地反映研究区域的含盐量空间分布。

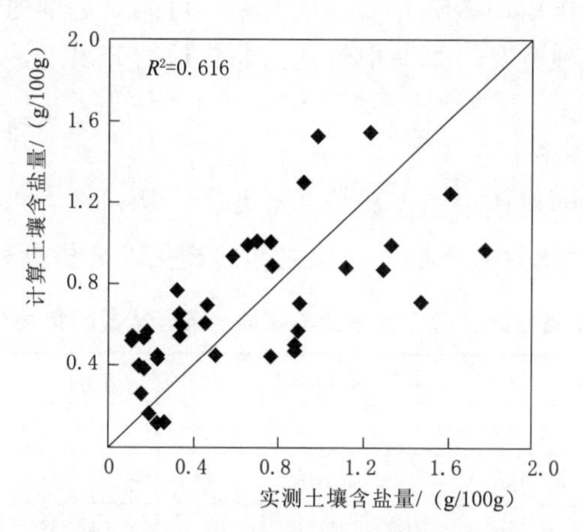


图5.13　实测土壤含盐量与计算土壤含盐量的散点图

（3）研究区作物播前土壤含盐量的空间分布。通过含盐量反演公式可获得研究区域土壤含盐量的空间分布（图5.14），进而得到各类盐碱化土壤的面

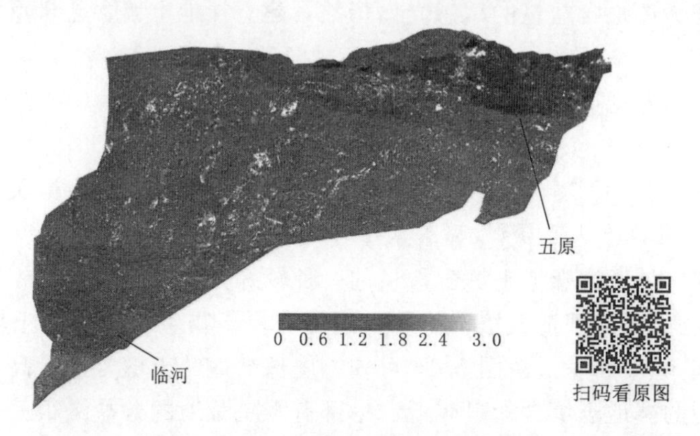


图5.14　作物播种前期研究区土壤含盐量分布（单位：g/100g）

积。由图5.14可以看出，研究区域的中部和北部分布有大量的盐土，盐碱土分布较广。临河和五原县城附近的土壤含盐量较低。

### 5.4.2 作物生长期的土壤含盐量空间分布

#### 5.4.2.1 材料与方法

（1）遥感影像获取。根据地面试验时间获取同一时间过境的ETM遥感影像，时间为2012年8月31日，轨道号分别为129/31和129/32，影像产品质量良好。

（2）理论与方法。由于8月31日正值葵花、玉米的生长后期，作物的叶面对裸地具有覆盖作用，影响光谱的反射率，可能对土壤的含盐量监测造成一定的影响，针对这种情况，本书把耕地与非耕地划分出来，分别进行土壤含盐量的估算。

#### 5.4.2.2 结果与分析

（1）作物生长期裸地土壤含盐量的分布。

1）各敏感光谱指数与土壤含盐量之间的相关性分析见表5.7。

表5.7 敏感光谱指数、影像各波段与裸地土壤含盐量的相关系数（绝对值）

| 盐敏感光谱指数 | $SI_1$ | $SI_2$ | $SI_3$ | NDSI | $SI_4$ | $SI_5$ | $II_1$ | $II_2$ | $II_3$ |
|---|---|---|---|---|---|---|---|---|---|
| | 0.010 | 0.010 | 0.103 | 0.103 | 0.299 | 0.277 | 0.010 | 0.005 | 0 |
| 土壤水分敏感光谱指数 | NDWI | MNDWI | NDSI-2 | RSI | | | | | |
| | 0.065 | 0.116 | 0.260 | 0.211 | | | | | |
| 影像各波段 | band1 | band2 | band3 | band4 | band5 | band6 | band7 | | |
| | 0.002 | 0.005 | 0.015 | 0.001 | 0.023 | 0.083 | 0.056 | | |

2）作物生长期裸地土壤含盐量反演模型的建立与验证。本书选取$SI_4$和NDSI-2作为裸地含盐量的敏感光谱指数，建立裸地土壤含盐量反演模型：

$$Y_{2012-L}=-2.182+2.861X_1+0.313X_2 \tag{5.31}$$

式中：$Y_{2012-L}$为裸地的土壤含盐量；$X_1$、$X_2$分别为敏感光谱指数$SI_4$和NDSI-2。

用该模型估算实测点含盐量，估算值与实测值之间的相关系数$R^2=0.551$（图5.15），达到0.01显著水平，说明建立的土壤含盐量反演模型具有一定的精度，是反演裸地土壤含盐量的一种较好方法。

3）作物生长期裸地土壤含盐量空间分布。作物生长期裸地土壤含盐量空间分布如图5.16所示。由图5.16可知，中部裸地的土壤含盐量高，临河和五原县城附近的裸地土壤含盐量较低。中部有零星荒地的含盐量很低，经过实地考察，发现绝大多数是大面积沙丘，符合反演结果。

（2）作物生长期耕地土壤含盐量的分布。

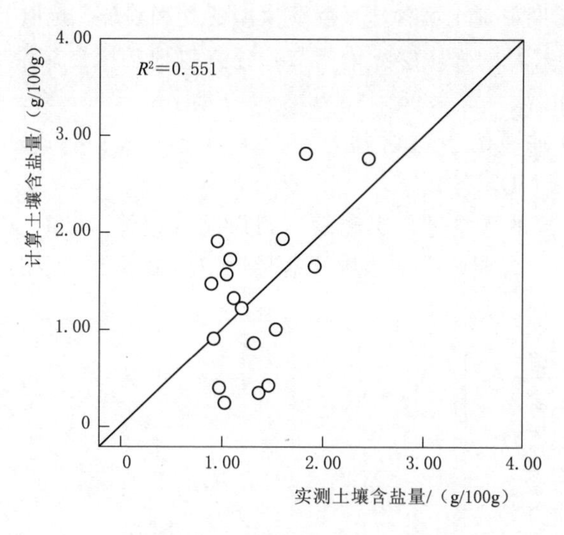


图 5.15 裸地土壤含盐量实测值与计算值的散点图

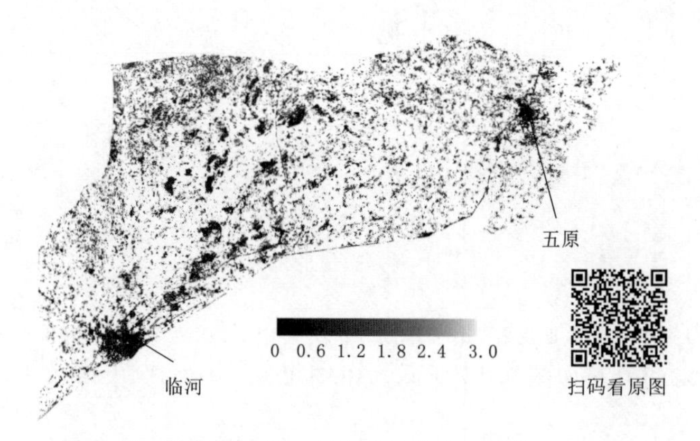


图 5.16 研究区裸地土壤含盐量分布（单位：g/100g）

1）各敏感光谱指数与土壤含盐量之间的相关性分析见表 5.8。

表 5.8 敏感光谱指数、影像各波段与耕地土壤含盐量的相关系数（绝对值）

| 盐敏感光谱指数 | $SI_1$ | $SI_2$ | $SI_3$ | NDSI | $SI_4$ | $SI_5$ | $II_1$ | $II_2$ | $II_3$ |
| --- | --- | --- | --- | --- | --- | --- | --- | --- | --- |
| | 0.545 | 0.548 | 0.610 | 0.610 | 0.481 | 0.502 | 0.546 | 0.383 | 0.062 |
| 土壤水分敏感光谱指数 | NDWI | MNDWI | NDSI-2 | RSI | | | | | |
| | 0.556 | 0.046 | 0.612 | 0.566 | | | | | |
| 影像各波段 | band1 | band2 | band3 | band4 | band5 | band6 | band7 | | |
| | 0.511 | 0.479 | 0.583 | 0.026 | 0.508 | 0.456 | 0.578 | | |

2）作物生长期耕地土壤含盐量反演模型建立和验证。选取 band3、NDSI-2 和 NDVI 作为含盐量的强敏感光谱指数，建立耕地土壤含盐量反演模型：

$$Y_{2012-G}=0.265+0.002X_1-0.247X_2-0.374X_3 \tag{5.32}$$

式中：$Y_{2012-G}$ 为耕地的土壤含盐量；$X_1$、$X_2$ 和 $X_3$ 分别为敏感光谱指数 band3、NDVI 和 NDSI-2。

用该模型估算的含盐量与实测值达到极显著相关（0.01 显著水平，$R^2=0.794$，图 5.17），说明建立的土壤含盐量反演模型具有一定的精度。

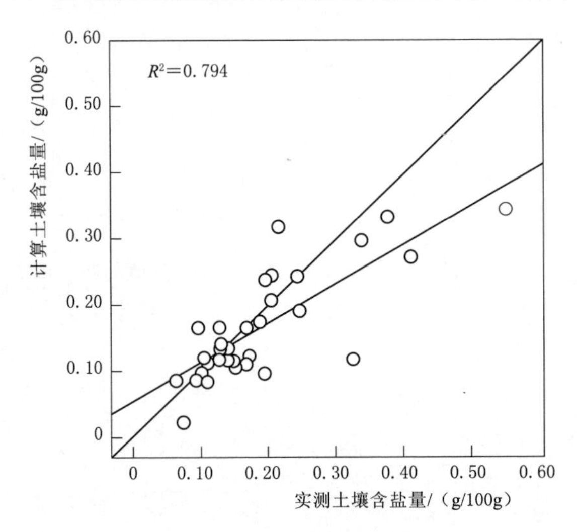


图 5.17 耕地实测土壤含盐量与计算土壤含盐量的散点图

3）作物生长期耕地土壤含盐量空间分布。用反演模型得到的研究区耕地土壤含盐量空间分布如图 5.18 所示。由图可知，研究区下游及中部和东部地

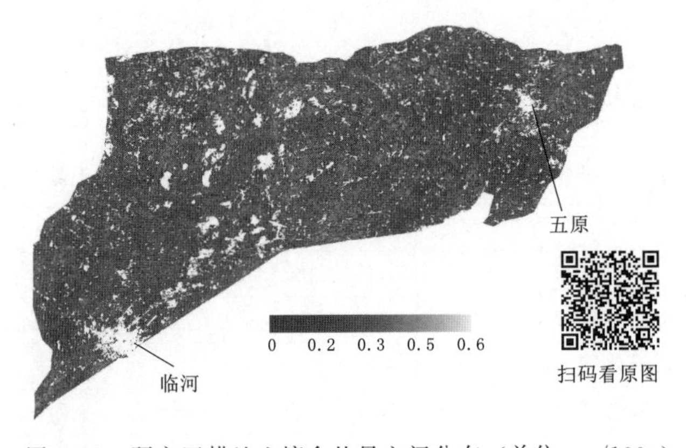


图 5.18 研究区耕地土壤含盐量空间分布（单位：g/100g）

区的土壤含盐量比西部地区大。与作物播种前土壤含盐量分布（图 5.14）相比，作物生长期（8 月）研究区耕地土壤含盐量有明显的下降，这是由于通过灌溉洗盐，加上地下水位大幅度降低，使得土壤表层盐分被淋洗到深层土壤而降低，有利于农作物的生长。

#### 5.4.2.3 研究区采样点土壤含盐量不同时期变化

为了进一步说明研究区域不同时期土壤表层含盐量的变化情况，本书对 3 个时期（即 4 月试验、7 月试验和 9 月试验）采样点的土壤含盐量（图 5.19）进行了对比分析，由图可以看出：

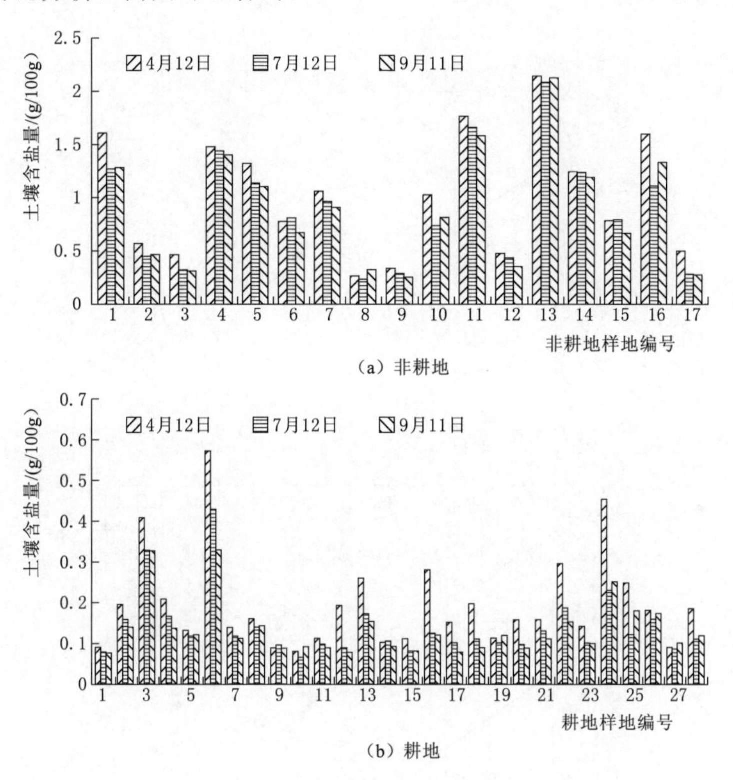


图 5.19　不同时期土壤含盐量变化情况

（1）对于非耕地，采样点在 3 个时期的土壤含盐量数值变化不大，但总体趋势是随着时间而降低，其原因可能是地下水位降低所致。

（2）对于耕地，采样点的土壤含盐量变化较非耕地明显，总体趋势是随着时间的推移而降低，尤其是 4 月到 7 月的变化，多数明显下降。其原因是：4 月研究区土壤处于消融阶段，冻结期间积累在冻层中的盐分随着水分大量蒸发向上层迁移，使得土壤表层含盐量较高；其后，为了蓄墒、淋盐，保证作物出苗和生长，灌区开始播前灌水，土壤中盐分得到有效淋洗，含盐量大幅度降低，再经过生育期多次灌溉淋洗，土壤含盐量逐步降低，利于作物生长。

#### 5.4.2.4 研究区作物产量与土壤含盐量之间的关系

河套灌区盐碱化土壤的含盐量大都在0.2%～0.5%，严重地影响农作物的生长和产量。研究区玉米和葵花产量与土壤表层含盐量之间的相关系数 $R^2$ 分别为0.61和0.71（图5.20），均达到极显著负相关，即土壤含盐量越高玉米或葵花产量越低，玉米产量达到800kg、葵花产量达到350kg的土壤含盐量几乎都在0.25%以下。

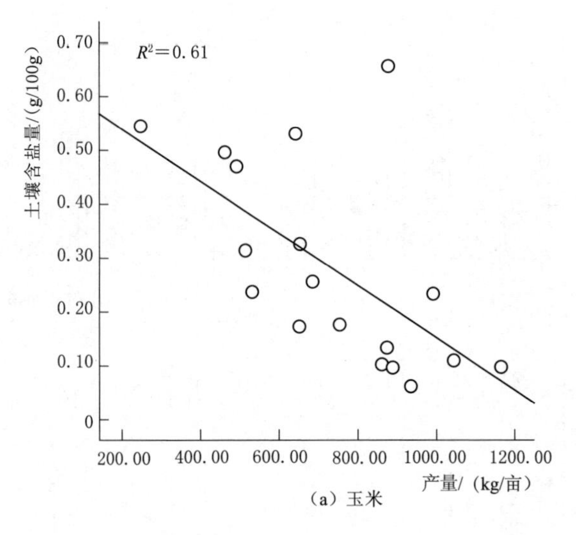


（a）玉米

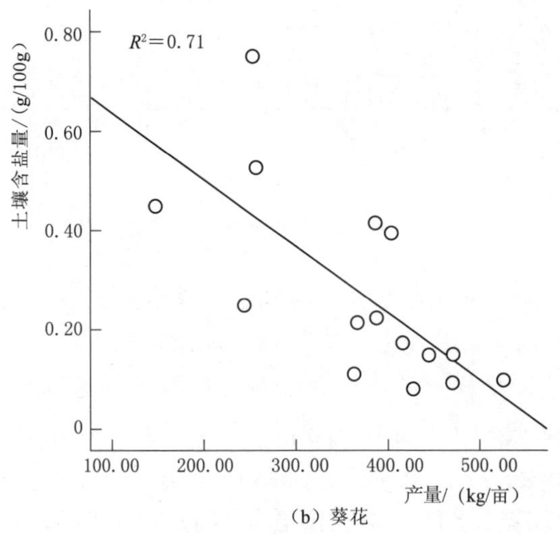


（b）葵花

图5.20　作物产量与土壤含盐量散点图

# 5.5 研究区土壤盐碱化演变趋势分析

## 5.5.1 材料与方法

### 5.5.1.1 遥感数据获取

选取研究区域近40年的遥感影像，遥感影像产品见表5.9。数据产品质量良好。

表5.9 选用遥感影像产品表

| 卫星传感器 | 时相/轨道号 | |
|---|---|---|
| | 返盐严重期 | 作物生长期 |
| MSS | 1973-03-20 P138/R31、R32<br>1977-04-13 P138/R31、R32 | 1973-08-29 P138/R31、R32<br>1976-06-11 P138/R31、R32 |
| TM/ETM | 1988-05-01 P129/R31、R32<br>2001-04-11 P129/R31、R32<br>2008-03-21 P129/R31、R32<br>2012-04-25 P129/R31、R32 | 1989-08-24 P129/R31、R32<br>2001-08-01 P129/R31、R32<br>2008-09-29 P129/R31、R32<br>2012-06-15 P129/R31、R32 |
| LISS-Ⅲ | 2006-04-30 P121/R40、R41 | 2005-09-02 P121/R40、R41 |

### 5.5.1.2 遥感数据处理

(1) 影像修复。针对Landsat ETM+影像出现数据条带丢失现象，利用SLC-off模型进行修复。

(2) 几何校正。利用已经校正好的Landsat TM影像作为底图进行校正，校正精度小于0.5像素，校正后的影像空间分辨率均为30m×30m。

(3) 辐射定标。将遥感影像的亮度值转换为辐射值和反射率。

### 5.5.1.3 盐碱地数据获取与处理

根据研究区域盐碱地的分布情况，解放闸灌域样地侧重在中、轻度盐碱化土壤和大量耕地中选取；永济和义长灌域样地侧重在重、中度、轻度盐碱地和少量耕地中选取。2006年和2012年共选取100个样地进行土壤表层盐分和地表土壤含水量的地面试验，用便携式GPS测量仪记录采样点的经纬度。在每块样地中，选取3个相距10m的取土点，取土深度为0～5cm和5～15cm，获得相应的土壤含盐量、pH值和土壤含水量，3个取土点的数值平均为该样地的对应值。

### 5.5.1.4 方法描述

(1) 基于不同时相影像的决策树分类方法。

1）分类依据。盐碱化程度不同的土壤具有不同的光谱反射差异性，不同时相的同一地物也有差异。本书利用各地物对不同时相遥感影像各波段反射强度的差异性，将整个研究区域划分为盐土、重度盐碱化土壤、中度盐碱化土壤、轻度盐碱化土壤、沙丘、城镇、水体和非盐碱化土壤等类别。此外，土壤盐碱化影响植被生长，盐分越高植被生长越差，植被生长或生物参数可作为盐碱化土壤分类的参考。本书地面试验的地表土壤含盐量与作物 NDVI 之间的相关系数 $R^2=0.796$（图 5.21），两者相关性达到极显著相关（$\alpha=0.01$），因此可以参考 NDVI 的变化选取代表不同程度盐碱化土壤的兴趣点。

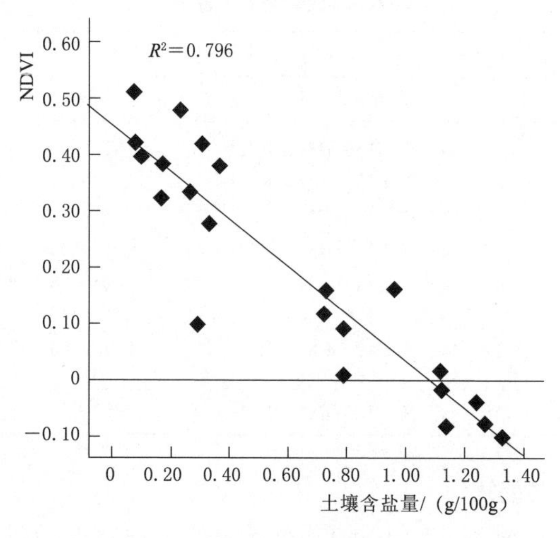


图 5.21 土壤含盐量与作物 NDVI 的散点图

2）分类方法。盐碱化土壤对近红外、红和绿光的反射较强，在标准假彩色合成（false - colour composite，FCC）的影像中呈白色、亮白色，且纹理一致，即使盐碱化土壤表层遭到破坏，降低其反射强度，但其光谱曲线保持一致。本书每年选两景遥感影像，一景选在返盐严重期（春季），另一景选在作物生长期，以春季影像为主、采用 ENVI 软件中的决策树方法进行分类。在 FCC 影像上，城镇、沙丘和水体的兴趣点选择较为便利，而在春季影像上选择盐土、重度盐碱化土壤、中度盐碱化土壤、轻度盐碱化土壤和非盐碱化土壤的兴趣点较为困难，需要借助生长期遥感影像和该时期的 NDVI 参数进行辨别：根据实地调查，盐土一般处于裸露状态，在 FCC 影像上呈亮白色；重度盐碱化土壤可生长耐盐作物，在 FCC 影像上呈白色，NDVI 数值很小；中度盐碱化土壤和轻度盐碱化土壤的作物 NDVI 数值逐步增大，在 FCC 影像上颜色逐步变暗。

3）各地物在 MSS、LISS－Ⅲ和 TM/ETM 影像下的光谱特点。图 5.22 是

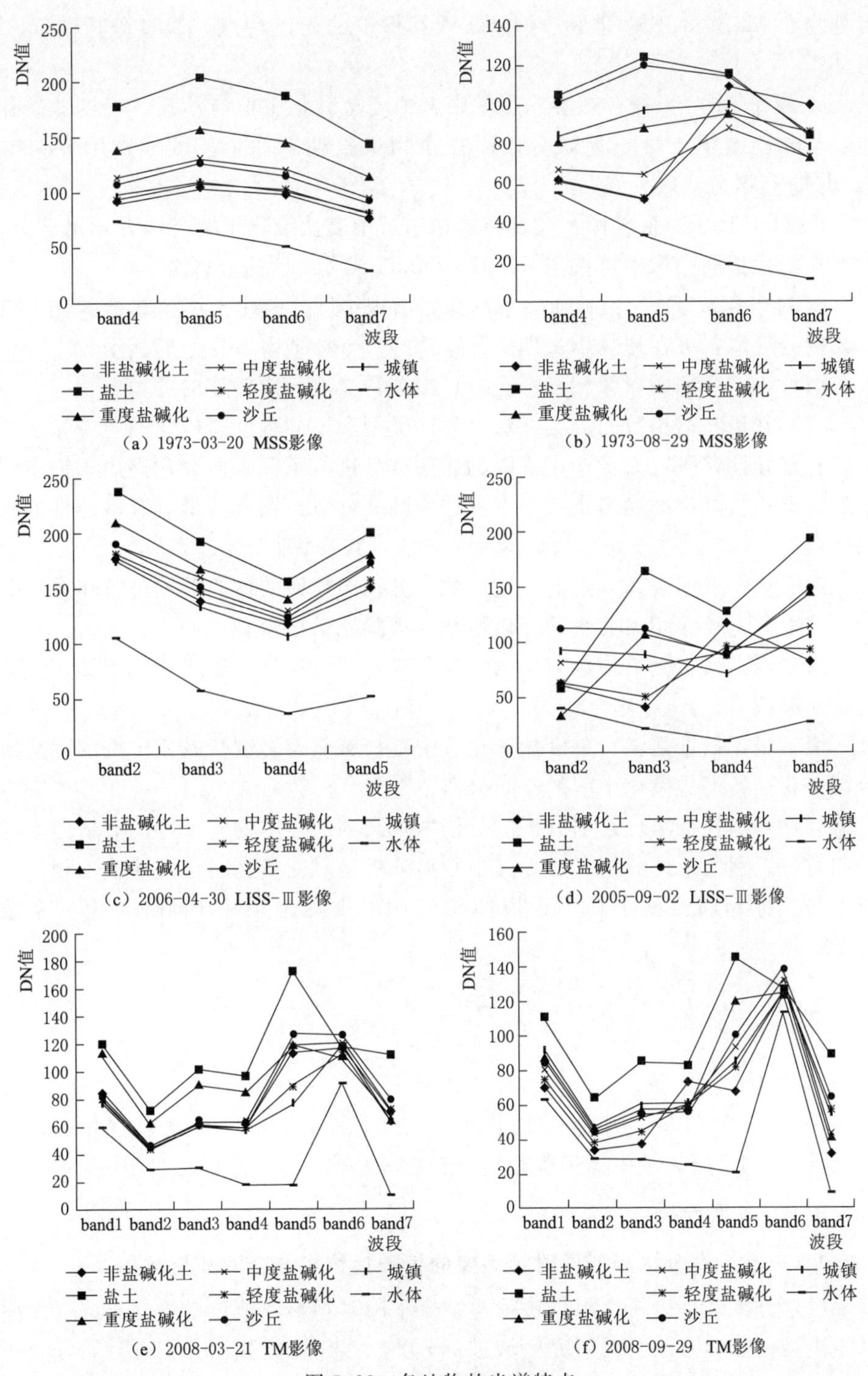


(a) 1973-03-20 MSS影像

(b) 1973-08-29 MSS影像

(c) 2006-04-30 LISS-Ⅲ影像

(d) 2005-09-02 LISS-Ⅲ影像

(e) 2008-03-21 TM影像

(f) 2008-09-29 TM影像

图 5.22 各地物的光谱特点

各地物在MSS、LISS-Ⅲ和TM/ETM影像下的光谱特点。通过分析图5.22可知：

a. 对于MSS影像：在春季影像中，中度盐碱化土壤与沙丘、轻度盐碱化土壤与非盐碱化土壤不易区分，而在作物生长期影像中，可分别用band5、band6进行区分。

b. 对于LISS-Ⅲ影像：在春季影像中，中度盐碱化土壤与沙丘不易区分，而在作物生长期影像中可选用band2、band3或band5进行区分。

c. 对于TM/ETM：针对春季影像，出现中度盐碱化土壤与非盐碱化土壤不易区分现象，可在作物生长期影像中选择band4或band5进行区分。

两种不同时期的影像相互补充，可以获得具有一定精度的分类图。

(2) 基于光谱指数的分类方法。不同类型和不同程度盐碱化的土壤光谱特征具有差异性，研究人员选用不同的影像产品进行了深入研究，提出了许多用于反演土壤盐碱化的光谱指数。本书选用的9种对土壤含盐量具有敏感性的光谱指数见表5.5。基于光谱指数的分类方法，其步骤如下：

第一步，根据表5.5中的光谱指数，分别与地面的试验数据进行相关性分析，选取具有较强相关关系的光谱指数为敏感光谱指数。

第二步，敏感光谱指数与土壤含盐量进行线性拟合，建立区域土壤含盐量的反演模型。

第三步，根据盐土、重度盐碱化、中度盐碱化、轻度盐碱化土壤的含盐量范围，获得各类盐碱化土壤的空间分布。

(3) 判别分析法。判别分析法是依据观测到的样本的若干特征对新样本进行归类与识别的统计分析方法，其中距离分析是对变量之间相似性或不相似性程度的一种判断方法。基于距离的相似性测度通常采用Pearson相关系数表示：

$$r=\frac{N\sum x_i y_i-\sum x_i\sum y_i}{\sqrt{N\sum x_i^2-(\sum x_i)^2}\sqrt{N\sum y_i^2-(\sum y_i)^2}} \tag{5.33}$$

式中：$N$为样本个数；$x_i$和$y_i$为观测量。

若$0.8<r\leqslant 1.0$，则表示极强相关；若$0.6<r\leqslant 0.8$，则表示强相关；若$0.4<r\leqslant 0.6$，则表示中等程度相关；若$0.2<r\leqslant 0.4$，则表示弱相关。

### 5.5.2 结果与分析

#### 5.5.2.1 基于决策树和不同时相影像的植被指数相结合的分类结果

(1) 分类结果分析。根据决策树结合不同时相影像植被指数的方法（简称基于决策树分类方法）对研究区域进行分类（多年分类如图5.23所示），获得不同时期的盐碱化土壤面积的变化规律（图5.24）。

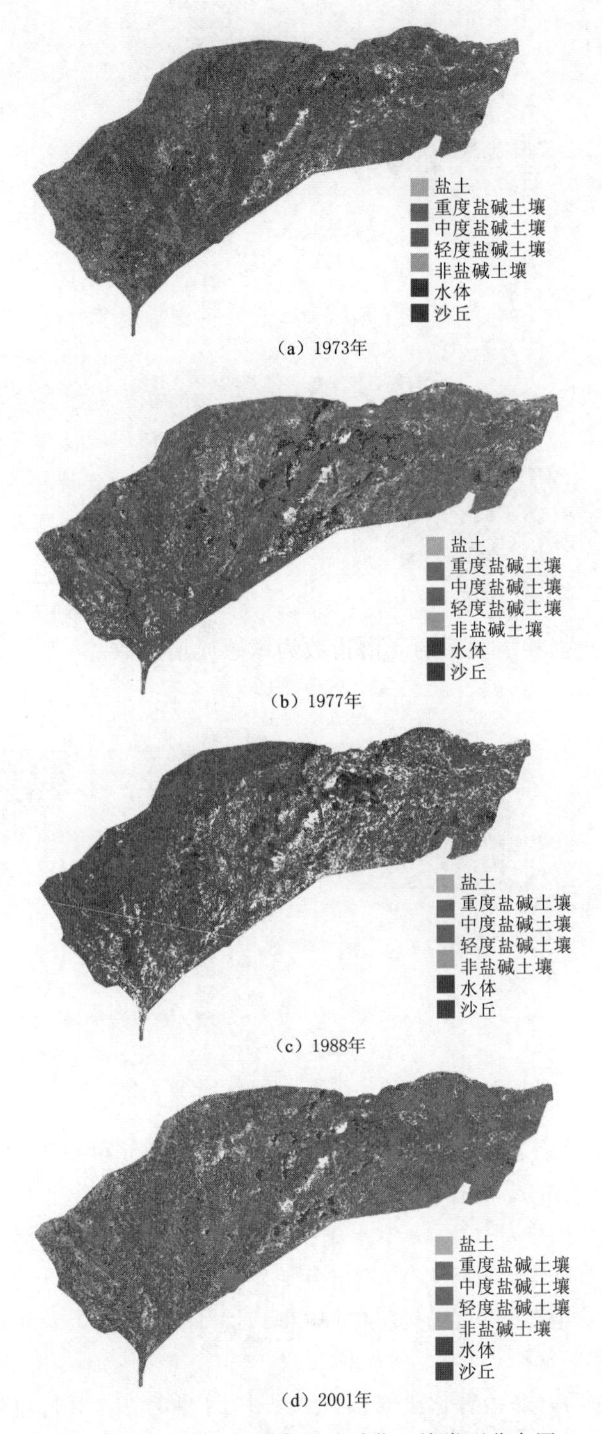


图 5.23（一） 历年研究区盐碱化土壤类型分布图

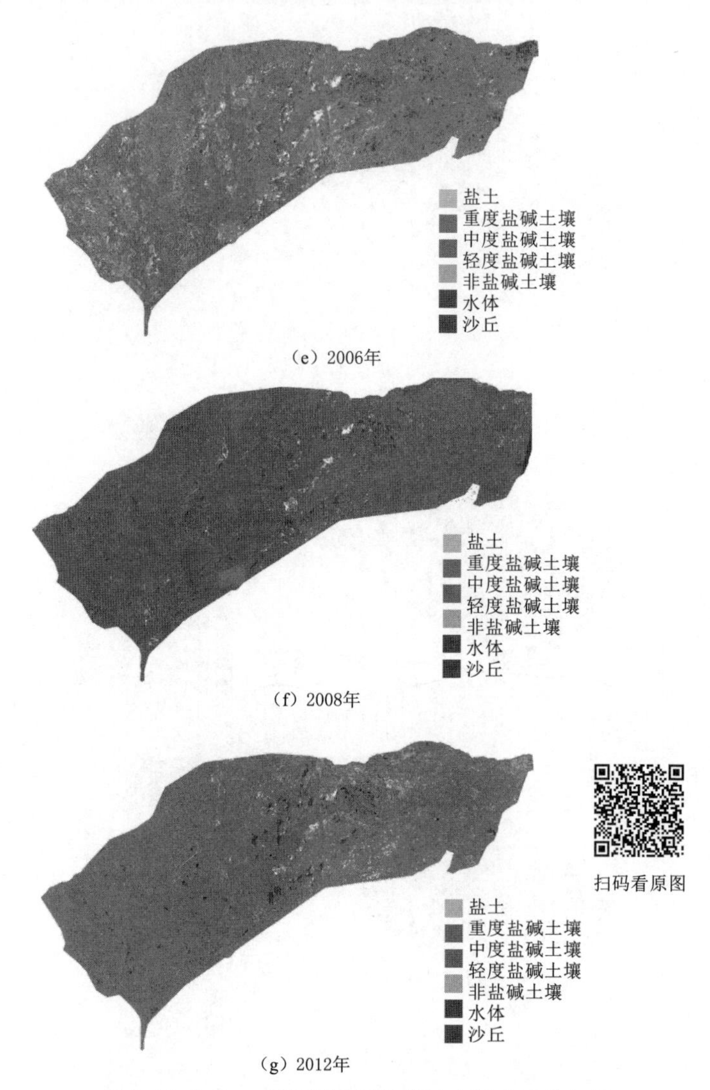


(e) 2006年

(f) 2008年

(g) 2012年

图 5.23（二） 历年研究区盐碱化土壤类型分布图

由图 5.23 可看出研究区各种类型土壤空间分布和随时间的动态变化：1977 年和 1988 年的土壤盐碱化程度较高，重度和中度盐碱土壤分布较广，主要分布在研究区的中部；2001 年土壤盐碱化程度明显减轻，但研究区中部仍有部分中度和重度盐碱化土壤；2006 年、2008 年和 2012 年土壤盐碱化逐步减轻；各年的盐土主要分布在研究区的中部，除 1998 年外，各年盐土的空间分布较为固定。

图 5.24 表明，非盐碱化土壤面积大小呈凹型走势，其占总面积的百分率从 1973 年的 28％下降到 1988 年的 26％，随后逐年上升，达到 2012 年的

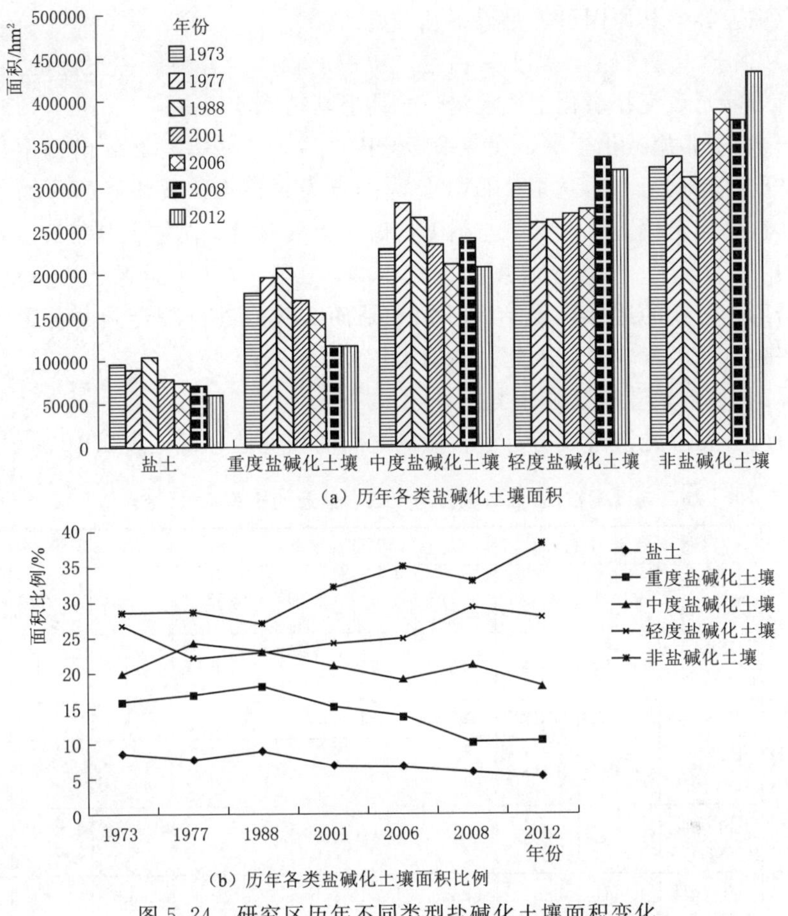


(a) 历年各类盐碱化土壤面积

(b) 历年各类盐碱化土壤面积比例

图 5.24 研究区历年不同类型盐碱化土壤面积变化

40%，非盐碱化土壤面积的增大说明多年的土壤盐碱化治理具有一定成效；轻度盐碱化土壤面积大小几乎呈凸型走势，其占总面积的百分率从 1973 年的 27%下降为 1977 年的 22%，再上升到 1988 年和 2001 年的 24%左右，随后逐年下降，2012 年达到 28%，表明一部分轻度盐碱化土壤被改良，转变为非盐碱化土壤，导致非盐碱化土壤增加；中度盐碱化土壤面积大小也呈凸型走势，其占总面积的百分率从 1973 年的 21%上升至 1977 年和 1988 年的 23%，随后逐年下降到 2012 年的 19%；重度盐碱化土壤的面积大小变化总体呈下降趋势，其占总面积的百分率从 1973 年的 15%下降到 2012 年的 10%，盐土面积占总面积的百分率从 1973 年的 8.5%下降为 2012 年的 5.3%，变化幅度不及前几种类型土壤大。

(2) 分类结果验证。利用地面实测数据对分类结果进行验证（表 5.10），可以看出盐土和非盐碱化土壤的分类精度最高，均达到 93%，轻度盐碱化土壤的分类精度最小为 85%，总体精度达到 89%。不同类型盐碱化土壤的分辨精度存在差异，其原因可能是以下几个方面：

1）在FCC影像上，盐土呈白色，辨识度较高，容易选择正确的兴趣点，但是有可能与重度盐碱化土壤混淆，总体上其精确度较高。

2）对于非盐碱化土壤，在春季影像中，辨识度较差，必须借助生长期影像和NDVI空间分布，选取NDVI值大的点为兴趣点，长势好的作物一般生长在非盐碱化土壤上，但是易与轻度盐碱化土壤混淆，总体上其精确度较高。

3）对于重度、中度、轻度盐碱化土壤，在春季FCC影像上，不易区分，必须借助生长期的遥感影像NDVI值和地面实验值进行综合判断，影响正确选取兴趣点的因素较多，因此其精确均较低。

#### 5.5.2.2 基于光谱指数的分类方法

（1）各敏感光谱指数与土壤含盐量之间的相关性分析见表5.10。

**表5.10 敏感光谱指数、影像各波段与土壤含盐量的相关系数(绝对值)**

| | 传感器 | $SI_1$ | $SI_2$ | $SI_3$ | NDSI | $SI_4$ | $SI_5$ | $II_1$ | $II_2$ | $II_3$ |
|---|---|---|---|---|---|---|---|---|---|---|
| 盐敏感光谱指数 | ETM+（2012年） | 0.297 | 0.293 | 0.245 | 0.045 | 0.499$^{\#}$ | 0.525$^{\#}$ | 0.295 | 0.255 | 0.228 |
| | LISS-Ⅲ（2006年） | 0.609$^{\#}$ | 0.612$^{\#}$ | 0.587$^{\#}$ | 0.243 | — | — | 0.609$^{\#}$ | 0.591$^{\#}$ | 0.572$^{\#}$ |
| 土壤水分敏感光谱指数 | 传感器 | NDWI | MNDWI | NDSI-2 | RSI | | | | | |
| | ETM+（2012年） | 0.512$^{\#}$ | 0.472$^{\#}$ | 0.366 | 0.422$^{\#}$ | | | | | |
| | LISS-Ⅲ（2006年） | 0.498$^{\#}$ | 0.258 | — | 0.045 | | | | | |
| 影像各波段 | 传感器 | band1 | band2 | band3 | band4 | band5 | band6 | band7 | | |
| | ETM+（2012年） | 0.378 | 0.308 | 0.283 | 0.192 | 0.499$^{\#}$ | 0.266 | 0.223 | | |
| | LISS-Ⅲ（2006年） | — | 0.594$^{\#}$ | 0.621$^{\#}$ | 0.559$^{\#}$ | 0.511$^{\#}$ | — | — | | |

注 $^{\#}$表示相关系数达到0.01显著水平。

（2）土壤含盐量反演模型的建立与验证。选取2006年4月30日LISS-Ⅲ遥感影像的第3波段、$SI_2$和NDWI作为自变量，建立土壤含盐量反演模型：

$$S_{2006}=0.090+56.148B_3-3.892SI_2+4.298NDWI \tag{5.34}$$

式中：$S_{2006}$为2006年研究区域土壤含盐量；$B_3$为LISS-Ⅲ遥感影像的第3波段反射率；$SI_2$为LISS-Ⅲ遥感影像的盐分指数；NDWI为LISS-Ⅲ遥感影像的归一化差异水分指数。

选取2012年4月25日Landsat ETM+遥感影像的第5波段、$SI_5$和NDWI作为自变量，建立土壤含盐量反演模型：

$$S_{2012}=4.500-9.655B_5+11.009SI_5-3.695NDWI \tag{5.35}$$

式中：$S_{2012}$为2012年研究区域土壤含盐量；$B_5$为Landsat ETM＋遥感影像的第5波段反射率；$SI_5$为Landsat ETM＋遥感影像的盐分指数；NDWI为Landsat ETM＋遥感影像的归一化差异水分指数。

分别用以上两种反演模型估算相应时段实测点土壤含盐量，实测土壤含盐量与计算土壤含盐量之间的相关系数分别为$R^2=0.639$和$R^2=0.616$（图5.25），均

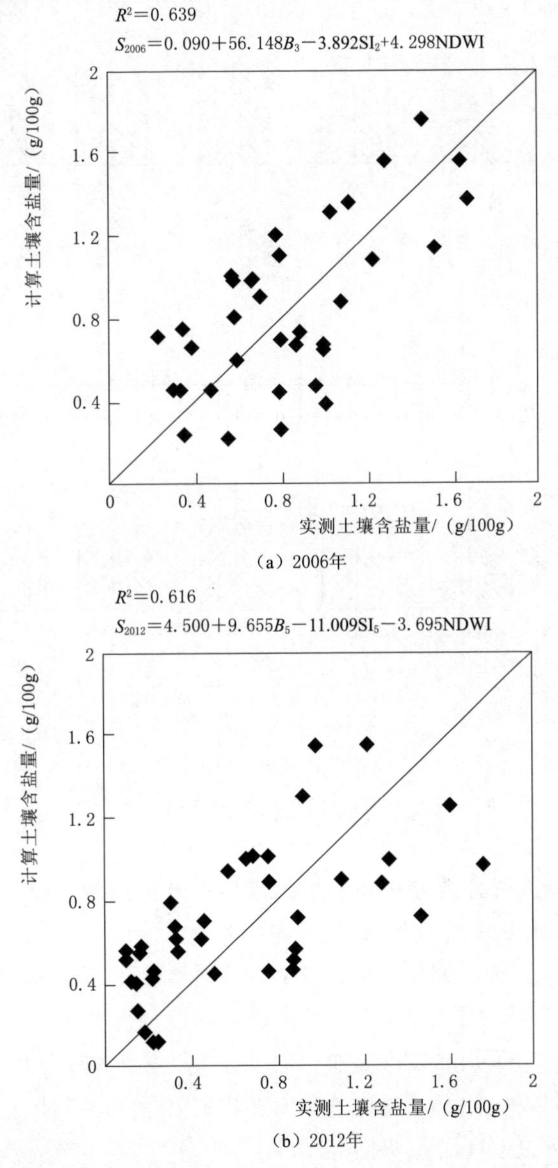


图5.25　两种模型实测土壤含盐量与计算土壤含盐量散点图

达到0.01显著水平，说明土壤全盐反演模型具有一定的精度。通过含盐量反演模型可获得研究区域土壤全盐的空间分布，进而得到各类盐碱化土壤的面积（图5.26）。

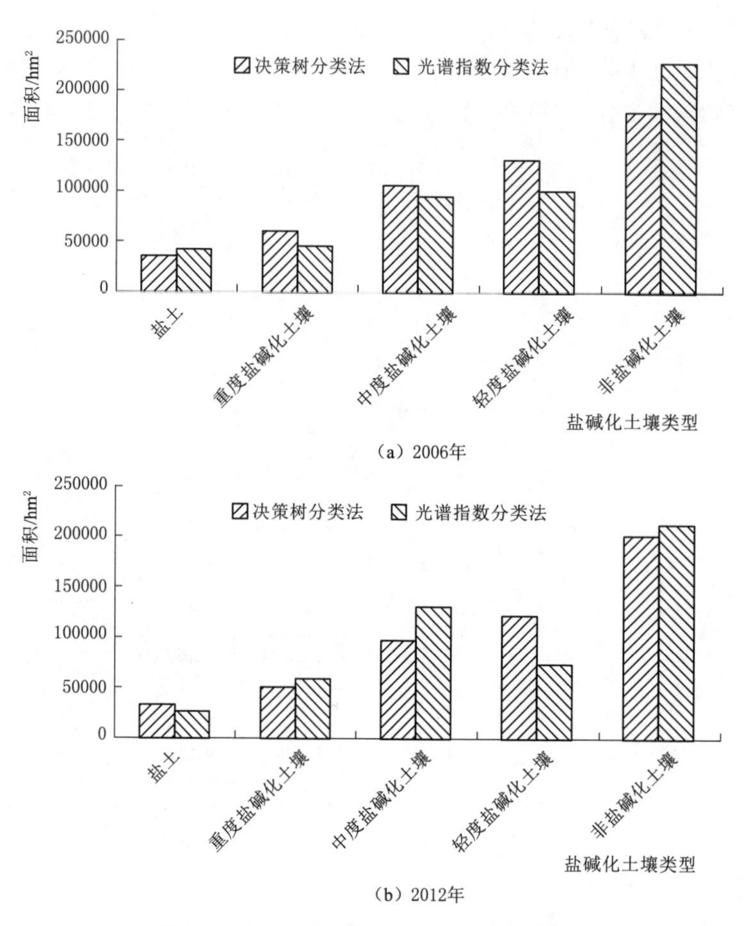


图5.26 不同盐碱化土壤类型面积柱状图

#### 5.5.2.3 基于决策树分类方法和基于光谱指数分类法的比较

（1）两方法所得各类盐碱化土壤面积比较。图5.26是用两方法所得的2006年和2012年各类盐碱化土壤面积，由图可知：两方法获得的各类盐碱化土壤面积数值相当，对于2006年各类数据，相差最大的是非盐碱化土壤面积，两方法数值相差47933hm²，占总面积的9.4%；对于2012年各类数据，相差最大的是轻度盐碱化土壤面积，两方法数值相差48411hm²，占总面积的9.5%；其他类型的土壤面积变化不大。

（2）数据之间的相似程度。针对采用不同方法获得的两年（2006年和

2012年）数据，本书选用距离分析法进行分析，判断数据之间的相似性程度。根据式（5.33），其Pearson相关系数$R^2$分别为0.933和0.909，说明采用两种方法获得的盐碱化土壤面积具有极强相关性，相似程度高。

#### 5.5.2.4 研究区域土壤盐碱化与地下水位的关系

河套灌区的大规模引水灌溉已近百年，灌区的灌溉面积从20世纪30—40年代的约160万亩，快速增加到50年代末的约400多万亩、80年代初的约620万亩，达到近年的灌溉面积约861万亩的规模。随着灌溉面积的增加，引水灌溉量快速增长，引起地下水位的持续抬升和地面蒸散量的增大，因而改变了干旱条件下的土壤水分状况，加之不良的径流条件，使水盐运移以垂直运动为主，表层土壤发生积盐现象，使土壤盐碱化程度发生变化。

图5.27是研究区域盐碱化土壤面积比例和年均地下水位变化的曲线图，通过分析可以看出，年均地下水位的变化与盐碱化土壤面积具有一定的相关性，表现为以下几个方面：

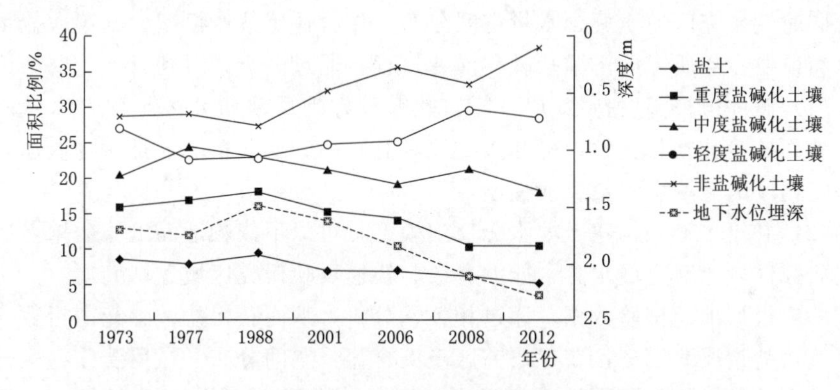


图5.27 历年盐碱化土壤面积比例与年均地下水位的关系曲线

（1）1973—1977年的地下水位略有下降，但是其间的非盐碱化土壤面积有一定的下降，降幅不大，仅为0.2%，而轻度盐碱化土壤面积则有很大的下降，降幅达到4.4%，中度盐碱化土壤面积则增加4.17%，可能原因在于河套灌区的灌溉面积从20世纪30—40年代的约160万亩，快速增加到50年代末的约400多万亩，灌溉引水量快速增大，提升了地下水位，土壤盐碱化程度逐渐恶化，导致非盐碱化土壤向轻度盐碱化土壤、轻度盐碱化土壤向中度盐碱化土壤转化，引起各类型土壤面积的变化。

（2）1988年地下水位埋深达到1.5m，而灌溉面积超过了620万亩，常年高地下水位，增加了地下水蒸发，在排泄不畅的情况下，引起了灌区盐分的持续累积，加剧了土壤盐碱化的进程，与1977年各类土壤面积相比，其间非盐碱化土壤面积有了1.1%的下降，轻度盐碱化土壤面积几乎没有变化，中度盐碱化土壤面积减少2%，重度盐碱化土壤面积增加1.2%，盐土面积增加2.3%。可以看出河套灌区的土壤盐碱化程度严重，需要采取有效措施改善灌区用水环境。

(3) 河套灌区1975年扩建总排干沟、1981年修建灌区排水出口乌梁素海，有效地缓解了灌区次生盐碱化过程，1989年开始以排水为中心的工程建设，虽然灌溉面积逐年增加，达到近年的灌溉面积约861万亩的规模，但是地下水位逐年下降，有效地减少了灌区土壤次生盐碱化程度，改善了灌区的生态环境，加上禁牧、退耕还草等措施的实施，减少了研究区域的蒸散发量，非盐碱化土壤面积2012年达到40%，其他各类盐碱化面积均有一定的下降。

## 5.6 本章小结

本章以河套灌区为研究对象，通过两年的地面试验，结合遥感影像，获得不同时期研究区域土壤含水量空间分布、作物遥感估产模型、土壤含盐量空间分布以及多年研究区土壤盐碱化演变过程。通过分析，得到以下主要结论：

(1) 条件植被温度指数(VTCI)能够较好地反演研究区土壤含水量。通过与地面试验数据相比较，可知VTCI具有较高的反演精度，是一种快速、具有一定精度的土壤含水量反演模型。

(2) 利用VTCI构建土壤水分反演模型，可以不依赖地面试验数据，从而获得研究区域相对土壤水分，能够有效、快速反映研究区域土壤墒情。

(3) 根据地面试验数据，通过相关性分析，从而获得盐敏感光谱指数，建立土壤含盐量反演模型，获得研究区土壤含盐量空间分布。在反演作物生长期的土壤含盐量时，由于作物叶面覆盖土壤，会影响光反射率，与裸地相比具有一定的差异。为了提高土壤含盐量的反演精度，将研究区划分为耕地和裸地，分别建立反演模型。结果表明，采用耕地与裸地分别建模的方法，能够提高反演精度，是一种较好、具有一定精确度的建模方法。

(4) 基于决策树的分类方法对研究区域的土壤类型进行分类，具有较高的精度，其总体精确度可达到89%，而且不依赖地面试验数据，应用范围优于基于光谱指数的分类方法。对盐碱化土壤分类时，应采用不同时相的遥感影像产品进行对比分析，结合有关光谱指数选取合理的兴趣点，有助于提高分类精度。

(5) 地下水位的变化影响着研究区域土壤盐碱化程度。地下水位埋深改变了干旱条件下的土壤水分状况，研究区水盐运移以垂直运动为主，导致灌区次生盐碱化程度加剧。改善灌区排水条件，适当降低地下水位，能有效地减少灌区土壤次生盐碱化程度和盐碱化土壤面积。

# 第6章

# 农业节水潜力研究

内蒙古河套灌区是国家和内蒙古自治区最为重要的商品粮、油生产基地之一。农业的持续稳定发展是经济发展的前提和基础，粮食生产在河套灌区具有非常重要的地位。农业的发展离不开对水资源的利用，目前，由于水资源已成为制约河套灌区经济持续发展的主要因素之一，所以必须充分挖掘河套灌区农业灌溉节水潜力，加大灌区农业节水力度，在保证粮食安全的前提下实施水权转换增加工业用水配额，提高内蒙古河套灌区以及区域灌溉水资源综合利用的效率和效益。因此，对河套灌区农业节水潜力的分析，不仅可为合理开发水资源供合理的科学依据，更可为灌区农业节水灌溉技术的发展提供理论基础。河套灌区在发展节水灌溉过程中存在的主要问题有渠系衬砌率低、地下水的开发利用有待加强、高新节水技术发展缓慢、高耗水作物种植面积大、先进灌溉管理制度不完善等。为了实现河套灌区下游生态治理与中游经济社会发展的双赢，必须采取作物种植结构调整、灌区节水技术改造等一系列的水资源高效利用措施，发展河套灌区高效节水型农业，减少该地区农业灌溉用水量。因此，对河套灌区农业节水潜力进行深入分析和准确估算，对灌区节水灌溉规划、发展节水灌溉技术、优化作物种植结构、提高农业水资源利用率等都具有重要的意义。

## 6.1 农业节水措施与途径

农业节水措施包括工程措施和非工程措施等。采取工程措施可降低输水损失、减少灌溉用水量、提高灌溉水利用效率等，工程措施的作用是提高农田水分生产效率，提高作物根系层土壤蓄水、保水能力，减少无效蒸腾蒸发量。经济措施包括研究和制定合理的水价政策，利用经济杠杆改变种植业结构，加大节水投入等。管理措施包括实行水资源统一管理、制定节水灌溉政策法规、加强组织管理、加强宣传教育和推广节水灌溉技术等。针对河套灌区的具体特点，农业节水主要有以下措施。

### 6.1.1 渠道防渗

灌溉渠道衬砌防渗是灌区节水改造的主要措施，目的是解决土质输水渠道尤其是骨干输水渠道在灌溉输水过程中严重渗漏的问题。通过防渗措施以减少输水损失，提高渠系水利用系数，加快输水速度。与土渠相比，浆砌块石防渗可减少渗漏损失60%～70%；混凝土衬砌可减少渗漏损失80%～90%；塑料薄膜防渗可减少渗漏损失90%以上。渠道衬砌是节水灌溉中投资省、见效快的最佳方法。

需要注意的是，河套灌区年降雨量不到200mm，降雨入渗对地下水的补给量为2.059亿$m^3/a$，而来自引黄灌溉渠道的渗漏对地下水补给量约16.9亿$m^3/a$，占地下水总补给量的66.3%。在井渠结合进行灌溉的地区，渠道渗漏的水量可以储存到地下含水层中，供缺水季节使用，加上灌区地面水库调蓄库容较小，通过渠道渗漏的方式补充地下水，可发挥地下含水层的调蓄作用，有效利用水资源。所以对河套灌区来说，不能所有的渠道都进行衬砌，应针对具体情况分别对待。如，对于地下水矿化度＞2g/L的微咸水和半咸水、不易开采利用地下水的地区，可考虑总干渠、干渠、支渠、斗渠、农渠都衬砌，农渠以下的田间渠道不衬砌；在地下水质较好并具有地下水良好含水层、适宜井渠结合灌溉的地区，如总干渠以北、永济干渠东部和西北地区，总排干沟以北地区、乌兰布和灌域及乌拉山山前地区，可考虑衬砌支渠及其以上的渠道，而斗渠及其以下的渠道不衬砌，以保证对地下水适宜的补给量。河套灌区属于温带大陆性干旱半干旱气候地带，年均气温7.1～9.1℃，封冻期长达6个月，封冻期多年平均气温－10.4℃，多年平均最大冻深85～110.8cm。较长的封冻期和较低的负温造成渠道基土冻融、土体膨胀，破坏防渗衬砌工程。因此，灌区的渠道防渗衬砌工程需采取相应的防冻胀措施，如换填风积砂、加铺聚苯乙烯进行防冻保温等。

### 6.1.2 田间节水灌溉技术

为了提高田间水利用系数，必须提升田间节水灌溉技术的水平，具体措施如下：

（1）土地平整。节水灌溉的基本措施之一就是土地平整。平整的土地可保证农作物灌水均匀且节水，同时又防止水土流失和土壤盐碱化，这项工作在灌区节水改造中占有重要地位。土地不平，灌水不匀，不仅浪费水，还易产生盐斑。因此，河套灌区的平整土地应列为重要的农田水利基本建设工程项目，并且应在利用常规机械平地设备完成粗平的基础上，采用较为先进的激光控制平地技术进行精平，实现高精度的土地平整。

（2）畦灌。对于密播作物，建设灌溉田块，由大水漫灌改为畦田灌溉，畦田大小根据土壤、坡降情况确定，一般以4m宽、40～75m长为宜，根据畦田大小确定入畦流量，从而减少田间输水损失。为提高畦灌的灌水质量，应结合土地平整，最好在现有的田间灌溉工程的基础上进行必要的改进与配套，采用激光控制平地技术完成对畦块的田间平整工作。通过激光控制平地作业，在水流推进方向上减小田块坡面上下起伏的不平整状况，消除局部倒坡或反坡，保持田块具有适宜的畦面纵坡，提高水流的推进速度；在垂直水流运动方向的田面上，则通过改善地面平整精度，使之达到水平方向上无坡度状态，消除水流横向扩散的田面凸凹障碍点，有利于水流推进锋面保持较高的均匀一致性，便于水流迅速推进到畦尾。采用这种一维水平坡面的土地精平方式，既可利用激光控制平地技术的精平功能，又考虑到传统畦灌方式的优点和现有农田的基本条件。当畦面平整精度提高后，可适当增大畦块的几何尺寸，以增加耕地的使用面积，减少劳力和能源的投入，并易于机耕、机播和机收作业，从而提高农业生产率。

（3）沟灌。对于宽行距作物，如玉米、甜菜、葵花等，采用沟灌是田间节水灌溉的一种较好方法，它不破坏作物根部土壤结构，不流失肥料，可实行小定额灌水，减少地面蒸发和深层渗漏，达到节水的目的。沟长取决于土壤的透水性和坡降，砂壤土或坡降小的沟可采用30～60m，黏质土或坡度大的沟可采用60～80m；沟间距等于作物行距，一般为0.6m，沟口上宽根据作物行距来决定，一般为0.3m，深0.15～0.2m，底宽0.1～0.15m，盐碱地区的沟断面宜采用宽浅式；灌水时水深为沟深的1/3～2/3为宜，入沟流量视沟的断面大小而定，一般以1.0L/s为宜。

（4）覆膜灌溉。覆膜灌溉是在地膜覆盖栽培技术上发展起来的一种新的灌水方法，节水效果显著。膜孔灌溉、膜上膜侧灌溉是覆膜灌溉中较为先进的两种方式，具有覆盖率高、保温保墒效果好的特点。此外，在西北寒冷的气候条件下，通过覆膜的保温作用可以增加作物的单产，提高水分生产率。

（5）非充分灌溉。非充分灌溉技术是以提高水利用率、产出率、产值为目标的节水灌溉技术，充分体现节水灌溉的科学内涵，将成为灌溉农业今后的主要发展方向。非充分灌溉主要把握住作物对水分的敏感期，把有限水量灌到关键生育期，并限定最适宜的灌水量，以求得总产效益最高。

### 6.1.3 秋浇灌水技术

由于河套灌区地处季节性冻土区，土壤冻结期长达半年之久。土壤从11月开始冻结到次年5月解冻基本结束这段时间内，气候干燥，多风少雨，蒸发强烈，表土积盐，又是春播作物苗期生长的关键时期，如果土壤墒情不足或者表土积盐严重就无法适时播种也不利于出苗，因此必须补充水分并淋洗作物根系层土壤的盐分，以保证春播作物的正常生长。秋浇正是为了解决这一问题而展开的一种有效的灌溉制度，且经实践证明是唯一适合于该地区的非生长期储水淋盐的灌溉方式。然而秋浇问题并不是一个简单的灌溉问题，它虽有正面的淋盐保墒效益，但如果灌水定额过大，不仅浪费水量，而且会造成土壤潮塌返浆，助长土壤表土积盐，影响春小麦播种以及苗期受到盐害的负面影响，加上历年秋浇灌水量之大（秋浇灌溉定额为 150～220m$^3$/亩，约占总灌溉定额的1/3)，尤其是在水资源日趋短缺的今天，秋浇水量应灌多少才适宜？秋浇的时间定在何时、多长时间浇完？这是农业部门与水利部门长期争论的问题。农业部门考虑秋收、秋翻（耕）的时间问题，要求晚浇（10 月中旬开始）；而水利部门从秋浇淋盐效果与次年播种时的适宜土壤水分考虑，需要早浇。武汉大学水利水电学院通过多年在河套灌区进行的一系列秋浇试验和理论研究工作，取得了以下一些比较可靠的结果：

（1）秋浇是适合河套灌区实际、效果较好的非生长期储水淋盐灌溉方式，对灌区具有重要的作用，不仅为春播作物创造良好的土壤水盐环境，还是灌区水盐平衡尤其是耕作层水盐平衡的重要环节；但秋浇用水量较大，利用效率不高，应该对现有的秋浇制度进行改进，以减少秋浇用水。

（2）秋浇时间宜早，9 月 10 日—10 月 25 日为秋浇灌溉期较好，在适耕期进行磙耙等农业保墒措施，具有定额小、洗盐效果好、返盐少、土壤很少潮塌等优点，同时在耕作层土壤的水肥热气状况的协调上也更有利。秋浇历时以22d 左右较适宜。关键问题是解决好秋收、秋翻、秋浇时间上的矛盾（俗称“三秋矛盾”）。

（3）控制秋浇面积，仅对翌年准备春播的土地进行秋浇，其余土地实行干地，这样可大大减少秋浇用水量。减少小麦播种面积是控制秋浇面积的一个途径。

（4）秋浇灌水定额某种程度上取决于土地平整程度和灌水畦块大小，在实行平地缩块农田基本建设的基础上，秋浇灌水定额可采用 100～110m$^3$/亩。

### 6.1.4 制定节水高效的作物灌溉制度

河套灌区粮食作物以春小麦、玉米为主，经济作物主要为葵花、甜菜。结合已有的河套灌区主要农作物的灌溉试验研究成果，根据灌区的气候、土壤、种植结构等特点，制定主要农作物的节水高效灌溉制度。

### 6.1.5 农业耕作节水技术

农业耕作节水技术以节水工程技术为基础，通过作物品种选择和栽培技术调控，充分发挥土、水、肥等综合效益，提高农田生产力和水分生产效率。适应于河套灌区的有以下几个方面：

（1）因地制宜地选用节水高产的耐旱作物品种，合理安排不同用水时段的作物布局与品种搭配，缓解黄河来水与灌区用水紧张的矛盾。

（2）采用适时、适量、适墒播种，建立高效、低耗作物种植群体结构，提高光、水、肥的利用效率和农作物产量。

（3）发展地膜覆盖，提高光、热、水的利用效率，有利于农作物生长，提高产量，但作物收成后应注意废地膜的收集和处理，防止白色污染。

（4）土地深耕深翻应每三年进行一次，以调节土壤养分，减少土壤水分蒸发，有利于盐碱地改良。

（5）加大种草种树力度，可减轻春季蒸发返盐，加强农田防护林建设，用以农作物防风及调节局部小气候，改善农作物生长环境，提高作物产量。

### 6.1.6 井渠结合灌水技术

合理开采地下水发展井灌或井渠结合灌溉技术，可减少引黄水量，使灌溉水和降雨得以重复利用，既可节水、提高水资源的利用率，又可降低过高的地下水位、防治土壤次生盐碱化，起到以灌代排的作用。但地下水的开采应满足以下条件：

（1）地下水资源较丰富，水质满足灌溉要求（矿化度小于3g/L）。

（2）井灌区与渠灌区合理布局，保持采补平衡，控制地下水超采。

（3）根据不同灌域地下水资源的特点及采补平衡的原则，采取井渠结合模式。

河套灌区规划发展井渠结合灌溉面积102.5万亩，分布于5个灌域，即生育期纯井灌，秋浇时用黄河水渠灌。井渠结合灌区的建设要与田间节水灌水技术相结合，根据具体条件，可采用低压管道或U形混凝土衬砌渠道输水、喷灌、滴灌、渗灌、沟灌等不同的灌水方法。

### 6.1.7 制定节水高效的农业管理措施

结合河套灌区的具体情况，实现农业高效节水的管理措施应包括以下几个方面：

（1）按灌区统一开发利用和管理水资源，分级调度，合理配置。河套灌区灌溉管理总局为全灌区水资源调配最高权力机构，设水调中心。通过总干渠枢纽配水站、流域局和排水管理局对灌溉用水、沟道排水统一调度。

（2）建立公管与群管相结合、专管与民主管理相结合的水利工程管理体制，针对不同情况采取不同措施。公管系统由总局、管理局、管理所三级组成；群管系统包括旗县（市）水利局、乡镇水管站和农民用水者协会。由农民用水者协会负责渠域的灌排管理、工程维修、测流量水、水费计收等工作。

（3）加强国管工程管理体制改革。通过推行定渠段、定人员、定任务、定标准、定经费、定收入的承包责任制，进一步明确基层水管单位和人员的管理任务。实行工程建设与管理相结合、管理与养护相分离，逐步建立一套自觉协调、自我约束、讲求效益的运行机制和精简高效的管理机构，使灌区现有国管工程的管护向物业化管理乃至下一步社会化招标式管理迈进。

（4）实行计划用水。确立以供定需的思想，根据国家的分水指标，按照既定分水比例确定各灌域用水指标，并逐级分解下达到各级配水渠道，然后自下而上编制用水计划，由总局分阶段批复下达；由相应各级水调机构对用水计划贯彻执行。调整用水计划，必须由用水单位通过相应的水调组织向上级单位提出，经上级水调批准执行。

（5）细化测流量水，划小收费单元，调动农户节水的积极性。完成总干渠及各直口渠道量水断面设施和仪器设备的更新改造，全部实现水位观测自动化；要统一技术标准、统一量水方法，达到计量收费的公正合理，逐步实现制度化、规范化；全面开展群管渠道量水，实现量水到户和毛渠口门，化小计量收费的核算单元；建立健全各级测流量水组织及相应水监督机制，完善供需双方共测互监和双方签字认可制度，量水资料做到日清、轮结，量水、水量、水费、水价四公开，使群众满意，节水的积极性提高。

（6）改善水调设施，配备自动化测控管理系统。应用现代化技术，建立计算机管理系统，分析水情动态，水位流量关系，从而确定优化配水方案。

（7）不断完善灌区水价体系，合理提高水价，以水价杠杆促进节水；在总体水价不变的前提下，不同时段执行不同的水价，限制超量用水和秋浇用水，达到节水的目的。在田间推行以亩次收费。

（8）加强排水管理。盐碱化土壤改良与治理始终是河套灌区水利建设的重要目标，排水作用的发挥是改土防治土壤盐碱化的基本保障。

## 6.2 农业节水潜力模拟与估算

### 6.2.1 现状农业用水效率及存在的主要问题

内蒙古农业大学屈忠义（2015）的研究结果表明，河套灌区渠系水利用系数为0.470，田间水利用系数为0.816，灌溉水利用系数为0.384，分别比2000年的估测结果（2000年河套灌区渠系水利用系数为0.459，田间水利用系数为0.750，灌溉水利用系数为0.344）提高了2.3%、8.8%和11.6%。因此，无论是灌溉水利用系数，还是作物水分生产率，河套灌区还是具有较大的提升潜力。

据调查，河套灌区农业用水占巴彦淖尔市农业用水总量的92%以上，虽然农业节水方面已经取得了一定的成效，但还是存在以下主要问题：

（1）渠道输水渗漏较为严重，渠系水利用系数仅为0.470。

（2）田间灌水方法和技术有待进一步改进，田间水利用系数为0.816。

（3）主要粮食作物的水分生产率不高，平均仅为0.93kg/m$^3$。

(4) 秋浇制度有待于进一步完善，在秋浇田块及其灌溉定额确定等方面还存在一定的盲目性。

(5) 农民的自觉节水意识和愿望还不是很强烈，灌溉水价偏低，水交易市场还未建立，无法发挥水市场的调节作用。

(6) 河套灌区井灌和井渠结合灌溉工程还有较大的拓展空间，地下水的开发利用还有较大的潜力。

### 6.2.2 农业节水潜力分析

1. 农林牧布局及作物种植结构

河套灌区现有灌溉面积 851.76 万亩，2010—2014 年近五年全灌区农、林、牧布局平均占比为 0.937∶0.037∶0.023；由此可知，河套灌区农业构成中农作物的比重过大，占 93.7%，林、牧比重很小，而林、草的灌溉定额相对较小。在农作物的种植结构中，小麦（包括间套种）、玉米、葵花、其他夏秋杂粮的种植面积平均比例为 0.124∶0.220∶0.442∶0.215，灌溉定额大的小麦、玉米等粮食作物种植比例占 1/3 以上，灌溉定额较大的葵花种植比例达 2/5 以上，而灌溉定额较小的经济作物和其他粮食作物的种植比例相对较小。因此，从减少农业用水总量的角度来看，河套灌区优化农林牧总体布局和调整作物种植结构是很有必要的，其节水潜力也是较大的。

2. 通过工程措施提高各级渠道的水利用系数

渠道衬砌是提高各级渠道水利用系数的主要工程措施。2014 年河套灌区平均渠系水利用系数仅为 0.470，说明超过一半以上的地表引水量在输送到田间的途中被渗漏等作用损失于环境中。河套灌区由七级灌溉渠系组成，分别为总干渠、干渠、分干渠、支渠、斗渠、农渠、毛渠，其中总干渠 1 条，长 180km；干渠 13 条，总长 834km；分干渠 40 条，总长 1069km；支渠 339 条，总长 2218.5km；斗渠 2908 条，总长 5234.4km。如此庞杂的灌溉渠系及其布置，如果在现有工程措施的基础上，仅将所有的干渠和分干渠进行防渗衬砌，其他渠道均不衬砌，以保持对地下水进行适当的渗漏补给，据测算，此时的渠系水利用系数可由 2014 年的 0.470 提高到 0.534，若按近 5 年平均引黄水量 44.5 亿 $m^3$ 计（近 5 年引黄灌溉水量见表 6.1），即可减少 2.8 亿 $m^3$ 水的渗漏损失，由此可见灌区渠道衬砌的节水潜力。

**表 6.1　　2010—2014 年河套灌区引黄灌溉水量**

| 年　份 | 2010 | 2011 | 2012 | 2013 | 2014 |
| --- | --- | --- | --- | --- | --- |
| 引黄灌溉水量/亿 $m^3$ | 46.7 | 47.7 | 38.4 | 45.1 | 44.8 |

3. 采用先进的灌水技术提高田间水利用系数

据分析，田间用水损失约占田间灌水量的 20%左右，而这部分损失水量的减少主要依靠采用先进的地面灌水技术。如平整土地可以增加灌水的均匀度，节省灌水时间，减少灌溉过程中的田间蒸发和深层渗漏，有效提高田间水利用系数；改变传统的地面格田灌溉模式，采取小麦畦灌、玉米覆膜沟灌、小麦套种玉米带畦灌等灌水技术，节水效果明显；采用先进的喷灌、滴灌技术和低压管道输水灌溉技术，可以提高田间水利用系数。据估算，河套灌区适合于发展喷灌、滴灌面积约为 140 万亩，占灌区总面积的 16.3%，具有较大的节水潜力。

4. 控制秋浇灌溉面积和灌水定额以减少农业用水总量

秋浇是河套灌区传统的秋后淋盐、春季保墒的一种特殊的储水灌水制度。由于秋浇水量很大，故合理的灌溉时间和灌水定额的研究，以及根据种植结构调整结果合理确定秋浇面积对节水意义重大。分析 2010—2014 年作物种植结构（表 6.2），可知瓜菜等种植面积平均为 114 万亩，葵花种植面积平均为 353.8 万亩，这些作物由于播种较晚，可以不进行或根据土质进行秋浇，若瓜菜全部不秋浇，40%的葵花秋浇，与现状年实际相比，可减少秋浇面积 160 万亩，按每亩 $100m^3$ 的灌水定额计算，可节省 1.60 亿 $m^3$ 水。

**表 6.2　　2010—2014 年河套灌区作物种植结构统计表**　　单位：万亩

| 年份 | 夏季作物 | | | | | | | 秋季作物 | | | | | 耕地面积 |
|---|---|---|---|---|---|---|---|---|---|---|---|---|---|
| | 小麦（包括间套作） | 油料 | 夏杂 | 瓜菜 | | | | 玉米 | 甜菜 | 葵花 | 秋杂 | 小计 | |
| | | | | 瓜类 | 菜类 | 番茄 | 小计 | | | | | | |
| 2010 | 126.6 | 50.2 | 5.7 | 56.9 | 16.9 | 55.3 | 129.2 | 149.6 | 6.2 | 315.9 | 11.4 | 483.1 | 794.8 |
| 2011 | 132.4 | 49.3 | 5.9 | 58.7 | 17.2 | 55.0 | 130.9 | 146.5 | 6.3 | 315.2 | 11.7 | 479.6 | 798.2 |
| 2012 | 114.6 | 35.6 | 6.2 | 54.3 | 15.6 | 48.3 | 118.2 | 188.2 | 8.2 | 306.9 | 11.2 | 514.5 | 789.1 |
| 2013 | 62.6 | 22.6 | 6.2 | 48.4 | 19.1 | 34.7 | 102.2 | 199.1 | 2.4 | 399.4 | 13.0 | 614.0 | 807.6 |
| 2014 | 58.2 | 15.5 | 4.7 | 45.2 | 15.8 | 32.8 | 93.8 | 195.1 | 1.3 | 431.4 | 10.6 | 638.4 | 810.5 |

5. 采用非充分灌溉技术以减少灌水定额

非充分灌溉，即“有意给作物少灌水，如减少灌水次数或灌水定额”，不追求单产量高，而要以总产量（总产值）最高为目标，以提高单位水量的生产效益，达到高效条件下净效益最大（或费用最小）的目标。因此，农业由原来的充分灌溉逐渐转向非充分灌溉是非常必要的，并将成为今后发展的主方向。据测算，若全区 50%面积实行非充分灌溉，每年可节水 1.076 亿 $m^3$；若全区 80%面积实行非充分灌溉，每年可节水 1.722 亿 $m^3$；若全部实行非充分灌溉，每年可节水 2.153 亿 $m^3$，效果十分可观。

6. 农田排水再利用

节水改造工程实施后，河套灌区总排干沟年排入乌梁素海的水量为 2.50 亿～3.62 亿 $m^3$，根据多年排水资料（表 6.3），总排干 5—10 月的排水含盐量平均为 1.9g/L 左右，完全符合 2g/L 以下的灌溉水质标准。如能充分利用这一部分水量，既可大大缓解沿排干沟地区的农田灌溉用水问题，又减轻了排水负担，可谓一举两得。每年用于冲洗淋盐的水也要排出区外，这部分水含盐量较高，必须通过干沟排出灌区。

**表 6.3　2010—2014 年总排干沟 5—10 月排水量和矿化度统计表**

| 年　份 | 2010 | 2011 | 2012 | 2013 | 2014 |
|---|---|---|---|---|---|
| 排水量/亿 $m^3$ | 3.02 | 2.50 | 3.62 | 2.88 | 2.59 |
| 矿化度/(g/L) | 1.94 | 1.63 | 1.91 | 1.75 | 2.25 |

7. 地下水开发利用

在地下水水质较好、水量较大、水位较高的地区，合理开采地下水发展井灌或井渠结合灌溉，既减少了引黄水量，又可降低地下水位、防治土壤次生盐渍化，起到以灌代排的作用。河套灌区在总排干沟以北地区、乌兰布和灌域及乌拉山山前地区地下水较丰富，水质也较好，宜于发展纯井灌区或井渠结合灌溉方式，即生育期利用地下水，秋浇时利用黄河水灌溉补充。据统计资料，按照小于 3g/L 的地下水可用于农田灌溉的原则，河套灌区地下水可开采量为 10.3 亿 $m^3$，开发利用潜力很大。

8. 完善农业用水管理制度以提高农业节水效率及效益

国际上公认，灌溉节水的潜力 50%在管理方面，充分发挥灌溉管理机构的作用，对发展节水农业具有重大的意义。实践表明，通过工程技术系统和管理系统的协调，才能形成真正的节水体系，充分发挥节水的潜力。通过完善水价体系，实行计划用水，细化测流量水，划小收费单元等措施，调动农户节水的积极性；通过改善水调设施，配备自动化测控管理系统等先进科学的管理，可使渠系水利用系数提高到 0.6 以上。节水潜力非常可观。

### 6.2.3 农业节水潜力水平衡模型构建及模拟

综合考虑河套灌区五大灌域水平方向分布的差异性（包括各灌域气候条件、下垫面条件、作物种植布局等不同），以及土壤垂直剖面分层水平衡要素组成的关联性，采用宏观尺度（灌域尺度）分析法构建基于水均衡原理的分布式水平衡模型，通过纵向耦合、横向累加开展灌区多因素不同节水情景下的节水潜力研究。

#### 6.2.3.1 多因素不同节水情景设置

根据上述河套灌区农业单因素节水潜力的分析，综合考虑粮食安全、用水习惯、节水经验、节水投资等多种因素，将渠道衬砌工程、土地整理工程等节水灌溉工程措施与种植结构调整、地膜覆盖、免耕栽培、田间管理等非工程措施进行合理组合，设定河套灌区若干种多因素条件农业节水5种组合如下：

1）不同规划年作物种植结构及其面积。

2）不同规划年骨干渠系衬砌比例。

3）不同规划年田间节水技术推广面积。

4）不同规划年秋浇控制面积。

5）不同规划年井渠结合灌溉面积。

这些不同因素的离散水平直接或间接地影响模型中的灌溉引水量、排水量、地下水补给量、地下水开采量、蒸发量等水平衡要素，由此组合生成若干种多因素不同节水情景或方案，针对每一种方案采用基于水均衡原理的分布式水平衡模型模拟计算。具体多因素不同农业节水情景表述如下：

（1）不同水平年：现状2014年、近期2020年、远期2030年。

（2）不同降雨频率：丰水年20%、平水年50%、枯水年75%、特枯年95%，各灌域不同降雨频率代表年选择见表6.4。

**表6.4　各灌域不同降雨频率代表年**

| 序号 | 灌域 | 降雨频率 | | | |
|---|---|---|---|---|---|
| | | 20% | 50% | 75% | 95% |
| 1 | 乌兰布和 | 2003 | 1992 | 1991 | 1965 |
| 2 | 解放闸 | 1996 | 1991 | 1999 | 1965 |
| 3 | 永济 | 1998 | 2010 | 2013 | 1993 |
| 4 | 义长 | 1992 | 1996 | 1985 | 1965 |
| 5 | 乌拉特 | 2001 | 1985 | 1975 | 1980 |

（3）作物种植布局：河套灌区作物种植类型与面积统计见表6.5，主要作物为小麦、玉米和葵花。葵花的生长期较短，耗水量相对较小，且经济效益高，预计未来仍将保持增长趋势。特别是近年来引进并大范围推广的新品种（美葵）能够将播种期推迟至6月，对灌溉制度产生明显的影响。相比之下，小麦耗水量大、生长期较长，播种期较早，需要春灌保障用水需求，且经济效益一般，但现状种植面积已降至57.8万亩（占总灌溉面积的6.8%），进一步调整的空间有限。因此，综合考虑地区农业结构、粮食安全、不同作物类型节水潜力等因素，确定2020年、2030年各灌域作物种植结构，见表6.6和表6.7。

表 6.5　　2014 年各灌域作物种植类型与面积统计表　　单位：万亩

| 灌域 | 乌兰布和 | 解放闸 | 永济 | 义长 | 乌拉特 |
| --- | --- | --- | --- | --- | --- |
| 小麦 | 5.22 | 32.64 | 12.43 | 6.45 | 1.02 |
| 油料 | 9.02 | 2.11 | 2.00 | 2.11 | 0.29 |
| 夏杂 | 1.57 |  | 0.92 | 2.17 |  |
| 瓜类 | 8.65 | 10.77 | 4.91 | 15.60 | 4.33 |
| 蔬菜 |  | 5.13 | 7.99 | 2.66 |  |
| 番茄 | 3.18 | 10.28 | 9.95 | 8.49 | 0.89 |
| 玉米 | 25.79 | 48.07 | 53.56 | 40.85 | 25.05 |
| 甜菜 |  |  |  | 1.01 | 0.26 |
| 葵花 | 22.98 | 57.66 | 79.08 | 186.84 | 79.06 |
| 秋杂 | 1.50 |  | 1.24 | 4.21 | 3.68 |
| 林地 | 13.08 | 7.35 | 1.15 | 2.56 | 3.23 |
| 牧地 | 6.64 | 12.49 | 0.80 | 2.84 |  |
| 秋浇 | 50.49 | 173.48 | 120.66 | 216.72 | 96.97 |

注　各种作物种植比分别为小麦 6.8%、玉米 22.7%、葵花 50%、其他 20.5%。

表 6.6　　2020 年各灌域作物种植类型与面积预测表　　单位：万亩

| 灌域 | 乌兰布和 | 解放闸 | 永济 | 义长 | 乌拉特 |
| --- | --- | --- | --- | --- | --- |
| 小麦 | 4.62 | 28.88 | 11.00 | 5.71 | 0.90 |
| 油料 | 9.02 | 2.11 | 2.00 | 2.11 | 0.29 |
| 夏杂 | 1.57 |  | 0.92 | 2.17 |  |
| 瓜类 | 5.66 | 7.15 | 3.25 | 10.20 | 2.84 |
| 蔬菜 |  | 3.50 | 5.50 | 1.80 |  |
| 番茄 | 2.20 | 7.08 | 6.85 | 5.84 | 0.62 |
| 玉米 | 25.00 | 46.59 | 51.91 | 39.59 | 24.28 |
| 甜菜 |  |  |  | 1.01 | 0.26 |
| 葵花 | 25.30 | 63.46 | 87.14 | 205.65 | 87.02 |
| 秋杂 | 1.50 |  | 1.24 | 4.21 | 3.68 |
| 林地 | 13.08 | 7.35 | 1.15 | 2.56 | 3.23 |
| 牧地 | 6.64 | 12.49 | 0.80 | 2.84 |  |
| 秋浇 | 40.42 | 156.09 | 103.67 | 191.68 | 85.54 |

注　各种作物种植比分别为小麦 6%、玉米 22%、葵花 55%、其他 17%。

表 6.7　　2030 年各灌域作物种植类型与面积预测表　　单位：万亩

| 灌域 | 乌兰布和 | 解放闸 | 永济 | 义长 | 乌拉特 |
|---|---|---|---|---|---|
| 小麦 | 3.85 | 24.00 | 9.20 | 4.75 | 0.75 |
| 油料 | 9.02 | 2.11 | 2.00 | 2.11 | 0.29 |
| 夏杂 | 1.57 |  | 0.92 | 2.17 |  |
| 瓜类 | 4.10 | 5.00 | 2.35 | 7.10 | 2.00 |
| 蔬菜 |  | 2.60 | 4.10 | 1.35 |  |
| 番茄 | 1.70 | 5.25 | 5.10 | 4.50 | 0.48 |
| 玉米 | 22.70 | 42.35 | 47.20 | 36.00 | 22.10 |
| 甜菜 |  |  |  | 1.01 | 0.26 |
| 葵花 | 27.60 | 69.20 | 95.00 | 224.30 | 94.90 |
| 秋杂 | 1.50 |  | 1.24 | 4.21 | 3.68 |
| 林地 | 13.08 | 7.35 | 1.15 | 2.56 | 3.23 |
| 牧地 | 6.64 | 12.49 | 0.80 | 2.84 |  |
| 秋浇 | 35.39 | 147.4 | 95.18 | 179.16 | 79.84 |

注　各种作物种植比分别为小麦 5%、玉米 20%、葵花 60%、其他 15%。

（4）骨干渠系衬砌比例：根据河套灌区输水渠系分布特征、现状输水损失与前述节水潜力初步分析，重点对干渠、分干渠、支渠进行衬砌，衬砌比例及相应的渠系水利用系数预测值见表 6.8。

表 6.8　　渠系衬砌比例与水利用系数

| 不同规划年渠系衬砌水平 | | 干渠、分干渠、支渠衬砌比例/% | 渠系水利用系数 |
|---|---|---|---|
| 2020 年 | 水平 1 | 25 | 0.532 |
|  | 水平 2 | 30 | 0.550 |
|  | 水平 3 | 35 | 0.569 |
|  | 水平 4 | 40 | 0.588 |
| 2030 年 | 水平 4 | 40 | 0.588 |
|  | 水平 5 | 45 | 0.606 |
|  | 水平 6 | 50 | 0.625 |
|  | 水平 7 | 55 | 0.644 |

注　不同衬砌比例相应的渠系水利用系数推算，参考中国水利水电科学研究院专题报告中的研究结果。

（5）田间节水技术推广面积：不同规划年在蔬果类作物产区推广管道输水、喷灌、微灌等节水措施，覆盖比例达 60%（2020 年）、80%（2030 年）；不同规划年采取地膜后茬免耕栽培、宽覆膜等土壤保水技术推广面积达到

30%（2020 年）和 40%（2030 年）；不同规划年非充分灌溉技术推广面积比例分别达到 30%（2020 年）和 40%（2030 年）；不同规划年农业用水管理、田间管理制度完善比例分别达到 80%（2020 年）和 100%（2030 年）。

（6）秋浇控制面积：根据武汉大学、内蒙古农业大学研究结果及各灌域试验站资料综合确定。考虑到秋浇的淋盐、保墒等因素，确定秋浇定额为 100～110$m^3$/亩，灌水时间为 9 月 20 日—11 月 11 日（各灌域时间不同）。通过对种植结构的调整，可适当减少秋浇面积，规划引黄灌区、井渠结合区只对农田（小麦、玉米、油料、杂粮等作物）进行秋浇，不同规划年秋浇控制面积比例为：现状年 77%、2020 年 68%、2030 年 63%。

（7）井渠结合灌溉面积：河套灌区现有井渠结合灌溉面积 51.4 万亩（占总灌溉面积的 6%），规划近期发展井灌面积 81.8 万亩（占总灌溉面积的 9.6%），远期发展井灌面积 102.5 万亩（占总灌溉面积的 12%）。井渠结合灌区，在作物生育期实行纯井灌，秋浇时用引黄水渠灌。

（8）灌溉定额：现状灌溉定额由各灌域试验站（即沙区试验站、沙壕渠试验站、曙光试验站、义长试验站、长胜试验站）提供；随着节水防渗衬砌措施的实施，减少了渠道渗漏对地下水的补给，使得地下水位下降，地下水对作物的补给量相应减少，而这部分减少的水量需由灌溉来补充，故规划年的灌溉定额大于现状定额，并随着工程的逐步完成而不断增加。

（9）灌溉水量月分配比例：方法一，首先根据试验站调查的各种作物逐月灌溉定额及灌溉面积计算得月灌溉水量，再计算各月灌溉水量占全年灌溉水量的比例；方法二，直接采用调查统计的各月引黄灌溉水量占全年引水量的比例。本次模拟计算中采用了第一种方法。

#### 6.2.3.2 地下水位埋深合理范围的确定

灌区地下水位过高，潜水蒸发作用强，可能导致土壤次生盐碱化；而地下水位过低，破坏其动态平衡，也降低了地下水对作物耗水的贡献度。因此，合理控制地下水位，是灌区用水效率与用水效益协同提升的重要措施。遵循节水措施适度规模、地下水合理开采的原则，选取灌区防渍、次生盐碱化的临界埋深作为地下水位埋深的上限，以保证地下水补充作物需水的最大埋深作为地下水位埋深的下限，因此确定地下水位埋深控制的合理范围为 1.5～2.5m。根据文献资料，地下水位埋深过大，特别是生育期（5—9 月）会给灌区农田及自然草地、林地等陆面生态系统带来不利影响。对于河套灌区农作物，生育期农田地下水位埋深应控制在 1.5～2.5m，非生育期农田地下水位埋深也应控制在 2.5m 以上，在此区间内，大部分作物的正常需水可以得到满足。

#### 6.2.3.3 计算区域水平衡模型构建

根据地面以下土壤垂直剖面不同土层的差异性与关联性，分别构建计算区域潜水层、作物根系层、灌域（包气带+潜水层）水平衡模型。

（1）潜水层水平衡模型：如图6.1所示。

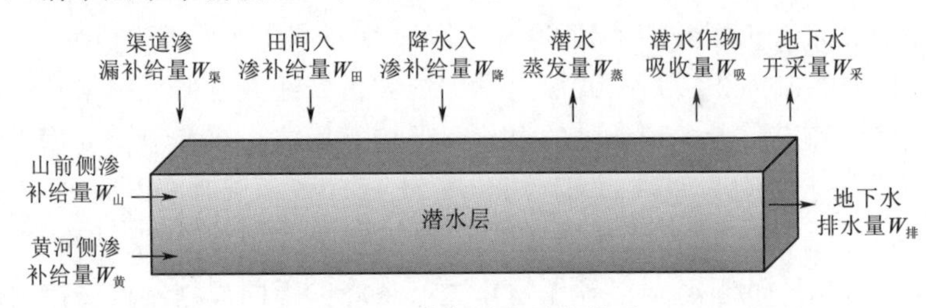

图6.1 潜水层水平衡模型

根据水量平衡原理，即某时段内潜水层的补给量减去消耗量等于潜水层储水量的变化量，得到如下水平衡方程：

$$H_t-H_0=\frac{W_{渠}+W_{田}+W_{降}+W_{山}+W_{黄}-W_{蒸}-W_{吸}-W_{采}-W_{排}}{A\mu} \tag{6.1}$$

式中：$W_{渠}$为渠道渗漏补给量；$W_{田}$为田间入渗补给量；$W_{降}$为降雨入渗补给量；$W_{山}$为山前侧渗补给量；$W_{黄}$为黄河侧渗补给量；$W_{蒸}$为潜水蒸发量；$W_{排}$为地下水排水量；$W_{采}$为地下水开采量；$\mu$为含水层的给水度；$H_0$、$H_t$为时段初、末地下水位埋深。

（2）灌域水平衡模型：如图6.2所示。

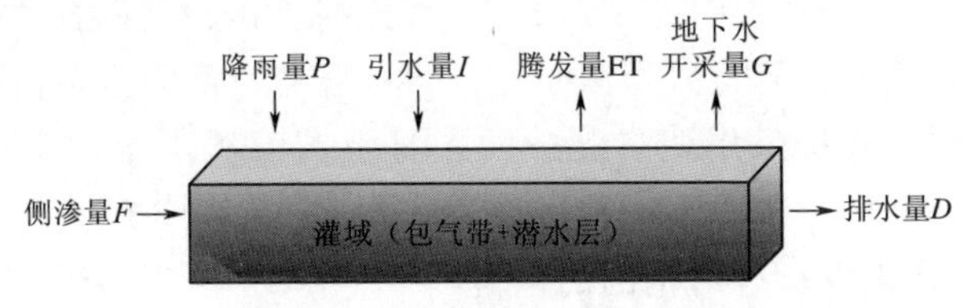

图6.2 灌域水平衡模型

根据水量平衡原理，即某时段内灌域的补给量减去消耗量等于土壤含水量及潜水变化量，得到如下水平衡方程：

$$P+I+F-D-G-\mathrm{ET}=\Delta W \tag{6.2}$$

式中：$P$、$I$、$D$分别为降雨量、引水量和排水量，根据实测资料确定；$\Delta W$为水量变化量，根据实测地下水位埋深、给水度、土壤含水率计算；$G$为地下水开采量，包括井灌区农灌水量、工业用水量与生活用水量；$F$为黄河侧渗量及山前侧渗量；ET为腾发量。

（3）作物根系层水平衡模型：如图6.3所示。

根据水量平衡原理，即某时段内作物根系层的补给量减去消耗量等于土壤含水量的变化量，得到如下水平衡方程：

$$P+I+\mathrm{EG}+\mathrm{AG}-D-\mathrm{ET}-S=\Delta W \tag{6.3}$$

式中：$P$、$I$、$D$ 意义同上；$\Delta W$ 根据计划湿润层土壤含水率变化量计算；$S$ 为作物根系层土壤水深层渗漏量；EG、AG 为潜水蒸发量、潜水作物吸收量。

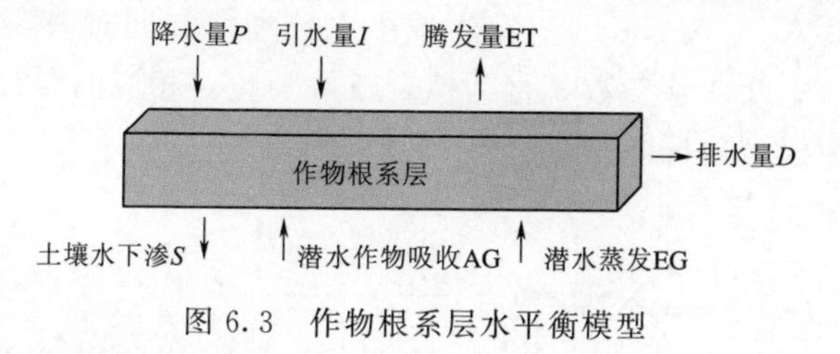


图 6.3 作物根系层水平衡模型

#### 6.2.3.4 模型求解基本思路

首先根据灌区各灌域 2000—2013 年资料，对模型水文地质参数进行率定与验证，在此基础之上，以地下水位埋深合理范围为控制性（判断）条件，应用模型模拟不同规划年、不同降雨频率、不同节水情景下的水平衡要素中各部分水量及地下水位埋深情况，为灌区节水阈值的确定提供依据。模型求解基本思路如图 6.4 所示。

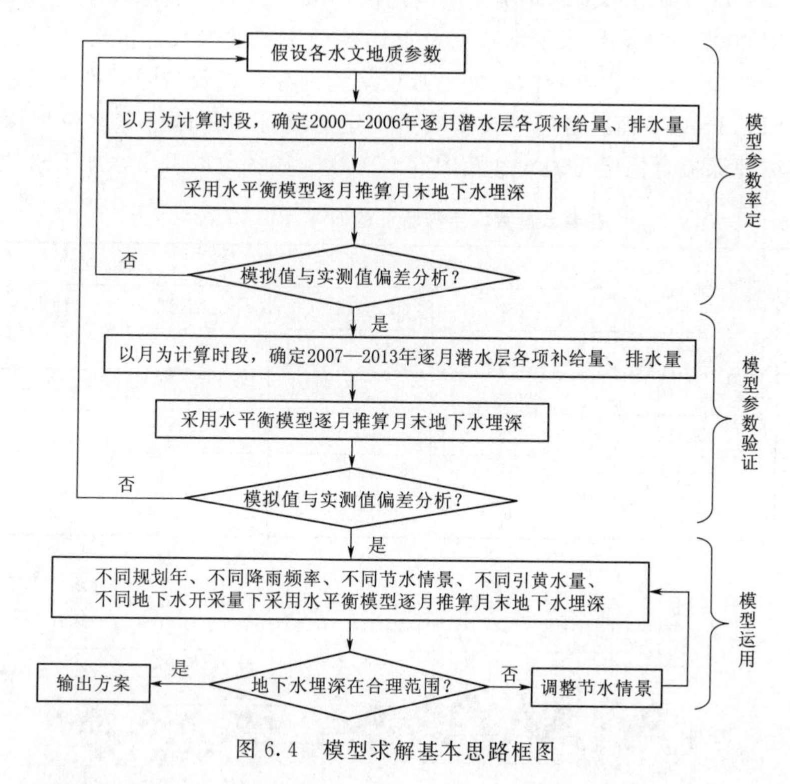


图 6.4 模型求解基本思路框图

#### 6.2.3.5 模型参数率定与验证

利用 2000—2006 年水平衡数据（进、出水量）及各种参数设定的初值，运用上述水平衡计算模型，由各时段初的地下水位埋深推求各时段末的埋深，进而求得各时段的平均埋深。以 NSE［Nash－Sutcliffe efficiency coefficient，式（6.4）］、PBIAS［式（6.5）］作为地下水位埋深与同时段实测埋深拟合情况的判断依据，不断调整参数，直到拟合较好为止，相应的参数作为模型率定的最终值，可为模型验证时采用。

$$\mathrm{NSE}=1-\frac{\sum_{i=1}^{n}(O_i-P_i)^2}{\sum_{i=1}^{n}(O_i-\overline{O})^2} \tag{6.4}$$

$$\mathrm{PBIAS}=\frac{\sum_{i=1}^{n}(P_i-O_i)}{\sum_{i=1}^{n}O_i}\times 100\% \tag{6.5}$$

式中：$O_i$、$P_i$ 分别为第 $i$ 时段地下水位埋深实测值和模拟值，m，$i=1$，2，3，…，$n$；$\overline{O}$为地下水位埋深实测值的均值，m。

利用2007—2013年水平衡数据及上述模型率定的参数，再次运用上述水平衡计算模型，模拟得到各时段地下水位平均埋深，以及与同时段实测埋深拟合的NSE、PBIAS值。各灌域模型参数率定与验证所得的地下水位埋深与同时段实测埋深拟合情况见表6.9及图6.5～图6.10。可以看出，地下水位埋深

表6.9　各灌域参数率定与验证的NSE、PBIAS值

| 序号 | 灌域 | 率定 | | 验证 | |
|---|---|---|---|---|---|
| | | NSE | PBIAS/% | NSE | PBIAS/% |
| 1 | 乌兰布和 | 0.6 | −4.3 | 0.5 | 0.2 |
| 2 | 解放闸 | 0.6 | 0.4 | 0.6 | −0.5 |
| 3 | 永济 | 0.5 | 0.1 | 0.5 | −2.9 |
| 4 | 义长 | 0.6 | −1.6 | 0.6 | −0.5 |
| 5 | 乌拉特 | 0.7 | 2.3 | 0.6 | −0.5 |

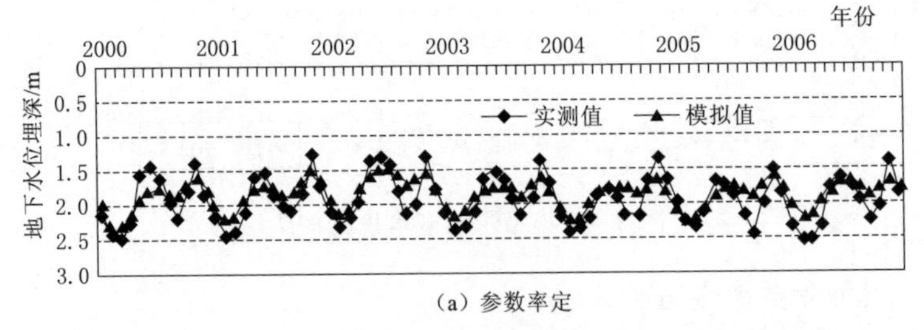


(a) 参数率定

图6.5（一）　乌兰布和灌域地下水位埋深模拟值与实测值

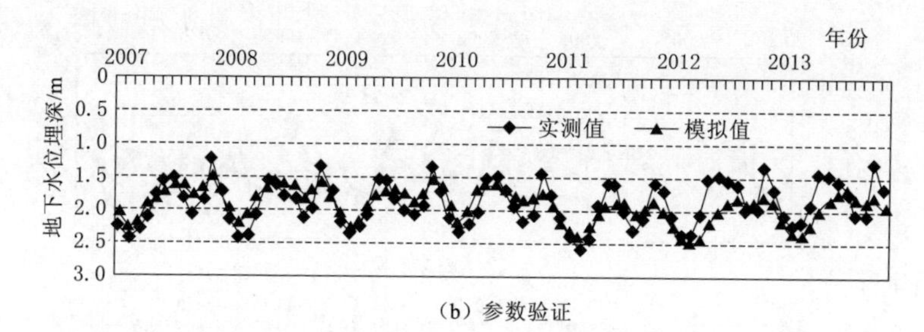


(b) 参数验证

图 6.5（二） 乌兰布和灌域地下水位埋深模拟值与实测值

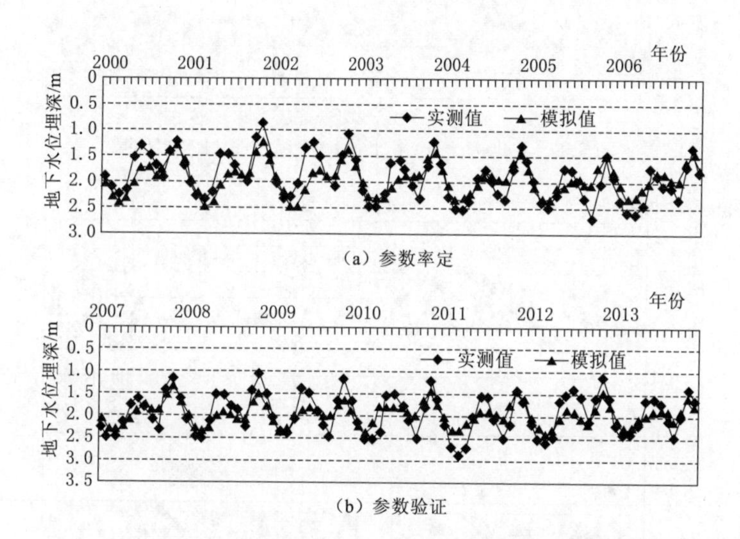


图 6.6 解放闸灌域地下水位埋深模拟值与实测值

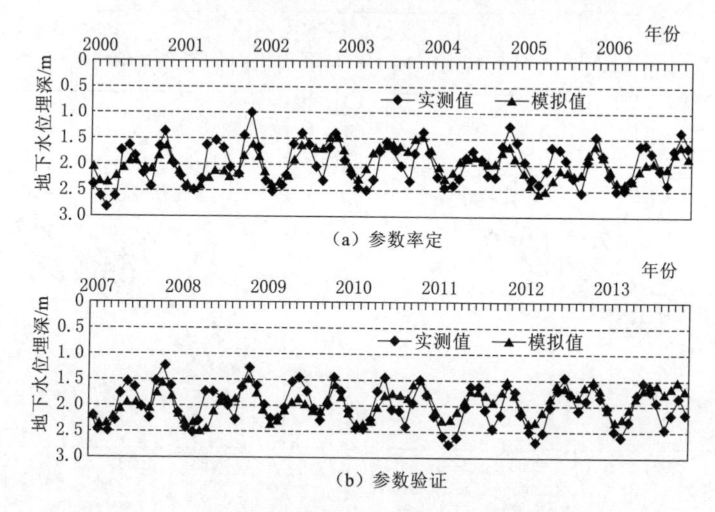


图 6.7 永济灌域地下水位埋深模拟值与实测值

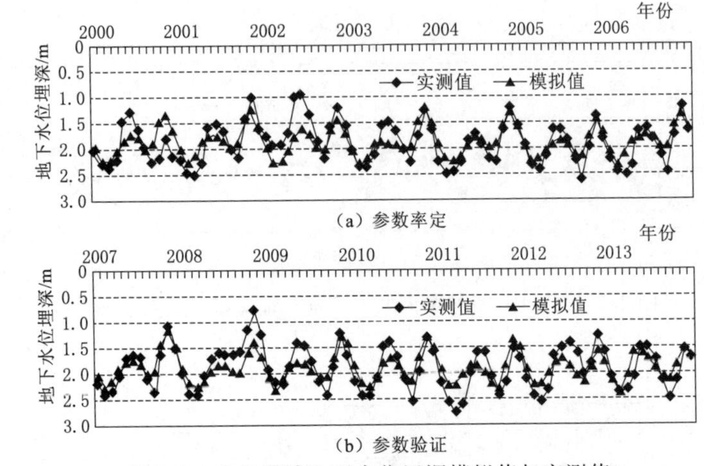


（a）参数率定

（b）参数验证

图 6.8　义长灌域地下水位埋深模拟值与实测值

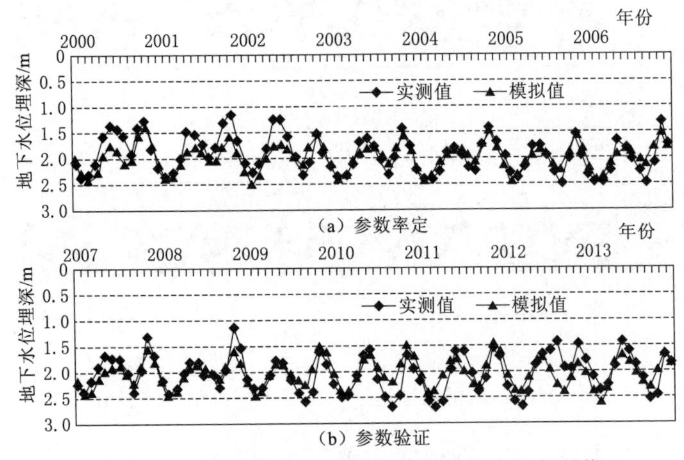


（a）参数率定

（b）参数验证

图 6.9　乌拉特灌域地下水位埋深模拟值与实测值

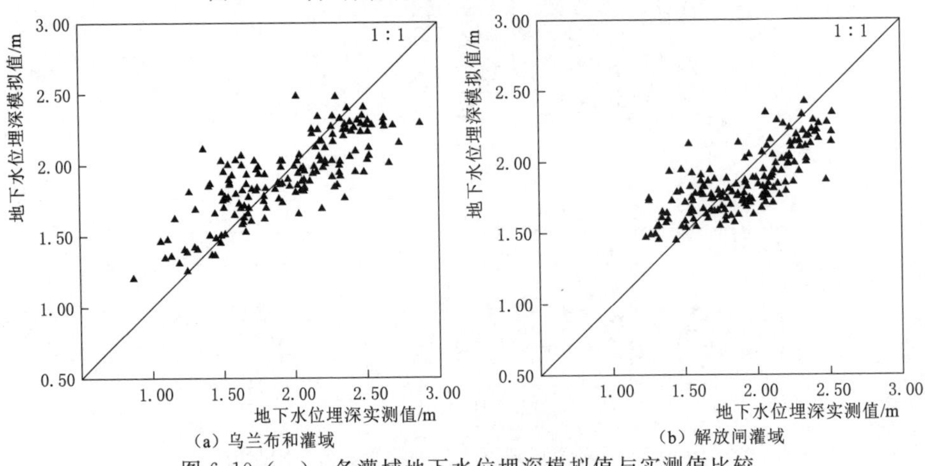


（a）乌兰布和灌域

（b）解放闸灌域

图 6.10（一）　各灌域地下水位埋深模拟值与实测值比较

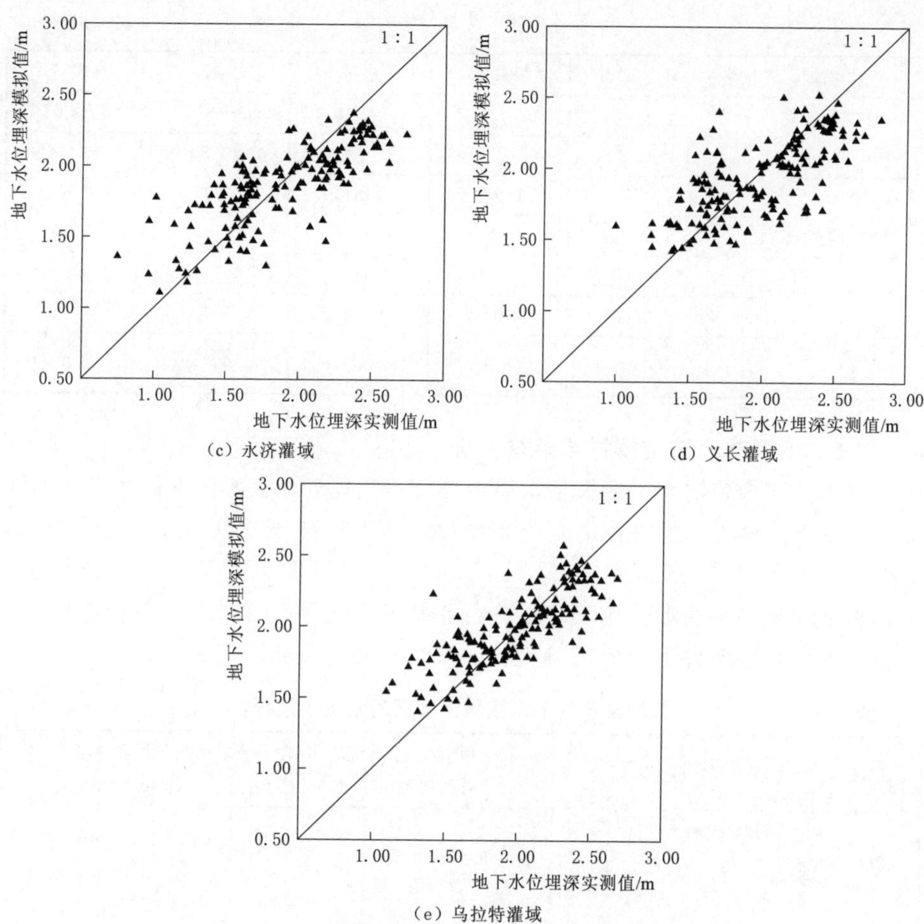


图 6.10(二) 各灌域地下水位埋深模拟值与实测值比较

计算值与实测值总体吻合情况较好，相应的参数可作为水平衡计算模型所选参数。各灌域最终采用的水文地质参数见表 6.10。

**表 6.10　　各灌域水文地质参数率定结果**

| 灌域 | 乌兰布和 | 解放闸 | 永济 | 义长 | 乌拉特 |
|---|---|---|---|---|---|
| 灌溉入渗系数 | 0.30 | 0.25 | 0.23 | 0.25 | 0.25 |
| 渠道入渗系数 | 0.78 | 0.7 | 0.76 | 0.7 | 0.75 |
| 给水度 $\mu$ | 0.08 | 0.06 | 0.08 | 0.06 | 0.07 |
| 降雨入渗系数 | 0.15 | 0.10 | 0.15 | 0.15 | 0.15 |
| 非冻融蒸发系数 | $a_1e^{b_1h}$ | $a_1e^{b_1h}$ | $a_1e^{b_1h}$ | $a_1e^{b_1h}$ | $a_1e^{b_1h}$ |
| $a_1$ | 0.79 | 1.45 | 1.32 | 1.05 | 1.32 |
| $b_1$ | −1.29 | −1.25 | −1.25 | −1.19 | −1.19 |

续表

| 灌域 | 乌兰布和 | 解放闸 | 永济 | 义长 | 乌拉特 |
|---|---|---|---|---|---|
| 冻期蒸发系数 | $a_2h+b_2$ | $a_2h+b_2$ | $a_2h+b_2$ | $a_2h+b_2$ | $a_2h+b_2$ |
| $a_2$ | −3586 | −3550 | −4694 | −6950 | −2434 |
| $b_2$ | 10717 | 11900 | 14245 | 20850 | 8702 |
| 融期蒸发系数 | $a_3h+b_3$ | $a_3h+b_3$ | $a_3h+b_3$ | $a_3h+b_3$ | $a_3h+b_3$ |
| $a_3$ | 10548 | 17350 | 13816 | 23350 | 14210 |
| $b_3$ | −25638 | −40800 | −34055 | −53850 | −34031 |
| 排水中地下水所占比例 | 0.3 | 0.3 | 0.3 | 0.3 | 0.3 |

#### 6.2.3.6 不同节水情景模拟结果与分析

利用上述构建的水平衡模型，模拟分析不同规划年、不同降雨频率、不同节水情景下的地下水位埋深时空分布规律，其模拟结果（以解放闸灌域为例）如图6.11～图6.18所示。

将上述水平衡模型应用于河套灌区各灌域，进行不同规划年节水情景模拟分析，得到相应条件下的灌区引黄水量和地下水开采量见表6.11。

**表6.11　多因素不同节水情景下灌区用水量模拟值**

| 水平年 | 骨干渠道衬砌比例 | 引黄水量/亿 m³ | 地下水开采量/亿 m³ | 合计/亿 m³ |
|---|---|---|---|---|
| 现状2014年（种植结构：小麦6.8%，玉米22.7%，葵花50%，其他20.5%；秋浇面积77%、定额100m³/亩；井渠结合面积6%） | 衬砌18% | 47.19 | 3.31 | 50.50 |
| 2020年［种植结构：小麦6%，玉米22%，葵花55%，其他17%；秋浇面积68%、定额105m³/亩；井渠结合面积9.6%；田间节水技术推广面积见表注（2）］ | 1 衬砌25% | 45.25 | 4.49 | 49.74 |
| | 2 衬砌30% | 43.88 | 4.50 | 48.38 |
| | 3 衬砌35% | 42.52 | 4.52 | 47.04 |
| | 4 衬砌40% | 41.17 | 4.53 | 45.70 |
| 2030年［种植结构：小麦5%，玉米20%，葵花60%，其他15%；秋浇面积63%、定额110m³/亩；井渠结合面积12%；田间节水技术推广面积见表注（2）］ | 4 衬砌40% | 41.00 | 5.80 | 46.80 |
| | 5 衬砌45% | 39.78 | 5.84 | 45.62 |
| | 6 衬砌50% | 38.62 | 5.87 | 44.49 |
| | 7 衬砌55% | 37.51 | 5.90 | 43.41 |

注　（1）衬砌比例是指骨干渠道（干渠、分干渠、支渠）的衬砌比例。

（2）田间节水技术推广面积：包括不同规划年在蔬果类作物种植区采用低压管道输水、喷灌、微灌等节水措施，推广面积比例为60%（2020年）、80%（2030年）；不同规划年采取地膜后茬免耕栽培、宽覆膜等土壤保水技术，推广面积比例为30%（2020年）、40%（2030年）；不同规划年非充分灌溉技术，推广面积比例为30%（2020年）、40%（2030年）；不同规划年农业用水、田间管理制度完善程度分别为80%（2020年）、100%（2030年）。

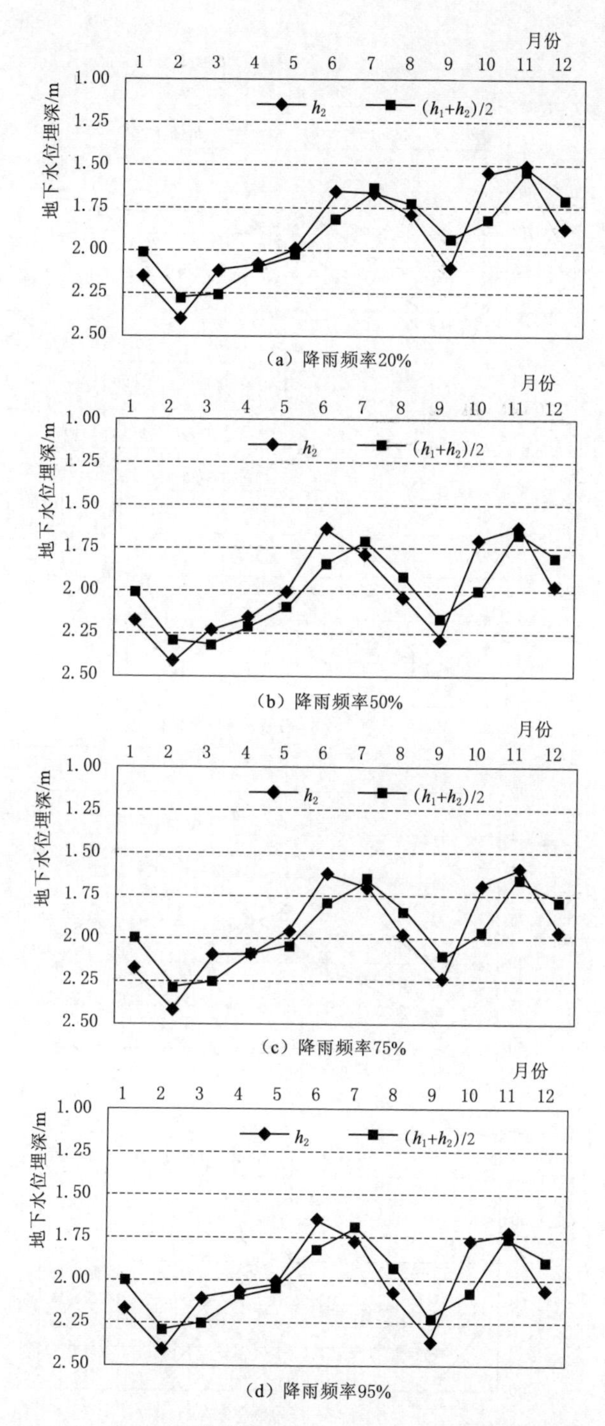


图 6.11　2020 年渠系衬砌水平 1 地下水位埋深模拟结果

[注　$h_2$、$(h_1+h_2)/2$ 分别表示月末、月平均地下水位埋深，下同]

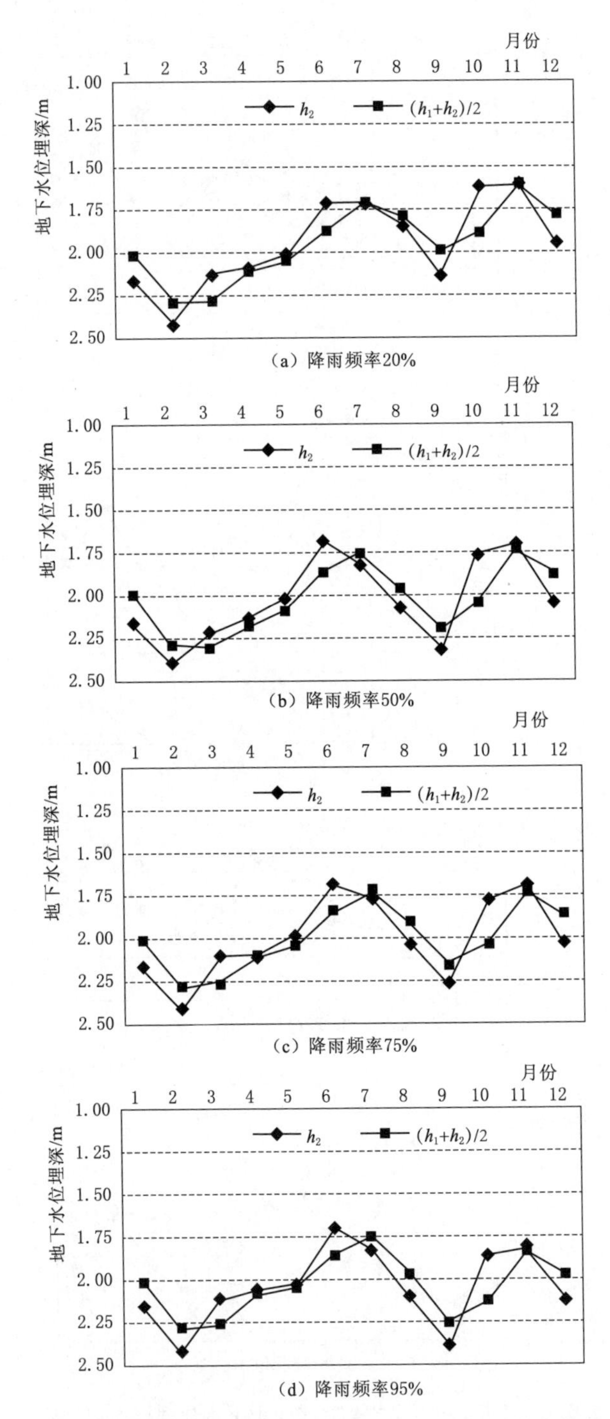


(a) 降雨频率20%

(b) 降雨频率50%

(c) 降雨频率75%

(d) 降雨频率95%

图 6.12 2020 年渠系衬砌水平 2 地下水位埋深模拟结果

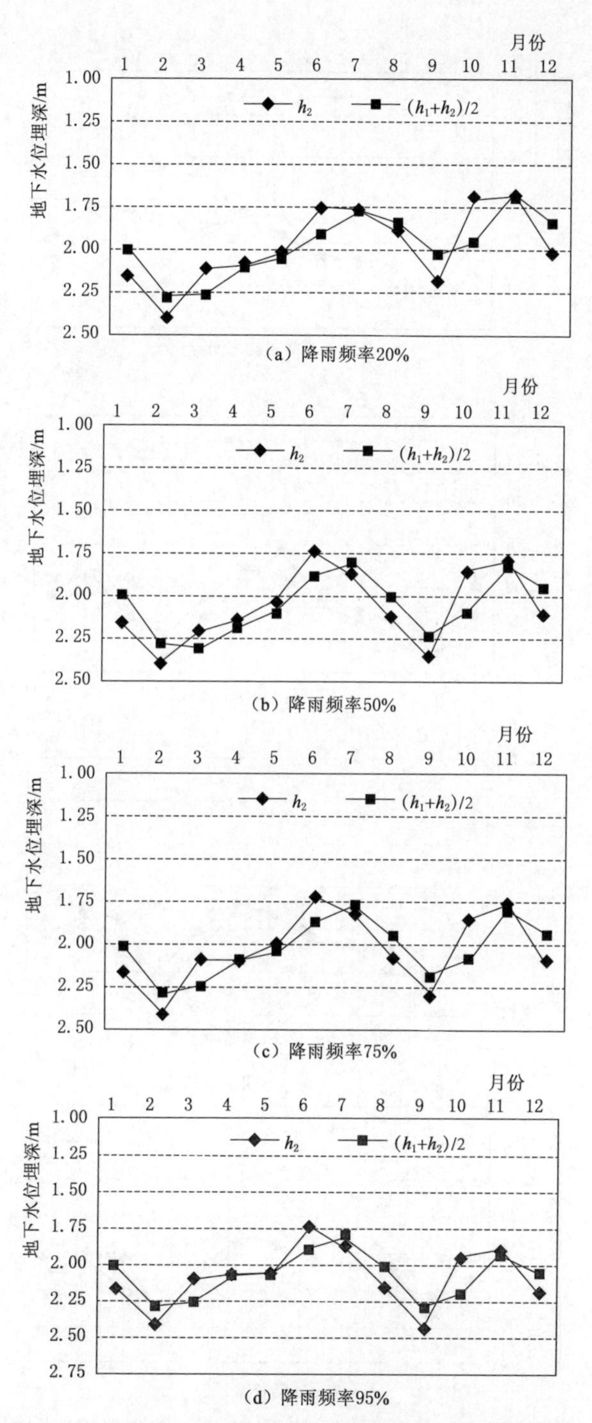

(a) 降雨频率20%


(b) 降雨频率50%


(c) 降雨频率75%


(d) 降雨频率95%

图 6.13 2020 年渠系衬砌水平 3 地下水位埋深模拟结果

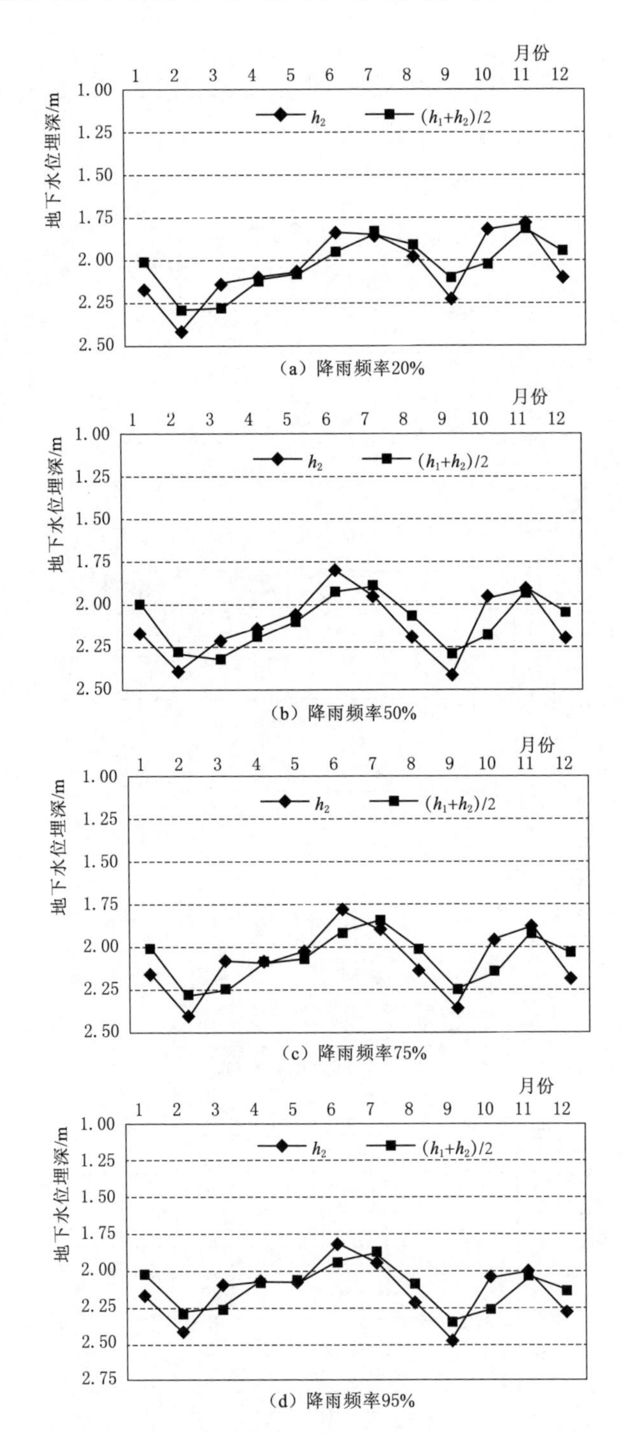

(a)降雨频率20%

(b)降雨频率50%

(c)降雨频率75%

(d)降雨频率95%

图 6.14 2020 年渠系衬砌水平 4 地下水位埋深模拟结果

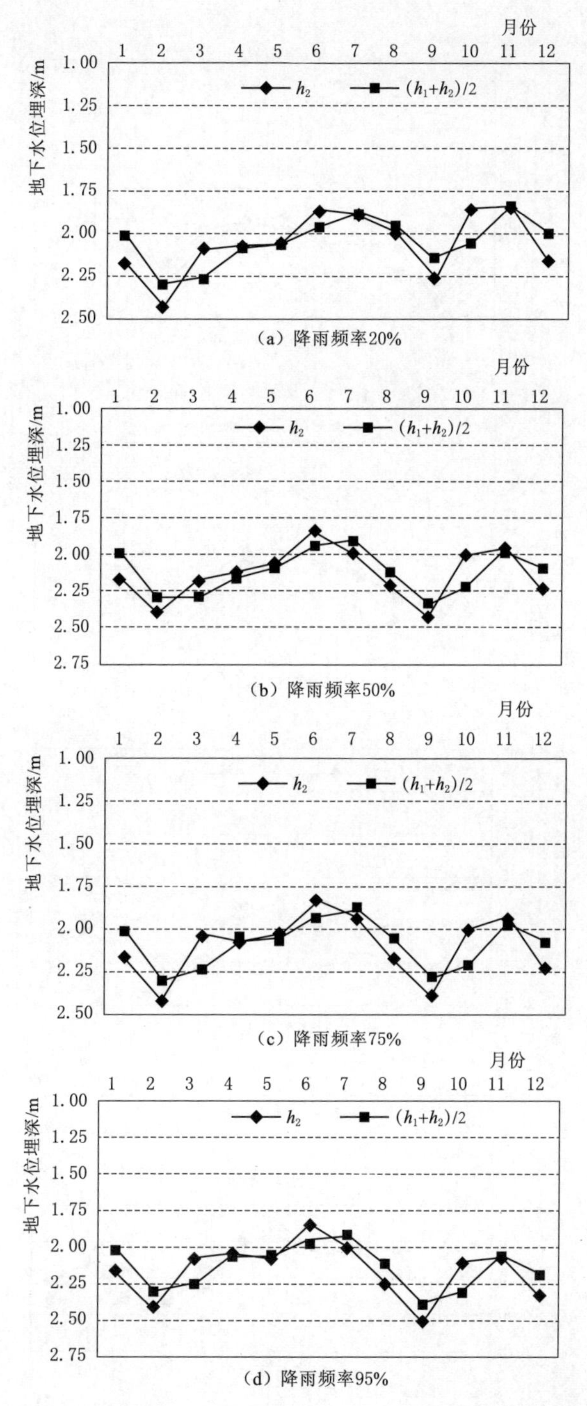


图 6.15 2030 年渠系衬砌水平 4 地下水位埋深模拟结果

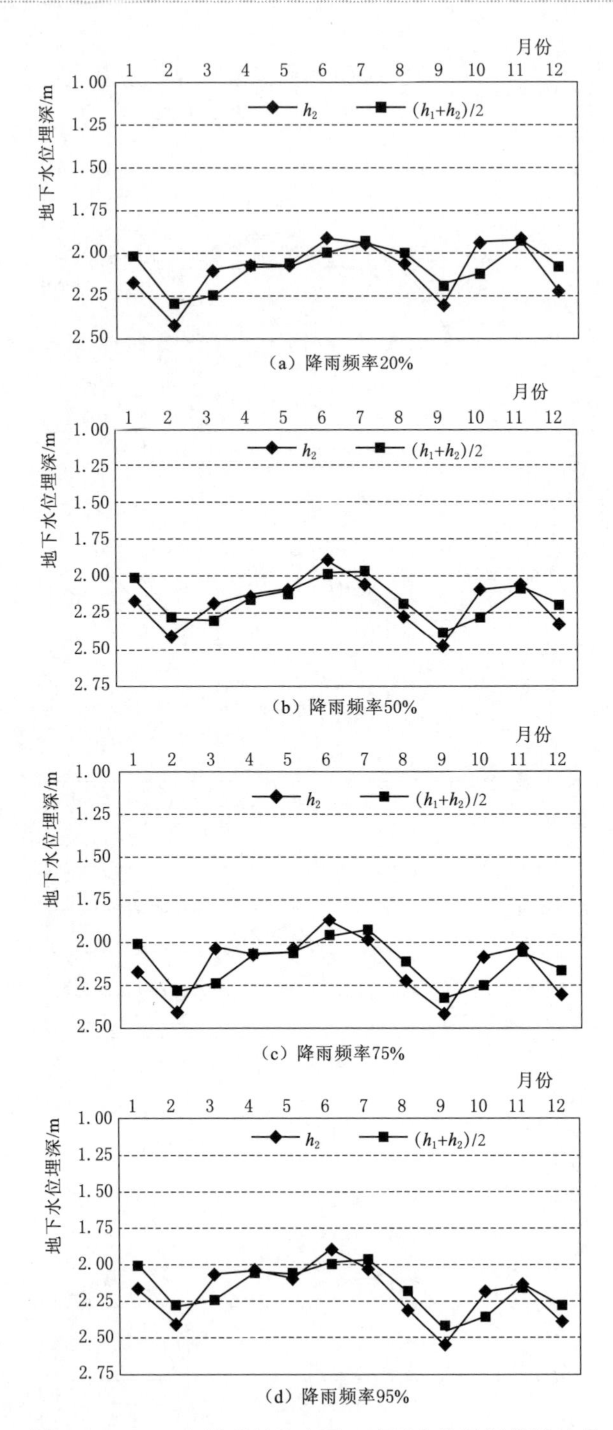


图 6.16 2030 年渠系衬砌水平 5 地下水位埋深模拟结果

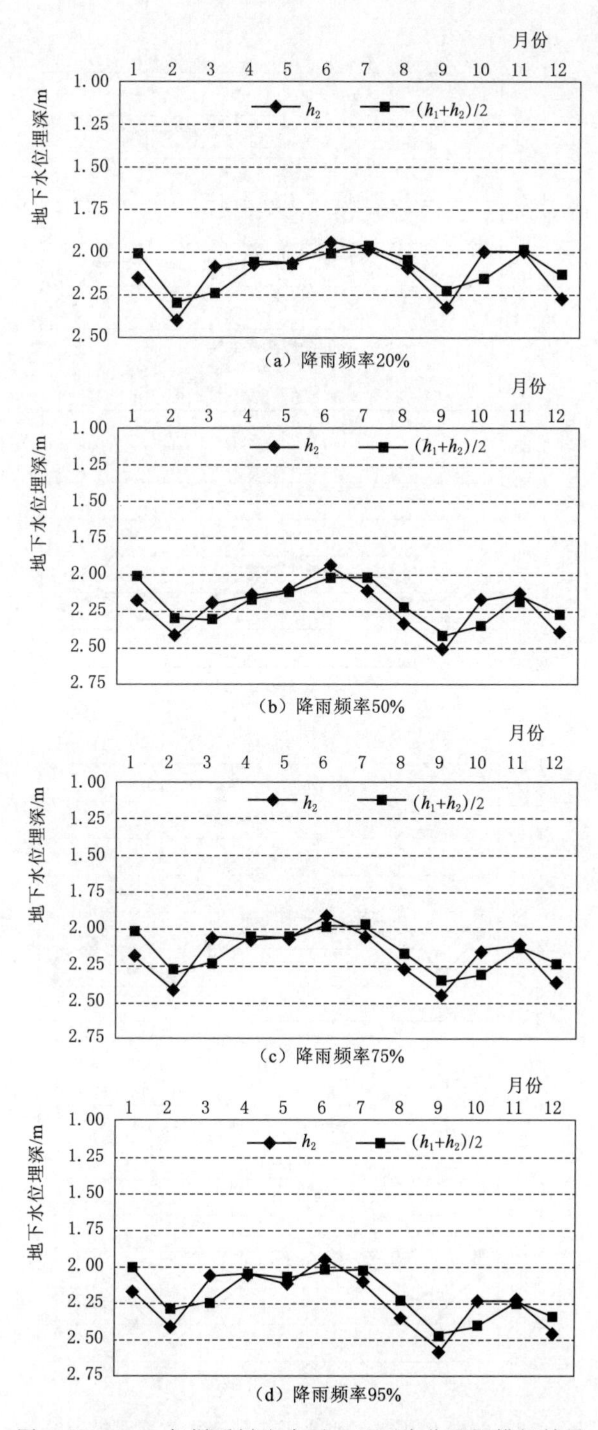


图 6.17　2030 年渠系衬砌水平 6 地下水位埋深模拟结果

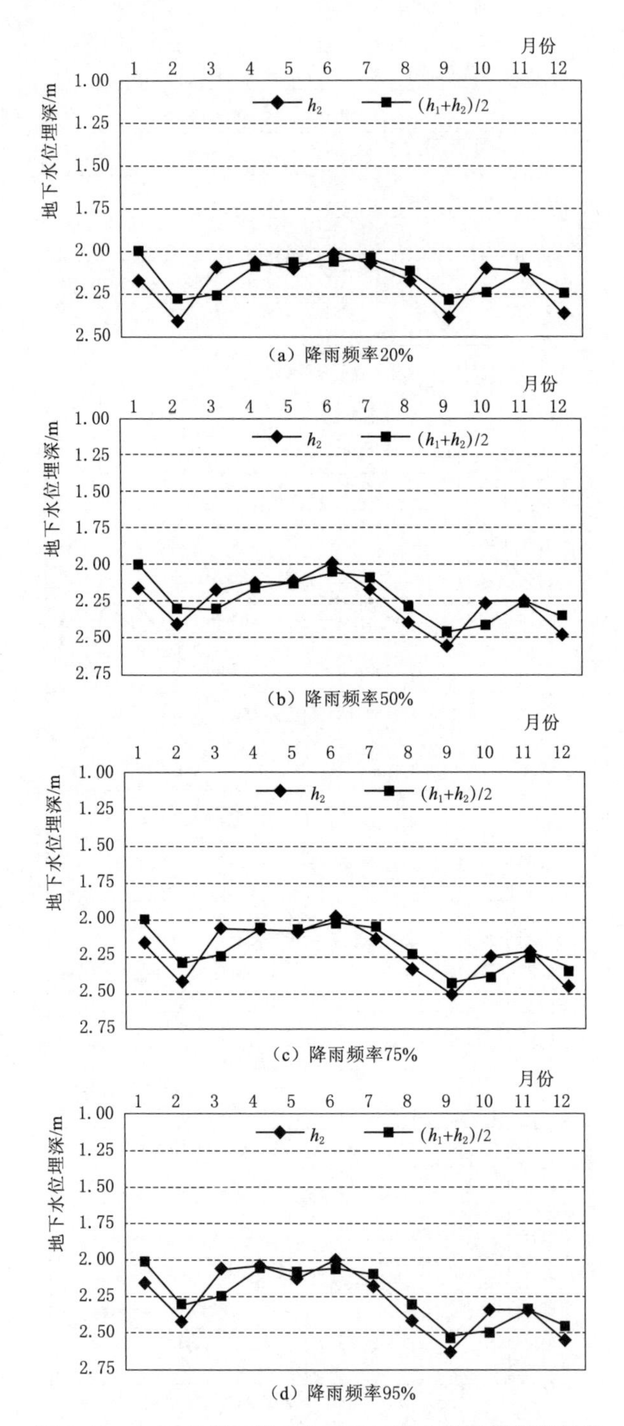


(a) 降雨频率20%

(b) 降雨频率50%

(c) 降雨频率75%

(d) 降雨频率95%

图 6.18 2030 年渠系衬砌水平 7 地下水位埋深模拟结果

综合上述图、表结果可以看出：

(1) 影响河套灌区农业节水潜力（或节水阈值）的主要因素是骨干渠道的衬砌比例、井渠结合灌溉面积和秋浇面积及其定额。这是因为随着骨干渠道衬砌比例的提高，灌溉水利用系数提高了，但又引起对地下水的补给减少，导致地下水位下降，使得地下水对作物贡献率减少，灌溉定额需要加大，反过来又会引起引黄水量在一定程度上增加。同时，随着井渠结合灌溉面积增加，地下水开采量也随之增加，地下水位下降，又导致井灌区及周边地区作物灌溉定额增加。

(2) 不同降雨频率对作物灌溉定额影响较小，但对地下水补给的影响是显著的，特别是7月以后。以解放闸灌域为例，图6.11～图6.18均显示了地下水位埋深随着降雨频率的增加而增加。

(3) 在不同规划年（2020年、2030年），在其他节水措施一定的条件下，随着骨干渠系衬砌比例的增加，引黄水量显著降低，即2020年4种衬砌水平条件下引黄水量分别由现状的47.19亿$m^3$下降至45.25亿$m^3$、43.88亿$m^3$、42.52亿$m^3$、41.17亿$m^3$，相对现状最大降低了6.02亿$m^3$；2030年4种衬砌水平条件下引黄水量分别由现状的47.19亿$m^3$下降至41.00亿$m^3$、39.78亿$m^3$、38.62亿$m^3$、37.51亿$m^3$，相对现状最大降低了9.68亿$m^3$。

(4) 随着引黄水量的减少，地下水补给量相应减少、地下水位埋深逐渐加大。仍以解放闸灌域为例，不同规划年、不同降雨频率、不同节水情景下的解放闸灌域年平均地下水位埋深见表6.12。可以看出，不同降雨频率情况下，2020年衬砌水平4地下水位埋深相对现状年平均下降了0.15m，2030年衬砌水平7相对现状年平均下降了0.27m。

**表6.12　解放闸灌域不同节水情景全年平均地下水位埋深**　单位：m

| 降雨频率 | | 20% | 75% | 95% |
|---|---|---|---|---|
| 2014年 | | 1.88 | 1.92 | 1.97 |
| 2020年 | 衬砌水平1 | 1.91 | 1.96 | 2.00 |
| | 衬砌水平2 | 1.95 | 1.99 | 2.04 |
| | 衬砌水平3 | 1.98 | 2.02 | 2.07 |
| | 衬砌水平4 | 2.02 | 2.07 | 2.12 |
| 2030年 | 衬砌水平4 | 2.04 | 2.08 | 2.13 |
| | 衬砌水平5 | 2.08 | 2.12 | 2.17 |
| | 衬砌水平6 | 2.11 | 2.15 | 2.20 |
| | 衬砌水平7 | 2.15 | 2.20 | 2.24 |

(5) 总体来看，不同节水情景下全年地下水位埋深基本在合理控制范围。但2030年当骨干渠系的衬砌比例达到55%时，从地下水对作物吸收贡献率、植被生长与生态保护来看，无论是作物生育期或非生育期，地下水位埋深已接近临界值2.5m。因此，灌区骨干渠系节水衬砌率不宜超过55%。

(6) 选取河套灌区引黄水量40亿$m^3$为总量控制红线、渠系水利用系数0.644为效率红线，可知在规划年2030年的综合节水措施为：作物种植结构为小麦5%，玉米20%，葵花60%，其他15%；骨干渠系衬砌率55%（渠系水利用系数0.644）；秋浇面积63%、定额110$m^3$/亩；井渠结合灌溉面积12%；田间节水技术措施（田间水利用系数0.855），包括在蔬果类作物种植区采用低压管道输水、喷灌、微灌等节水技术的推广面积比例达80%，采取地膜后茬免耕栽培、宽覆膜等土壤保水技术的推广面积比例达到40%，非充分灌溉技术推广面积比例达40%，农业用水、田间管理制度完善程度达100%。

### 6.2.4 农业灌溉资源型节水潜力估算

河套灌区农业灌溉资源型节水潜力估算的研究思路是：在满足作物需水量的前提下，通过灌区工程改造（如渠道衬砌）等进行田间基础工程建设和节水灌溉技术改造，以提高灌溉水利用系数，优化作物种植结构以减少灌溉用水量，进而估算河套灌区灌溉引黄水量的减少量。首先，分析河套灌区主要作物需水量，扣除耗用的灌溉水以外的水量，得到净灌溉需水量。其次，根据灌溉水利用系数计算毛灌溉需水量，其值较现状水平年灌溉需水量的减少量即为资源型节水潜力。

1. 作物需水量ET

作物需水量是农业灌溉与节水的主要指标，目前广泛采用世界粮农组织（FAO）的推荐的Penman - Monteith公式来计算，即作物系数与参考作物需水量的乘积：

$$ET = k_c \cdot ET_0 \tag{6.6}$$

式中：$k_c$为作物系数；$ET_0$为参考作物腾发量。

2. 净灌溉需水量$I_n$

净灌溉需水量是指需要用灌溉方式来满足作物正常生长的那部分水量。假定整个作物生育期起始阶段土壤水分条件不发生变化或只是微量变化，此时，净灌溉需水量的计算如下：

$$I_n = ET - \alpha P - G \tag{6.7}$$

式中：$\alpha$为降雨有效利用系数；$P$为作物生育期内实际降雨量；$G$为作物直接

耗用地下水量。

自然降雨中实际被根层土壤储存的水分才能算作是有效降雨，通常用实际降雨量乘以降雨有效利用系数所得。由于河套灌区降雨较少，根据已有研究成果，近似取 $\alpha=1$，即所有降雨均为有效降雨。地下水补给主要来源于灌溉水的入渗。河套灌区地下水与灌溉水的关系较为复杂，这里从资源型节水的角度分析河套灌区节水潜力，假定作物直接耗用的地下水量为零。

3. 毛灌溉需水量 $I_g$

灌溉水从水源地输送到被作物吸收利用的过程中，存在着蒸发、渗漏等不可避免的损失，因此，实际从水源处引用水量要远高于净灌溉需水量，毛灌溉需水量即为净灌溉需水量与输水过程中的损失量之和，可由净灌溉需水量除以灌溉水利用系数 $\eta_{水}$ 求得，即

$$I_g = I_n / \eta_{水} \tag{6.8}$$

4. 农业灌溉资源型节水潜力 $\Delta W$

农业灌溉资源型节水潜力计算公式为

$$\Delta W = W_0 - W_1 \tag{6.9}$$

$$W_1 = \sum_{i=1}^{n} A_i \frac{k_{ci}\mathrm{ET}_0 - \alpha P - G}{\eta_{水}} \tag{6.10}$$

式中：$W_1$ 为规划年灌溉需水量；$A_i$ 为规划年第 $i$ 种作物种植面积；$k_{ci}$ 为第 $i$ 种作物的作物系数；$W_0$ 为现状年灌溉需水量。

5. 不同规划年灌区节水潜力估算

以 2014 年为现状水平年，河套灌区现状年灌溉引黄水量为 44.79 亿 $m^3$，以 2020 年、2030 年分别作为近期和远期规划水平年，灌区农业节水工程改造实施方案参考《内蒙古自治区巴彦淖尔市水资源综合规划报告》（2005）的成果。经计算，可以得到不同规划年河套灌区主要作物灌溉需水量，见表 6.13。

**表 6.13　河套灌区规划水平年主要作物灌溉需水量　单位：亿 $m^3$**

| 规划年 | 灌域 | 小麦 | 油料 | 夏杂 | 瓜菜 | 套种 | 玉米 | 甜菜 | 葵花 | 秋杂 | 林果 | 牧草 | 合计 |
|---|---|---|---|---|---|---|---|---|---|---|---|---|---|
| 2020 | 乌兰布和 | 0.30 | 0.41 | 0.05 | 0.40 | 0.09 | 1.11 | 0.00 | 1.18 | 0.06 | 0.42 | 0.36 | 4.38 |
| | 解放闸 | 1.83 | 0.10 | 0.00 | 0.93 | 1.06 | 2.14 | 0.00 | 3.03 | 0.00 | 0.27 | 0.67 | 10.03 |
| | 永济 | 0.62 | 0.09 | 0.03 | 0.72 | 0.00 | 2.20 | 0.00 | 3.95 | 0.06 | 0.04 | 0.04 | 7.75 |
| | 义长 | 0.36 | 0.09 | 0.07 | 0.86 | 0.02 | 1.68 | 0.06 | 9.18 | 0.20 | 0.08 | 0.15 | 12.75 |
| | 乌拉特 | 0.05 | 0.01 | 0.00 | 0.15 | 0.00 | 0.92 | 0.01 | 3.49 | 0.16 | 0.09 | 0.00 | 4.88 |
| | 小计 | 3.16 | 0.70 | 0.15 | 3.06 | 1.17 | 8.05 | 0.07 | 20.83 | 0.48 | 0.90 | 1.22 | 39.79 |

续表

| 规划年 | 灌域 | 小麦 | 油料 | 夏杂 | 瓜菜 | 套种 | 玉米 | 甜菜 | 葵花 | 秋杂 | 林果 | 牧草 | 合计 |
|---|---|---|---|---|---|---|---|---|---|---|---|---|---|
| 2030 | 乌兰布和 | 0.28 | 0.39 | 0.05 | 0.38 | 0.08 | 1.05 | 0.00 | 1.11 | 0.06 | 0.40 | 0.34 | 4.15 |
| | 解放闸 | 1.73 | 0.09 | 0.00 | 0.88 | 1.01 | 2.02 | 0.00 | 2.87 | 0.00 | 0.25 | 0.64 | 9.48 |
| | 永济 | 0.59 | 0.09 | 0.03 | 0.68 | 0.00 | 2.08 | 0.00 | 3.73 | 0.06 | 0.04 | 0.04 | 7.32 |
| | 义长 | 0.34 | 0.09 | 0.07 | 0.82 | 0.02 | 1.59 | 0.05 | 8.68 | 0.19 | 0.08 | 0.14 | 12.07 |
| | 乌拉特 | 0.05 | 0.01 | 0.00 | 0.14 | 0.00 | 0.87 | 0.01 | 3.30 | 0.16 | 0.08 | 0.00 | 4.62 |
| | 小计 | 2.99 | 0.67 | 0.15 | 2.90 | 1.11 | 7.61 | 0.06 | 19.69 | 0.47 | 0.85 | 1.16 | 37.64 |

以2014年为河套灌区农业灌溉资源型节水潜力估算的基准年，根据河套灌区各灌域引水量资料，2014年河套灌区实际引黄水量为44.79亿$m^3$，由式（6.9）和式（6.10）可得，内蒙古河套灌区规划年2020年和2030年较现状年的农业灌溉资源型节水潜力值分别为5.00亿$m^3$和7.15亿$m^3$。通过进一步的分析计算，比较农业节水灌溉不同环节的节水潜力，可知输水渠道衬砌的节水潜力最大，其次是优化作物种植结构。

## 6.3 本章小结

（1）综合考虑河套灌区各灌域水平方向分布的差异性（包括气候条件、下垫面条件、作物种植布局等），以及土壤垂直剖面分层水平衡要素组成的关联性，采用宏观尺度（灌域尺度）分析法，构建基于水均衡原理的分布式水平衡模型，通过纵向耦合、横向累加，开展灌区多因素不同节水情景下的农业节水潜力模拟研究，获得了不同规划年、不同降雨频率、不同节水情景下的引黄水量、地下水开采量及其相应的地下水位埋深分布规律。以作物需水量为基础，考虑有效降雨补给、农业灌溉水在输水过程和田间中的损失等因素，建立河套灌区农业灌溉资源型节水潜力估算公式。根据河套灌区现状作物种植结构和实施的节水灌溉措施，估算得到2020年和2030年作物灌溉需水量和农业灌溉资源型节水潜力值。

（2）河套灌区引黄水量40亿$m^3$为用水总量控制红线，渠系水利用系数0.644为效率红线，相应地骨干渠系衬砌比例为55%。为保证河套灌区地下水位埋深控制在2.5m以上，拟采用的综合农业节水方案为：作物种植结构为小麦5%，玉米20%，葵花60%，其他15%；骨干渠系衬砌率55%；秋浇面积63%、定额110$m^3$/亩；井渠结合灌溉面积12%；田间节水技术措施，包括在蔬果类作物种植区采用低压管道输水、喷灌、微灌等节水技术的推广面积比例达80%，采取地膜后茬免耕栽培、宽覆膜等土壤保水技术的推广面积比例达到40%，非充分灌溉技术的推广面积比例达40%，农业用水、田间管理制度完善程度达到较高的水准。

# 第7章

# 结　论

以内蒙古河套灌区典型区域作为研究区，开展不同灌排条件下农田土壤水盐分布试验，研究不同灌排条件下农田土壤水盐运移规律，开展区域性土壤水盐监测，分析区域性土壤盐碱化的主要影响因素，在此基础上应用数值模型对研究区地下水与土壤水盐运移进行数值模拟；基于经典统计理论和地统计理论，研究了河套灌区周年内土壤盐碱化时空分布规律，通过构建综合指标，分析评价了土壤盐碱化时空分布及其与各影响因素的关系；采用多时相、多遥感卫星图像作为本研究数据源，建立区域土壤含水率监测模型和区域土壤含盐量分布模型；基于水均衡原理构建了河套灌区农业节水潜力水平衡模型，并对不同规划年、多因素不同节水情景进行了模拟分析和节水潜力估算，取得了如下主要成果：

(1) 畦灌暗排条件下葵花生长田间试验结果表明，暗管间距45m、暗管埋深1.5m，研究区葵花适宜的灌溉定额为75mm；滴灌暗排条件下葵花生长的田间试验结果表明，暗管间距30m、暗管埋深1.5m条件下，研究区葵花适宜的灌溉定额为70mm。

(2) 河套灌区典型研究区耕荒地地下水与土壤水盐观测结果表明：耕地土壤含水率的主要影响因素是灌溉及降雨、作物生长、地下水位埋深和土壤质地；盐荒地土壤含水率的主要影响因素是耕地灌溉和地下水位埋深。总体上，耕地土壤含水率比盐荒地土壤含水率变化更为剧烈。耕地土壤含盐量的主要影响因素是灌溉、土壤质地、地下水位埋深和作物生长，盐荒地土壤含盐量的主要影响因素是地形地貌和地下水位埋深。耕地土壤含盐量在3.5g/kg以下，为轻度盐碱化土壤，盐荒地中心区域的土壤含盐量为4.0～10.0g/kg，为重度盐碱化土壤。耕地地下水位埋深主要受灌溉和作物生长的影响，在春灌和秋浇时期埋深最浅，在秋浇前埋深最大；盐荒地地下水位埋深受耕地灌溉的影响较大。地下水矿化度主要受灌溉及地形地貌的影响，耕地地下水矿化度较低，一般在3.0g/L以下；盐荒地地下水矿化度较高，其中心区域地下水矿化度平均在7.5g/L左右。耕地地下水流向盐荒地，地下水盐分随着地下水的流动而运移，盐荒地为耕地重要的排水排盐区域，这种“旱排”过程对河套灌区水盐归趋与平衡具有重要的意义。

（3）通过对永济灌域5万亩区域土样和47眼地下水观测井的数据采集与分析，结果表明：各时期土壤盐分随着土层深度的增加而减小，表聚现象明显；耕地各土层在整个灌溉季节均处于积盐状态，荒地则在三水前变化很小，之后迅速积盐；无论是盐荒地还是耕地，自下而上各土层积盐速度是逐渐增大的，且盐荒地积盐速度均明显大于耕地，盐荒地旱排盐效果显著；同年一水前到秋浇前，各时期土壤盐碱化风险分布格局类似，但盐碱化高风险区面积逐渐增大，无论是积盐程度还是盐碱化面积都随时间动态增加，说明节水灌溉制度下灌溉洗盐（特别是秋浇压盐）措施尤为重要。

（4）解放闸灌域土壤盐碱化与地下水位埋深的关系分析结果表明：土壤盐分和地下水位埋深均属中等变异，且不同阈值条件下，两变量均呈中等强度的空间自相关性。与地下水位埋深相比，土壤盐分的空间自相关程度较弱，自相关范围也较小，说明土壤盐分空间变异受随机因素的影响较大。4月底土壤表层发生中度盐碱化（土壤表层含盐量大于3g/kg）时地下水位临界埋深为2m，发生轻度盐碱化（土壤表层含盐量大于2g/kg）时地下水位临界埋深为2.5m。解放闸灌域的西南侧中部区域和东南侧中部偏北区域是地下水位浅埋区，地下水位埋深小于临界埋深的概率较大，土壤返盐风险大。地下水位埋深对土壤返盐的影响具有一定滞后效应，前期地下水位埋深对土壤返盐的作用更大一些；土壤返盐是一个过程，只有地下水位埋深小于临界深度的状态维持一段时间，才会造成土壤中度或轻度盐碱化。

（5）暗管排水条件下土壤水盐运移SWAP模型的模拟结果表明：当研究区存在灌水和较大降雨时，40cm剖面处土壤水分通量和盐分通量以向下运移为主；在暗管间距为45m，埋深为1.5m时，若暗管间距减小15m，向下的水分通量累积量增加5.2%，向下盐分通量累积量增加8.5%；若暗管埋深增加0.5m时，向下的水分通量累积量增加33.6%，向下盐分通量累积量增加38.7%；综合考虑暗管的排水排盐效果以及对产量的影响，认为研究区暗管埋深取2.0m，暗管间距取45m较为适宜。

（6）河套灌区典型研究区耕荒地地下水流数值模拟的结果表明：研究区现状灌溉条件下，耕荒比为1.14∶1，作物生育期内耕地面积为80hm$^2$的平均干排水量为3.03万m$^3$，平均干排水比为14.22%，平均干排盐量为41.21t，平均干排盐比为38.68%，平均积盐量为65.35t，盐荒地面积为70hm$^2$的平均积盐量为41.21t。作物生育期内耕地积盐量逐渐增大，生育期结束后需要秋浇淋洗盐分来维持河套灌区的盐分平衡。

(7) 基于遥感的研究区土壤含水率时空分布规律研究结果表明：条件植被温度指数（VTCI）能够较好地反演研究区土壤含水量，通过与地面试验数据相比较，可知VTCI具有较高的反演精度，是一种快速、具有一定精度的土壤含水量监测模型。利用VTCI构建土壤水分反演模型，可以不依赖地面试验数据，从而获得研究区域相对土壤水分，能够有效、快速监测研究区域土壤墒情。

(8) 基于遥感的研究区土壤含盐量时空分布规律的研究结果表明：根据地面土壤含盐量试验数据，筛选盐敏感光谱指数，从而建立土壤含盐量反演模型，同一区域不同时期的盐敏感光谱指数可能具有差异性，基于盐敏感光谱指数的土壤含盐量反演模型具有较好的反演精度。

(9) 研究区土壤盐碱化演变趋势的研究结果表明：基于决策树的分类方法对研究区域土壤类型的分类具有一定的精度，其总体精确度达到89%，而且不依赖地面试验数据，应用范围优于基于光谱指数的分类方法。地下水位的变化影响着研究区域土壤盐碱化程度。地下水位埋深较浅时，改变了干旱条件下的土壤水分状况，使水盐运移以垂直运动为主，导致灌区次生盐碱化过程加强，土壤盐碱化程度增大。因此，改善灌区排水设施，降低地下水位，能有效地减少灌区土壤次生盐碱化程度。

(10) 河套灌区农业节水潜力分析与模拟结果表明：河套灌区引黄水量40亿$m^3$为用水总量控制红线，渠系水利用系数0.644为效率红线，相应地骨干渠系衬砌比例为55%。为保证河套灌区地下水位埋深控制在2.5m左右，拟采用的综合农业节水方案为：作物种植结构为小麦5%，玉米20%，葵花60%，其他15%；骨干渠系衬砌率55%；秋浇面积63%、定额110$m^3$/亩；井渠结合灌溉面积12%；田间节水技术措施，包括在蔬果类作物种植区采用低压管道输水、喷灌、微灌等节水技术的推广面积比例达80%，采取地膜后茬免耕栽培、宽覆膜等土壤保水技术的推广面积比例达到40%，非充分灌溉技术的推广面积比例达40%，农业用水、田间管理制度及其完善程度须达到较高的水平。

# 参 考 文 献

白忠，徐旭，2008. 河套灌区解放闸灌域地下水数值模拟［J］. 节水灌溉（2）：28－31.

崔远来，董斌，2007. 农业灌溉节水评价指标与尺度问题［J］. 农业工程学报，23（7）：1－7.

丁新军，田军仓，朱和，2020. 国内外暗管排水研究知识图谱可视化分析［J］. 灌溉排水学报，39（3）：91－99，109.

窦旭，史海滨，苗庆，等，2019. 盐渍化灌区土壤水盐时空变异特征分析及地下水埋深对盐分的影响［J］. 水土保持学报，33（3）：246－253.

窦旭，史海滨，李瑞平，等，2020. 暗管排水控盐对盐渍化灌区土壤盐分淋洗有效性评价［J］. 灌溉排水学报，39（8）：102－110.

段爱旺，信乃诠，王立祥，2002. 节水潜力的定义和确定方法［J］. 灌溉排水学报，21（2）：25－28.

范文义，2000. 成像光谱数据处理及两对荒漠化监测信息提取方法的研究［D］. 北京：北京林业大学.

高策，严婷，葛佳亮，等，2017. 基于 Visual MODFLOW 的某油库地下水污染模拟［J］. 水土保持通报，37（4）：179－183.

耿其明，闫慧慧，杨金泽，等，2019. 明沟与暗管排水工程对盐碱地开发的土壤改良效果评价［J］. 土壤通报，50（3）：617－624.

郭勇，尹鑫卫，李彦，等，2019. 农田-防护林-荒漠复合系统土壤水盐运移规律及耦合模型建立［J］. 农业工程学报，35（17）：87－101.

管孝艳，王少丽，高占义，等，2012. 盐渍化灌区土壤盐分的时空变异特征及其与地下水埋深的关系［J］. 生态学报，32（4）：1202－1210.

哈学萍，丁建丽，塔西甫拉提・特依拜，等，2009. 基于 SI－Albedo 特征空间的干旱区盐渍化土壤信息提取研究：以克里雅河流域绿洲为例［J］. 土壤学报，46（3）：381－389.

郝远远，徐旭，任东阳，等，2015. 河套灌区土壤水盐和作物生长的 HYDRUS－EPIC 模型分布式模拟［J］. 农业工程学报，31（11）：110－116.

胡安焱，高瑾，贺屹于，等，2002. 干旱内陆灌区土壤水盐模型［J］. 水科学进展，13（6）：726－729.

虎胆・吐马尔白，弋鹏飞，王一民，等，2011. 干旱区膜下滴灌棉田土壤盐分运移及累积特征研究［J］. 干旱地区农业研究，29（5）：144－150.

黄权中，徐旭，吕玲娇，等，2018. 基于遥感反演河套灌区土壤盐分分布及对作物生长的影响［J］. 农业工程学报，34（1）：102－109.

黄莹，胡铁松，范筱林，2010. 河套灌区永济灌域地下水数值模拟［J］. 中国农村水利水电（2）：79－83.

黄愉，田军仓，2020. 太阳能暗管排水对银北灌区油葵土壤环境及产量影响［J］. 中国农村水利水电（1）：20－25.

霍星，李亮，史海滨，等，2012. 盐渍化灌区盐荒地水盐平衡分析 [J]. 中国农村水利水电 (9)：13-15，18.

贾金生，田冰，刘昌明，2003. Visual MODFLOW 在地下水模拟中的应用：以河北省栾城县为例 [J]. 河北农业大学学报 (2)：71-78.

孔繁瑞，屈忠义，刘雅君，等，2009. 不同地下水埋深对土壤水、盐及作物生长影响的试验研究 [J]. 中国农村水利水电 (5)：44-48.

雷波，刘钰，许迪，2011. 灌区农业灌溉节水潜力估算理论与方法 [J]. 农业工程学报，27 (1)：10-14.

雷志栋，杨诗秀，谢传森，1988. 土壤水动力学 [M]. 北京：清华大学出版社.

雷志栋，尚松浩，杨诗秀，等，1998. 新疆叶尔羌河平原绿洲洼地旱排作用的初步分析 [J]. 灌溉排水，17 (3)：1-4

李宝富，熊黑钢，张建兵，等，2011. 干旱区农田灌溉前后土壤水盐时空变异性研究 [J]. 中国生态农业学报，19 (3)：491-499.

李凡，李家科，马越，等，2018. 地下水数值模拟研究与应用进展 [J]. 水资源与水工程学报，29 (1)：1-7.

李亮，李美艳，王世锋，等，2015. 河套灌区解放闸灌域盐荒地积盐量分析 [J]. 排灌机械工程学报，33 (5)：434-441.

李敏，李毅，曹伟，等，2009. 不同尺度网格膜下滴灌土壤水盐的空间变异性分析 [J]. 水利学报，40 (10)：1210-1218.

李瑞平，史海滨，赤江刚夫，等，2007. 冻融期气温与土壤水盐运移特征研究 [J]. 农业工程学报，23 (4)：70-74.

李瑞平，史海滨，赤江刚夫，等，2009. 基于水热耦合模型的干旱寒冷地区冻融土壤水热盐运移规律研究 [J]. 水利学报，40 (4)：403-412.

李显溦，左强，石建初，等，2016. 新疆膜下滴灌棉田暗管排盐的数值模拟与分析Ⅰ：模型与参数验证 [J]. 水利学报，47 (4)：537-544.

李艳，史舟，王人潮，2005. 基于 GIS 的土壤盐分时空变异及分区管理研究：以浙江省上虞市海涂围垦区为例 [J]. 水土保持学报，19 (3)：121-129.

李英能，2007. 区域节水灌溉的节水潜力简易计算方法探讨 [J]. 节水灌溉 (5)：41-44.

李韵珠，1998. 土壤溶质运移 [M]. 北京：科学出版社.

刘继龙，刘璐，马孝义，等，2018. 不同尺度不同土层土壤盐分的空间变异性研究 [J]. 应用基础与工程科学学报，26 (2)：305-312.

刘全明，陈亚新，魏占民，等，2009. 土壤水盐空间变异性指示克立格阈值及其与有关函数的关系 [J]. 水利学报，40 (9)：1127-1134.

刘全明，成秋明，王学，等，2016. 河套灌区土壤盐渍化微波雷达反演 [J]. 农业工程学报，32 (16)：109-114.

刘文龙，罗纨，贾忠华，等，2013. 黄河三角洲暗管排水土工布外包滤料的试验研究 [J]. 农业工程学报，29 (18)：109-116.

刘小燕，王伟，宋庆玉，等，2012. 通辽市科尔沁区农业节水潜力分析 [J]. 人民黄河，34 (5)：96-98.

刘玉国，杨海昌，王开勇，等，2014. 新疆浅层暗管排水降低土壤盐分提高棉花产量 [J]. 农业工程学报 (16)：84-90.

卢霞，2012. 滨海盐土盐分含量与其光谱特征的关系研究［J］. 水土保持通报，32（5）：186－190.

马春芽，王景雷，陈震，等，2019. 基于温度植被干旱指数的土壤水分空间变异性分析［J］. 灌溉排水学报，38（3）：28－34.

内蒙古巴彦淖尔市水务局，2005. 内蒙古自治区巴彦淖尔市水资源综合规划报告［R］. 武汉：武汉大学.

内蒙古自治区地质局水文地质大队，1981. 巴盟河套平原水文地质综合图表［R］. 呼和浩特：内蒙古自治区地质局.

裴源生，张金萍，赵勇，2007. 宁夏灌区节水潜力的研究［J］. 水利学报，38（2）：239－243.

屈忠义，2015. 内蒙古自治区水利厅水资源专项"内蒙古典型灌区灌溉水利用效率测试分析与评估"工作报告［R］. 呼和浩特：内蒙古农业大学.

任东阳，2018. 灌区多尺度农业与生态水网过程模拟［D］. 北京：中国农业大学.

邵明安，王全九，2000. 推求土壤水分运动参数的简单入渗法［J］. 土壤学报，37（1）：1－7.

沈振荣，汪林，等，2000. 节水新概念：真实节水的研究与应用［M］. 北京：中国水利水电出版社.

石佳，田军仓，朱磊，2017. 暗管排水对油葵地土壤脱盐及水分生产效率的影响［J］. 灌溉排水学报，36（11）：46－50.

石元春，辛德惠，1983. 黄淮海平原的水盐运动和旱涝盐碱的综合治理［M］. 石家庄：河北人民出版社.

史海滨，吴迪，闫建文，等，2020. 盐渍化灌区节水改造后土壤盐分时空变化规律研究［J］. 农业机械学报，51（2）：318－331.

史文娟，沈冰，汪志荣，等，2005. 蒸发条件下浅层地下水埋深夹砂层土壤水盐运移特性研究［J］. 农业工程学报，21（9）：23－26.

苏涛，2013. 基于遥感的作物产量与土壤水盐分布反演方法研究［R］. 扬州：扬州大学.

谭莉梅，刘金铜，刘慧涛，等，2012. 河北省近滨海区暗管排水排盐技术适宜性及潜在效果研究［J］. 中国生态农业学报，20（12）：1673－1679.

汤英，鲍子云，2010. 宁夏引黄灌区节水技术发展及节水潜力分析［J］. 水资源与水工程学报，21（2）：157－160.

田富强，温洁，胡宏昌，等，2018. 滴灌条件下干旱区农田水盐运移及调控研究进展与展望［J］. 水利学报，49（1）：126－135.

田玉青，张会敏，黄福贵，等，2006. 黄河干流大型自流灌区节水潜力分析［J］. 灌溉排水学报，25（6）：40－43.

童文杰，2014. 河套灌区作物耐盐性评价及种植制度优化研究［D］. 北京：中国农业大学.

王丹阳，陈红艳，王桂峰，等，2019. 无人机多光谱反演黄河口重度盐渍土盐分的研究［J］. 中国农业科学，52（10）：1698－1709.

王飞，丁建丽，伍漫春，2010. 基于 NDVI－SI 特征空间的土壤盐渍化遥感模型［J］. 农业工程学报，26（8）：168－174.

王海龙，王会肖，2010. 渭河流域关中地区农业节水潜力研究［J］. 南水北调与水利科技，8（4）：126－132.

王洪义，王智慧，杨凤军，等，2013. 浅密式暗管排盐技术改良苏打盐碱地效应研究 [J]. 水土保持研究，20 (3)：269-272.

王全九，许紫月，单鱼洋，等，2017. 磁化微咸水矿化度对土壤水盐运移的影响 [J]. 农业机械学报，48 (7)：198-206.

王遵亲，祝寿泉，俞仁培，1993. 中国盐渍土 [M]. 北京：科学出版社.

韦芳良，沈灿，刘洁颖，等，2015. 基于数值模拟的干排水控盐效果影响因素分析 [J]. 中国农村水利水电 (5)：85-90.

伍靖伟，杨洋，朱焱，等，2018. 考虑季节性冻融的井渠结合灌区地下水位动态模拟及预测 [J]. 农业工程学报，34 (18)：168-178.

武强，董东林，武钢，等，1999. 水资源评价的可视化专业软件 (Visual MODFLOW) 与应用潜力 [J]. 水文地质工程地质 (5)：23-25.

夏江宝，赵西梅，赵自国，等，2015. 不同潜水埋深下土壤水盐运移特征及其交互效应 [J]. 农业工程学报，31 (15)：93-100.

徐力刚，2003. 作物种植条件下的土壤水盐动态变化研究 [J]. 土壤通报，34 (3)：170-174.

徐英，陈亚新，王俊生，等，2006. 农田土壤水分和盐分空间分布的指示克立格分析评价 [J]. 水科学进展 (4)：477-482.

徐英，葛洲，王娟，等，2019. 基于指示 Kriging 法的土壤盐渍化与地下水埋深关系研究 [J]. 农业工程学报，35 (1)：123-130.

徐友信，于淑会，石磊，2018. 高水位盐碱地暗管控制性排水的降盐抑碱作用研究 [J]. 干旱区资源与环境，32 (3)：164-169.

许越先，刘昌明，1992. 农业用水有效性研究 [M]. 北京：科学出版社.

薛静，任理，2016. 提高小麦单产的田间排水暗管规格模拟 [J]. 灌溉排水学报，35 (5)：1-9.

杨帆，安丰华，马红媛，等，2017. 松嫩平原苏打盐渍化旱田土壤表观电导率空间变异 [J]. 生态学报，37 (4)：1184-1190.

杨会峰，张发旺，王贵玲，等，2011. 河套平原次生盐渍化地区地下水动态调控模拟研究 [J]. 南水北调与水利科技，9 (3)：63-67.

杨金忠，1986. 一维饱和与非饱和水动力弥散的实验研究 [J]. 水利学报，3：10-21.

杨劲松，姚荣江，刘广明，等，2008. 电磁感应仪用于土壤盐分空间变异性的指示克立格分析评价 [J]. 土壤学报 (4)：585-593.

杨宁，崔文轩，张智韬，等，2020. 无人机多光谱遥感反演不同深度土壤盐分 [J]. 农业工程学报，36 (22)：13-21.

杨奇勇，杨劲松，姚荣江，等，2011. 不同尺度下土壤盐分空间变异的指示 Kriging 评价 [J]. 土壤，43 (6)：998-1003.

杨青青，卢文喜，马洪云，2005. Visual Modflow 在吉林省西部地下水数值模拟中的应用 [J]. 水文地质工程地质 (3)：67-69.

杨玉建，杨劲松，2005. 基于 D-S 证据理论的土壤潜在盐渍化研究 [J]. 农业工程学报，21 (4)：30-33.

杨玉建，杨劲松，2004. 土壤水盐运动的时空模式化研究 [J]. 土壤，36 (3)：283-288.

姚荣江，杨劲松，2007. 黄河三角洲典型地区地下水位与土壤盐分空间分布的指示克立格评价［J］. 农业环境科学学报，26（6）：2118－2124.
姚荣江，杨劲松，邹平，等，2009. 区域土壤水盐空间分布信息的BP神经网络模型研究［J］. 土壤学报，46（5）：788－794.
姚志华，陈俊英，张智韬，等，2019. 覆膜对无人机多光谱遥感反演土壤含盐量精度的影响［J］. 农业工程学报，35（19）：89－97.
尹剑，王会肖，刘海军，等，2014. 不同水文频率下关中灌区农业节水潜力研究［J］. 中国生态农业学报，22（2）：247－242.
于淑会，刘金铜，李志祥，等，2012. 暗管排水排盐改良盐碱地机理与农田生态系统响应研究进展［J］. 中国生态农业学报，20（12）：1664－1672.
余根坚，黄介生，高占义，2013. 基于HYDRUS模型不同灌水模式下土壤水盐运移模拟［J］. 水利学报，44（7）：826－834.
余乐时，朱焱，杨金忠，2017. 河套灌区井渠结合数值模拟及水资源分析预报［J］. 中国农村水利水电（6）：23－31.
于淑会，刘金铜，李志祥，等，2012. 暗管排水排盐改良盐碱地机理与农田生态系统相应研究进展［J］. 中国生态农业学报，20（12）：1664－1672.
喻素芳，2005. 荒漠化地区土壤含水量遥感信息模型的研究［D］. 哈尔滨：东北林业大学.
袁念念，黄介生，谢华，等，2011. 暗管控制排水棉田 $NO_3^-$－N和 $NH_4^+$－N运移转化试验［J］. 农业工程学报，27（3）：13－18.
岳卫峰，杨金忠，童菊秀，等，2008. 干旱地区灌区水盐运移及平衡分析［J］. 水利学报，39（5）：623－626.
曾文治，黄介生，吴谋松，等，2012. 不同棉田暗管布置方式对氮素流失影响的模拟分析［J］. 灌溉排水学报，31（2）：124－126.
张洁，常婷婷，邵孝侯，2012. 暗管排水对大棚土壤次生盐渍化改良及番茄产量的影响［J］. 农业工程学报，28（3）：81－86.
张倩，全强，李健，等，2018. 河套灌区节水条件下地下水动态变化分析［J］. 灌溉排水学报，37（增刊2）：97－101.
张仁铎，2005. 空间变异理论及应用［M］. 北京：科学出版社.
张寿雨，吴世新，贺可，等，2018. 克拉玛依农业开发区不同开垦年限土壤盐分变化［J］. 土壤，50（3）：574－582.
张蔚榛，张瑜芳，2003. 对灌区水盐平衡和控制土壤盐渍化的认识［J］. 中国农村水利水电，8（16）：23－26.
张蔚榛，1982. 地下水非稳定流计算和地下水资源评价［M］. 北京：科学出版社.
张霞，程献国，2006. 宁蒙引黄灌区田间节水潜力计算方法分析［J］. 节水灌溉（2）：20－23.
张艳妮，白清俊，2007. 山东省灌溉农业节水潜力计算分析：以2002—2004年为例［J］. 山东农业大学学报（自然科学版），38（3）：427－431.
张义强，高云，魏占民，2013. 河套灌区地下水埋深变化对葵花生长影响试验研究［J］. 灌溉排水学报，32（3）：90－92.
张源沛，胡克林，李保国，等，2009. 银川平原土壤盐分及盐渍土的空间分布格局［J］. 农业工程学报，25（7）：19－24.
张展羽，郭相平，1998. 作物水盐动态响应模型［J］. 水利学报（12）：66－70.

赵丽蓉，黄介生，伍靖伟，等，2011. 水管理措施对区域水盐动态的影响 [J]. 水利学报，42 (5)：514-522.

赵锁志，孔凡吉，王喜宽，等，2008. 地下水临界深度的确定及其意义探讨：以河套灌区为例 [J]. 内蒙古农业大学学报（自然科学版），(4)：164-167.

赵文举，唐学芬，李宗礼，等，2016. 压砂地土壤盐分时空变异规律研究 [J]. 应用基础与工程科学学报，24 (1)：12-21.

周和平，王少丽，吴旭春，2014. 膜下滴灌微区环境对土壤水盐运移的影响 [J]. 水科学进展，25 (6)：816-824.

周华，崔广柏，汪秀琴，2005. 宁夏河套灌区节水目标与发展潜力 [J]. 水资源保护，21 (6)：88-89.

周在明，张光辉，王金哲，等，2010. 环渤海微咸水区土壤盐分及盐渍化程度的空间格局 [J]. 农业工程学报，26 (10)：15-20.

周振民，赵红菲，2008. 灰色系统理论在节水潜力估算中的应用 [J]. 中国农村水利水电 (4)：54-56.

周在明，张光辉，王金哲，等，2011. 环渤海低平原区土壤盐渍化风险的多元指示克立格评价 [J]. 水利学报，42 (10)：1144-1151.

周在明，张光辉，王金哲，等，2011. 环渤海低平原水土盐分与水位埋深的空间变异及协同克立格估值 [J]. 地球学报，32 (4)：493-499.

邹超煜，白岗栓，2015. 河套灌区土壤盐渍化成因及防治 [J]. 人民黄河，37 (9)：143-148.

Abdel-Dayem S，Rycroft D W，Ramadan F，et al.，2000. Reclamation of saline clay soils in the Tina Plain，Egypt [J]. Icid Journal，49：17-28.

Ae N，Rihara A J，Kada O，et al.，1990. Phosphorus uptake by pigeonpea and its role in cropping systems of the Indian subcontinent [J]. Science，248：477-480.

Albertson P E，Hennington G W，1996. Groundwater analysis using a geographic information system following finite difference and element techniques [J]. Engineering Geology，42 (2-3)：167-173.

Alley W M，Emery P A，1986. Groundwater model of the blue river basin，Nebraska-twenty years later [J]. Journal of Hydrology，85 (3-4)：225-249.

Amundson N R，1952. The Mathematics of Adsorption in Beds [J]. Journal of Physical and Colloid Chemistry，56：984-988.

Arslan H，2012. Spatial and temporal mapping of groundwater salinity using ordinary Kriging and indicator Kriging：The case of Bafra Plain，Turkey [J]. Agricultural Water Management，113：57-63.

Ayars J E，Mcwhorter D B，Skogerboe G V，1981. Modeling salt transport in irrigated soils [J]. Ecological Modeling，11 (4)：265-290.

Bahceci D，Nacar A S，2009. Subsurface drainage and salt leaching in irrigated land in south-east Turkey [J]. Irrigation and Drainage，58 (3)：346-356.

Bannari A，Guedon A M，El-Harti A，2008. Characterization of slightly and moderately saline and sodic soils in irrigated agricultural land using simulated data of advanced land imaging (EO-1) sensor [J]. Communications in Soil Science and Plant Analysis，39 (19)：

2795 - 2811.

Bastiaanssen W G M, Ali S, 2003. A new crop yield forecasting model based on satellite measurements applied across the indus basin, Pakistan [J]. Agriculture, Ecosystems and Environment, 94 (3): 321 - 340.

Bresler E, Mcneal B L, Carter D L, 1982. Saline and sodic soils: Principles - dynamics - modeling [J]. Advanced Series in Agricultural Sciences, 10: 1 - 8.

Buckingham E, 1907. Studies on the movement of soil moisture [M]. Berkeley: Bull Nia Press.

Burgess T M, Webster R, 1980. Optimal interpolation and isarithmic mapping of soil properties: The Varigram and punctual Kriging [J]. Journal of Soil Science, 31 (2): 315 - 331.

Cooley R L, 1979. Method of estimating parameters and assessing reliability for models of steady state groundwater flow EM DASH 2. Application of statistical analysis [J]. Water Resources Research, 15 (3): 603 - 617.

Coppola J E, Sovszky F, Poulton M, et al., 2003. Artificial neural network approach for predicting transient water levels in a multilayered groundwater system under variable state, pumping, and climate conditions [J]. Journal of Hydrologic Engineering, 8 (6): 348 - 360.

Craft K J, Helmers M J, Malone R W, et al., 2018. Effects of subsurface drainage systems on water and nitrogen footprints simulated with RZWQM2 [J]. Transaction of the ASABE, 61 (1): 245 - 261.

Davenport C D, Hagan M R, 1982. Agricultural water conservation in California, with emphasis on the San Joaquin Valley [R]. Dept of Land, Air and Water Resources, University of California, 219.

Dawit Z, Zhi W, Sunan R, et al., 1997 Analysis of surface irrigation terms and indices [J]. Agricultural Water Management, 34: 25 - 46.

Dehaan R L, Taylor G R, 2002 Field - derived spectra of salinized soils and vegetation as indicators of irrigation - induced soil salinization [J]. Remote Sensing of Environment, 80: 406 - 417.

Dehni A, Lounis M, 2012. Remote sensing techniques for salt affected soil mapping: application to the oran region of Algeria [J]. Procedia Engineering (33): 188 - 198.

Demetriou C, Punthakey J F, 1999. Evaluating sustainable groundwater management options using the MIKE SHE integrated Hydrogeological modelling package [J]. Environmental Modelling and Software, 14 (2 - 3): 129 - 140.

Demir Y, Ersahin S, Guler M, et al., 2009. Spatial variability of depth and salinity of groundwater under irrigated ustifluvents in the Middle Black Sea Region of Turkey [J]. Environmental Monitoring and Assessment, 158: 279 - 294.

Doorenbos J, Kassam A H, Bentvelsen C L M, et al., 1979. Yield Response to Water [M]. Rome: Food and Agrieulture Organization of the United Nations.

Douaik A, van Meirvenne M, Toth T, et al., 2004. Space - time mapping of soil salinity using probabilistic Bayesian maximum entropy [J]. Stoch Environment Resource Risk Assess, 18: 219 - 227.

Dougherty B W, Pederson C H, Mallarino A P, et al., 2020. Midwestern cropping system effects on drainage water quality and crop yields [J]. Journal of Environmental Quality, 49 (1): 38 - 49.

EL - Kadi A I, Oloufa A A, Eltahan A A, 1994. Use of a geographic information system in site specific groundwater modeling [J]. Groundwater, 32 (4): 617 - 625.

Farahani S S, Asoodar M A, Moghadam B K, 2020. Short - term impacts of biochar, tillage practices, and irrigation systems on nitrate and phosphorus concentrations in subsurface drainage water [J]. Environmental Science and Pollution Research (27): 761 - 771.

Gerke H H, van Genuchten M Th, 1993. A dual - porosity model for simulating the preferential movement of water and solutes in structured porous media [J]. Water Resources Research, 29 (2): 305 - 319.

Giakoumarkis S, Dimou N, Migardou A, et al., 1995. Estimating surface and groundwater resources in a Mediterranean island environment [J]. Water Resources Management under Drought or Water Shortage Conditions: 103 - 109.

Ibrahimi M K, Tsuyoshi M, Taku N, et al., 2014. Contribution of shallow groundwater rapid fluctuation to soil salinization under arid and semiarid climate [J]. Arab Journal Geosci, 7: 3901 - 3911.

Ismail W M Z W, Yusoff I, Rahim B E E A, 2013. Simulation of horizontal well performance using Visual MODFLOW [J]. Environmental Earth Sciences, 68 (4): 1119 - 1126.

Jabbar M T, Chen X, 2008. Land degradation due to salinization in arid and semi - arid regions with the aid of geo - information techniques [J]. Geo - spatial Information Science, 11 (2): 112 - 120.

Jafari - Talukolaee M, Shahnazari A, Ahmadi M Z, et al., 2015. Drain discharge and salt load in response to subsurface drain depth and spacing in paddy fields [J]. Journal of Irrigation & Drainage Engineering, 141 (11): 4015017.

Journel A G, 1983. Non - parametric estimation of spatial distribution [J]. Journal of Mathematical Geology, 15 (3): 445 - 468.

Jury W A, Biggar J W, 1984. Field scale water and solute transport thoruth unsaturated soils [M]. Berlin: Soil Salinity Under Irrigation: Processes and Management.

Jury W A, Scotter D R, 1994. A unified approach to stochastic - convective transport problems [J]. Soil Science Society of America Journal, 58: 1327 - 1336.

Khadri S F R, Pande C, 2016. Ground water flow modeling for calibrating steady state using MODFLOW software: A case study of Mahesh River basin, India [J]. Modeling Earth Systems and Environment, 2 (1): 39.

Khaier F, 2003. Soil salinity detection using satellite remote sensing [D]. The Kingdom of Netherlands: International Institute for Geo - information Science and Earth Observation.

Khouri N, 1998. Potential of dry drainage for controlling soil salinity [J]. Canadian Journal of Civil Engineering, 25 (2): 195 - 205.

Konukcu F, Gowing J W, Rose D A, 2006. Dry drainage: A sustainable solution to waterlogging and salinity problems in irrigation areas? [J]. Agricultural Water Management, (83):

1 - 12.

Ksaizynski K W, 1994. The piston model of transient infiltration in unsaturated soil [J]. Groundwater Quality Management, 220: 141 - 148.

Ma J, Yang S, Shi H, et al., 2011. Study on effect of the Yellow River irrigation water volume change on groundwater environment in Hetao Irrigation District in Inner Mongolia [C] // 2011 International Conference on Ecological Protection of Lakes - Wetlands - Application Association: 664 - 669.

Maryam A, Nasreen S, 2012. A review: Water logging effects on morphological, anatomical, physiological and biochemical attributes of food and cash crops [J]. International Journal of Water Resources Development, 2 (4): 119 - 126.

McGowen I, Mallyon S, 1996. Detection of dry land salinity using single and multi - temporal land sat imagery [C] // Proceedings of the 8th Australasian Remote Sensing Conference, Canberra, 26 - 34.

Metternicht G I, Zinck J A, 2003. Remote sensing of soil salinity potential and constraints [J]. Remote Sensing of Environment, 85: 1 - 20.

Monteith J L, 1972. Solar - radiation and productivity in tropical ecosystems [J]. Journal of Applied Ecology, 9 (3): 747 - 766.

Mualem Y, 1976. A new model for predicting the hydraulic conductivity of unsaturated porous media [J]. Water Resources Research, 12 (3): 513 - 522.

NangiaV, Gowda P H, Mulla D J, et al., 2010. Modeling impacts of tile drain spacing and depth on nitrate - nitrogen losses [J]. Vadose Zone Journal, 9 (1): 61 - 72.

Nelson K A, 2017. Soybean yield variability of drainage and subirrigation systems in a claypan soil [J]. Applied Engineering in Agricultrue, 33 (6): 801 - 809.

Nielsen D R, Biggar J W, 1961. Miscible displacement in soils: I: Experimental information [J]. Soil Science Society of America Journal, 25: 1 - 5.

Nielsen D R, 1986. Water flow and solute transport processes in the unsaturated zone [J]. Water Resources Research, 22 (9): 215 - 221.

Panagopoulos T, Jesus J, Antunes C, et al., 2006. Analysis of spatial interpolation for optimising management of a salinized field cultivated with lettuce [J]. European Journal of Agronomy, 24 (1): 11 - 18.

Potter C S, Randerson J T, Field C B, 1993. Terrestrial ecosystem production: a process model based on global satellite and surface data [J]. Global Biochemical Cycles, 7 (4): 811 - 841.

Pouryazdankhah H, Shahnazari A, Mirkhalegh Z, et al., 2019. Rice yield estimation based on forecageing the future condition of groundwater salinity in the Caspian coastal strip of Guilan Province, Iran [J]. Environmental Monitoring and Assessment, 191 (8): 1 - 16.

Pozdnyakova L, Zhang R D, 1999. Geostatistical analyses of soil salinity in a large field [J]. Precision Agriculture, (1): 153 - 165.

Ren D, Xu X, Hao Y, et al., 2016. Modeling and assessing field irrigation water use in a canal system of Hetao, upper Yellow River basin: Application to maize, sunflower and watermelon [J]. Journal of Hydrology (532): 122 - 139.

Rajamanickam R, Nagan S, 2010. Groundwater quality modeling of amaravathi river basin of Karur district, Tamil Nadu, using Visual Modflow [J]. International Journal of Environmental Sciences, 5 (7): 21-27.

Richards L A, 1931. Capillary conduction of liquids through porous mediums [J]. Physics, 1: 318-333.

Ritzema H P, 2006. Subsurface drainage practices: From manual installation to large-scale implementation [J]. Agricultural Water Management (86): 60-71.

Saghravani S R, Mustapha S B, Ibrahim S B, et al., 2011. Phosphorus migration in an unconfined aquifer using MODFLOW and MT3DMS [J]. Journal of Environmental Engineering and Landscape Management, 19 (4): 271-277.

Singh G, 2009. Salinity-related desertification and management strategies: Indian experience [J]. Land Degradation and Development, 20 (4): 367-385.

Sylla M, Stein A, van Breemen N, et al., 1995. Spatial variability of soil salinity at different scales in themangrove rice agro-ecosystem in West Africa [J]. Agriculture, Ecosystems and Environment, 54 (2): 1-5.

Valipour M, Krasilnikof J, Yannopoulos S, et al., 2020. The evolution of agricultural drainage from the earliest times to the present [J]. Sustainability, 1 (12): 1-30.

Van Genuchten M Th, 1978. Numerical solutions of the one dimensional saturated unsaturated flow equations [R]. Research Report No. 78-WR-09 Princeton University.

Van Genuchten M Th, 1980. A closed-form equation for predicting the hydraulic conductivity of unsaturated soils [J]. Soil Science Society of America Journal, 44 (44): 892-898.

Van Genuchten M Th, Wagenet R J, 1989. Two-site/two-region models for pesticide transport and degradation; theoretical development and analytical solutions [J]. Soil Science Society of America Journal, 53: 1303-1310.

Vanderborght J, Kasteel R, Vereecken H, 2006. Stochastic continuum transport equations for field-scale solute transport: overview of theoretical and experimental results [J]. Vadose Zone Journal, 5: 184-203.

Wang J, Huang X, Zhong T, et al., 2011. Review on sustainable utilization of salt-affected land [J]. Acta Geographica Sinica, 66 (5): 673-684.

Wang Y, Xiao D, Li Y, et al., 2008. Soil salinity evolution and its relationship with dynamics of groundwater in the oasis of inland river basins: Case study from the Fubei region of Xinjiang Province, China [J]. Environmental Monitoring and Assessment, 140: 291-302.

Wesseling J G, Elbers J A, Kabat P, et al., 1991. SWATRE: instructions for input [M]. Wageningen: Winand Staring Centre.

White R E, 1987. A transfer function model for the prediction of nitrate leaching under field condition [J]. Journal of Hydrology, 92: 207-222.

Wilkinson T J, 2012. From human niche construction to imperial power: Long-term trends in ancient Iranian water systems [J]. Water History (4): 155-176.

Willis R, 1977. Optimal groundwater resource management using the response equation method [C] // AGARD Conference Proceedings (2): 145-165.

Wiskow E, Vander Ploeg R R, 2003. Calculation of drain spacing for optimal rainstorm hood control [J]. Journal of Hydrology, 272 (1): 163-174.

Xu X, Huang G, Sun C, et al., 2013. Assessing the effects of water table depth on water use, soil salinity and wheat yield: Searching for a target depth for irrigated areas in the upper Yellow River basin [J]. Agricultural Water Management, 125: 46-60.

Youngs E, Leeds-Harrison P, 2000. Improving efficiency of desalinization with subsurface drainage [J]. Journal of Irrigation and Drainage Engineering, 126 (6): 375-380.

Yu R, Liu T, Xu Y, et al., 2010. Analysis of salinization dynamics by remote sensing in Hetao Irrigation District of North China [J]. Agricultural Water Management, 97: 1952-1960.

Yurdusev M A, Kumanlioglu A A, 2008. Survey-based estimation of domestic water saving potential in the case of Manisa city [J]. Water Resource Management, 22: 291-305.

Zou P, Yang J, Fu J, et al., 2010. Artificial neural network and time series models for predicting soil salt and water content [J]. Agricultural Water Management, 97: 2009-2019.